“十四五”职业教育国家规划教材

U0688994

PLC应用技术

第4版 | 微课版 | 西门子S7-200 SMART
附实训工单

黄中玉 王君君 王伟奇 / 主编

于宁波 / 副主编

ELECTROMECHANICAL

人民邮电出版社

北　京

图书在版编目（CIP）数据

PLC 应用技术 : 微课版 : 西门子 S7-200 SMART : 附
实训工单 / 黄中玉，王君君，王伟奇主编. -- 4 版.
北京 : 人民邮电出版社，2025. --（职业教育机电类系
列教材）. -- ISBN 978-7-115-66415-0

Ⅰ. TM571.61

中国国家版本馆 CIP 数据核字第 2025J937U2 号

内 容 提 要

本书按照项目导向、任务驱动的模式编写，突出 PLC 的实际应用，重点介绍德国西门子公司生产
的 S7-200 SMART 系列 PLC 的工作原理、硬件资源和应用技术，书中所有的应用案例及指令用法对
S7-200 其他系列 PLC 也适用。全书共 8 个项目，主要内容包括认识 PLC、PLC 编程元件和基本逻辑
指令应用、PLC 步进顺控指令应用、PLC 功能指令应用、PLC 功能模块应用、PLC 与触摸屏、PLC 与
变频器、PLC 的工程应用实例等。本书在附录中提供了常用特殊继电器的含义、S7-200 SMART 系列
PLC 指令以及 STEP 7-Micro/WIN SMART 编程软件的使用方法等内容，供读者查阅。

本书既可作为职业院校机电、电气、电子类专业的教材，也可作为相关工程技术人员的参考书。

◆ 主　　编　黄中玉　　王君君　　王伟奇

　　副 主 编　于宁波

　　责任编辑　刘晓东

　　责任印制　王　郁　　焦志炜

◆ 人民邮电出版社出版发行　　北京市丰台区成寿寺路 11 号

　　邮编　100164　电子邮件　315@ptpress.com.cn

　　网址　https://www.ptpress.com.cn

　　北京市艺辉印刷有限公司印刷

◆ 开本：787×1092　1/16

　　印张：14.5　　　　　　　　　　2025 年 8 月第 4 版

　　字数：432 千字　　　　　　　　2025 年 8 月北京第 1 次印刷

定价：69.80 元（附小册子）

读者服务热线：(010)81055256　印装质量热线：(010)81055316
反盗版热线：(010)81055315

前言

PLC 是一种以微处理器为基础的通用工业控制装置，它继承了继电器–接触器控制系统的良好性能，将计算机技术、自动控制技术和通信技术融为一体，代表了电气工程技术的先进水平，广泛应用于机电一体化、工业自动化控制等各个领域。目前在职业院校的机电、电气类专业，"PLC 应用技术"已被列为重要的专业课程。

本书作为修订版教材，以西门子 S7-200 SMART 系列 PLC 为教学机型，在保留旧版教材特色的基础上，融入了素质教育元素。本书具有如下特点。

（1）专业知识和素质教育元素有机统一

本书秉承立德树人的教学理念，将专业知识和素质教育元素有机统一，结合课程内容、企业实践和我国科技迅猛发展实例，挖掘其中的素质教育要素，引导学生树立正确的人生观和价值观，为培养德才兼备、全面发展的合格人才打下基础。

（2）学校教师和企业工程师共同开发编写

本书由具有丰富教学与实践经验的教师和企业一线的项目工程师联合开发编写，选取企业生产中的典型工作任务，体现"行动导向"等职业教育理念，具有鲜明的行业特点和职教特点，并能根据科技发展不断更新相关内容。

（3）任务驱动，产教融合，符合 1+X 证书制度要求的课证融通模式

本书按照项目导向、任务驱动的模式编写，便于实现在工作中学习、在学习中工作的目标。本书内容和中高级电工证、机电设备安装工程师、可编程控制系统设计师等职业资格考试内容相衔接，充分体现职教特色，符合 1+X 证书制度要求的课证融通模式。

本书的最后引入传统设备（C650 卧式车床）的 PLC 控制和自动生产线上对气动机械手的自动运行控制两个任务，让学生了解 PLC 控制系统在大型任务以及复杂工作方式中的应用，以开拓视野、激发爱国情怀和责任使命感。

本书由湖北三峡职业技术学院黄中玉、王君君、王伟奇任主编，湖北三峡职业技术学院于宁波任副主编，参与编写的人员还有湖北三峡职业技术学院朱晓培和宜昌天美国际化妆品有限公司设备主管祁华力。黄中玉负责拟定全书的编写大纲，项目一、项目二、项目三、项目四、项目八由黄中玉、王君君编写，项目五、项目六由于宁波、王伟奇编写，项目七由朱晓培、祁华力编写，附录由王君君编写，全书由黄中玉统稿。

本书在编写过程中得到了祁华力和其他生产技术人员的大力支持，他们提供了丰富的企业典型生产案例和新技术资料，在此表示诚挚的谢意！

由于编者水平有限，书中难免存在疏漏和不妥之处，敬请广大读者批评指正。

编　者
2025 年 4 月

目录

项目一　认识PLC ········· 1

【项目导读】········· 1

【学习目标】········· 1

【素质目标】········· 1

【思维导图】········· 1

一、继电器-接触器控制系统 ········· 2

二、PLC的产生及定义 ········· 4

三、PLC的特点及分类 ········· 6

四、PLC的应用及发展趋势 ········· 8

五、PLC的基本组成 ········· 10

六、PLC的编程语言 ········· 15

七、PLC的内部等效电路及工作过程 ········· 16

八、S7-200 SMART系列PLC简介 ········· 19

习题 ········· 25

项目二　PLC编程元件和基本逻辑指令应用 ········· 26

【项目导读】········· 26

【学习目标】········· 26

【素质目标】········· 26

【思维导图】········· 26

任务一　三相异步电动机的全压启停控制 ········· 27

一、任务分析 ········· 27

二、相关知识——输入/输出继电器、PLC基本逻辑指令（一） ········· 27

三、任务实施 ········· 30

四、知识拓展——常闭触点的输入信号处理、置位/复位指令 ········· 31

五、任务拓展——三相异步电动机的两地启停控制 ········· 33

任务二　三相异步电动机的正、反转运行控制 ········· 33

一、任务分析 ········· 33

二、相关知识——PLC基本逻辑指令（二） ········· 35

三、任务实施 ········· 37

四、知识拓展——S7-200 SMART仿真软件的使用 ········· 38

五、任务拓展——机床工作台的自动往返运动控制 ········· 40

任务三　三相异步电动机的延时启动控制 ········· 41

一、任务分析 ········· 41

二、相关知识——定时器、辅助继电器 ········· 41

三、任务实施 ········· 46

四、知识拓展——定时器延时扩展电路、振荡电路、自复位电路 ········· 48

五、任务拓展——两台电动机的顺序启停控制 ········· 51

任务四　进库物品的统计监控 ········· 52

一、任务分析 ········· 52

二、相关知识——计数器、特殊继电器 ········· 52

三、任务实施 ········· 54

四、知识拓展——加减双向计数器、计数器自复位电路 ········· 57

五、任务拓展——间歇润滑装置的自动控制 ········· 60

任务五　洗手间的冲水清洗控制 ········· 61

一、任务分析 ········· 61

二、相关知识——跳变触点指令 ········· 61

三、任务实施 ········· 63

任务六　七段数码管显示设计 ········· 64

一、任务分析 ········· 64

二、相关知识——梯形图程序设计规则与梯形图程序优化、经验设计法 ········· 65

三、任务实施 ········· 66

四、知识拓展——PLC控制系统设计 ········· 69

五、任务拓展——酒店自动门的开关控制 ········· 70

综合实训　竞赛抢答器控制系统设计 ········· 70

习题 ········· 70

【实战演练】3人抢答控制设计 ········· 75

项目三　PLC步进顺控指令应用 ········· 76

【项目导读】········· 76

【学习目标】········· 76

【素质目标】········· 76

【思维导图】 ………………………… 76

任务一 自动送料小车的运行控制 …… 77
　一、任务分析 ………………………… 77
　二、相关知识——PLC 状态元件及单流程
　　结构的步进顺控设计法 …………… 77
　三、任务实施 ………………………… 82
　四、知识拓展——步进顺控程序的其他编制
　　方式 ……………………………… 85
　五、任务拓展——多个传送带的自动控制 … 86

任务二 按钮式人行横道交通信号灯控制 … 86
　一、任务分析 ………………………… 86
　二、相关知识——并行分支结构的步进顺控
　　设计法 …………………………… 86
　三、任务实施 ………………………… 88

任务三 物料分拣机构的自动控制 …… 91
　一、任务分析 ………………………… 91
　二、相关知识——选择分支结构的步进顺控
　　设计法 …………………………… 91
　三、任务实施 ………………………… 93
　四、任务拓展——剪板机的自动控制 …… 96

综合实训 十字路口交通信号灯的控制 … 96
习题 ………………………………… 96
【实战演练】设计一个用 PLC 控制的液体搅拌装置
控制系统 …………………………… 98

项目四　PLC 功能指令应用 ………… 99
　【项目导读】 ………………………… 99
　【学习目标】 ………………………… 99
　【素质目标】 ………………………… 99
　【思维导图】 ………………………… 99

任务一 设备维护提醒装置的设计 …… 100
　一、任务分析 ……………………… 100
　二、相关知识——数据类型、变量存储器、累
　　加器、功能指令的表达形式、传送指令、
　　比较指令 ………………………… 101
　三、任务实施 ……………………… 107
　四、知识拓展——数据块传送指令、交换
　　指令、存储器字填充指令 ……… 108

任务二 电子四则运算器的设计 ……… 109
　一、任务分析 ……………………… 109

二、相关知识——四则运算指令、数据转换
　指令 ……………………………… 110
【乘除法指令拓展应用】 …………… 112
　三、任务实施 ……………………… 114
　四、知识拓展——加 1 指令和减 1 指令、逻辑
　　运算指令、实数函数运算指令 …… 116

任务三 霓虹灯闪烁控制 …………… 119
　一、任务分析 ……………………… 119
　二、相关知识——移位指令、循环移位指令、
　　移位寄存器位指令 ……………… 119
　三、任务实施 ……………………… 122
　四、知识拓展——译码指令、编码指令 … 125
　五、任务拓展——广告字牌的灯光闪烁
　　控制 ……………………………… 127

任务四 变地址数据显示控制 ……… 127
　一、任务分析 ……………………… 127
　二、相关知识——寻址方式、BCD 码转换指
　　令、七段译码指令 ……………… 127
　三、任务实施 ……………………… 130
　四、任务拓展——送料小车多地点随机卸料的
　　PLC 控制 ………………………… 132

任务五 寻找数组最大值及求和运算 … 132
　一、任务分析 ……………………… 132
　二、相关知识——跳转指令与标号指令、循环
　　指令、子程序指令与局部变量 …… 132
　三、任务实施 ……………………… 138
　四、任务拓展——酒店自动门的开关
　　控制 ……………………………… 139

综合实训 自动售货机的 PLC 控制 … 140
习题 ………………………………… 140
【实战演练】智慧停车场控制设计 …… 141

项目五　PLC 功能模块应用 ……… 142
　【项目导读】 ……………………… 142
　【学习目标】 ……………………… 142
　【素质目标】 ……………………… 142
　【思维导图】 ……………………… 142

任务一 电热水炉温度控制 ………… 143
　一、任务分析 ……………………… 143
　二、相关知识——A/D 转换 ………… 143
　三、任务实施 ……………………… 146

四、知识拓展——D/A 转换 ·············147

任务二　供料单元与仓储单元的以太网通信······147
　　一、任务分析 ····························147
　　二、相关知识——两台 PLC 之间的通信···147
　　三、任务实施 ····························151
　　四、知识拓展——多台设备之间的通信···153
　习题 ···153
　【实战演练】恒流供水系统控制设计·······154

项目六　PLC 与触摸屏 ··············155
　【项目导读】 ·······························155
　【学习目标】 ·······························155
　【素质目标】 ·······························155
　【思维导图】 ·······························156
　任务　触摸屏控制的碱液配制系统·······156
　　一、任务分析 ····························156
　　二、相关知识——MCGS 触摸屏 ·······156
　　三、任务实施 ····························159
　　四、知识拓展——PLC 与 MCGS 触摸屏的其
　　　他连接方式、WinCC 简介 ·············165
　　五、任务拓展——三相异步电动机正、反转运
　　　行的触摸屏控制 ····················167
　习题 ···168
　【实战演练】水塔水位自动控制系统设计···168

项目七　PLC 与变频器 ··············169
　【项目导读】 ·······························169
　【学习目标】 ·······························169
　【素质目标】 ·······························169
　【思维导图】 ·······························169
　任务　钢琴琴弦绕丝机的电气控制·······170
　　一、任务分析 ····························170
　　二、相关知识——变频器 ·············170
　　三、任务实施 ····························178
　　四、知识拓展——PLC 与变频器的通信
　　　应用 ·································180
　习题 ···184
　【实战演练】电动机自动变频运行控制设计·······184

项目八　PLC 的工程应用实例 ·······185
　【项目导读】 ·······························185
　【学习目标】 ·······························185
　【素质目标】 ·······························185
　【思维导图】 ·······························185
　任务一　C650 卧式车床 PLC 控制·······185
　　一、任务分析 ····························185
　　二、相关知识——C650 卧式车床的电力驱动
　　　形式、C650 卧式车床控制电路与 PLC 型
　　　号的选择 ····························186
　　三、任务实施 ····························188
　任务二　气动机械手的自动运行控制·······190
　　一、任务分析 ····························190
　　二、相关知识——具有多种工作方式的步进
　　　顺控设计法 ····························192
　　三、任务实施 ····························192
　综合实训　单台供水泵的 PLC 控制·······196
　习题 ···196
　**【实战演练】自动线上供料装置的 PLC 控制系统
　　设计** ·································197

附录 A　常用特殊继电器的含义 ·········198

**附录 B　S7-200 SMART 系列 PLC
　指令** ·································199

**附录 C　STEP 7-Micro/WIN SMART 编程软
　件的使用方法** ·······················210
　　一、STEP 7-Micro/WIN SMART 编程软件
　　　简介 ·································210
　　二、STEP 7-Micro/WIN SMART 编程软件的
　　　安装 ·································210
　　三、STEP 7-Micro/WIN SMART 编程软件的
　　　主要界面 ····························210
　　四、硬件连接与通信 ·················212
　　五、编辑程序 ····························214
　　六、监控与调试 ·················217

参考文献 ································224

项目一　认识 PLC

【项目导读】

　　可编程逻辑控制器（Programmable Logic Controller，PLC）是在继电器−接触器控制系统的基础上发展起来的一种数字运算操作电子系统，广泛应用于工业环境的自动控制系统中。本章主要介绍继电器−接触器控制系统和 PLC 的产生、定义、特点、分类、应用和发展趋势等基础知识，以及 S7-200 SMART 系列 PLC。

【学习目标】

- 了解继电器−接触器控制系统的原理、特点。
- 了解 PLC 的产生、定义、特点、分类、应用和发展趋势等基础知识。
- 认识和理解 PLC 的基本组成、编程语言，深刻理解并熟练掌握 PLC 的内部等效电路及工作过程。
- 认识 S7-200 SMART 系列 PLC，掌握不同型号 CPU 模块的特点、应用场合。

【素质目标】

- 培养自主学习新知识、新技能的主动性和意识。
- 培养通过网络搜集资料、获取相关知识和信息的能力。
- 培养与人沟通的基本能力。
- 培养工程意识（如安全生产意识、质量意识、经济意识和环保意识等）。
- 培养良好的职业道德和精益求精的工匠精神。

【思维导图】

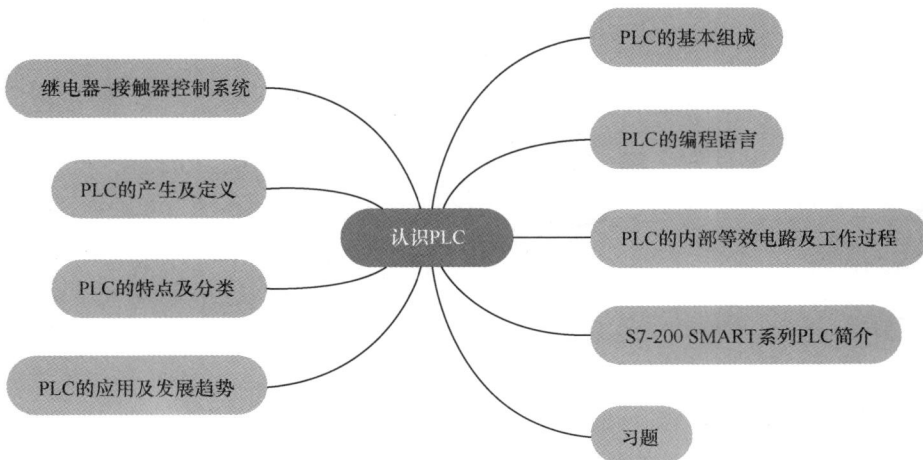

一、继电器–接触器控制系统

下面以小型三相异步电动机的启停控制为例,简要介绍继电器-接触器控制系统的原理特点。图 1-1（a）所示为三相异步电动机的继电器-接触器启停控制电路的主电路,图 1-1（b）和图 1-1（c）所示分别为其全压启动控制电路和延时启动控制电路。

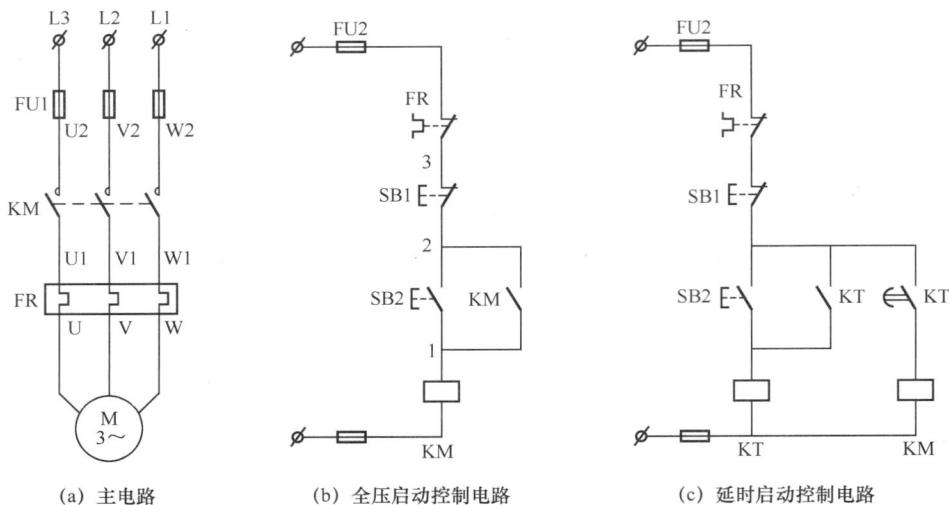

(a) 主电路　　　　　　　(b) 全压启动控制电路　　　　　　(c) 延时启动控制电路

图 1-1　三相异步电动机的继电器-接触器启停控制电路

如图 1-1 所示,电路中用到的低压电气控制器件有熔断器（FU）、交流接触器（KM,以下简称"接触器"）、延时继电器（KT）、热继电器（FR）、控制按钮（SB）等。其中,接触器是核心控制器件,掌握接触器的工作原理对分析电路的控制过程十分重要。那么,接触器的结构如何? 它又是怎样工作的呢?

如图 1-2 所示,接触器由电磁机构、触点系统、灭弧装置和其他部件组成。

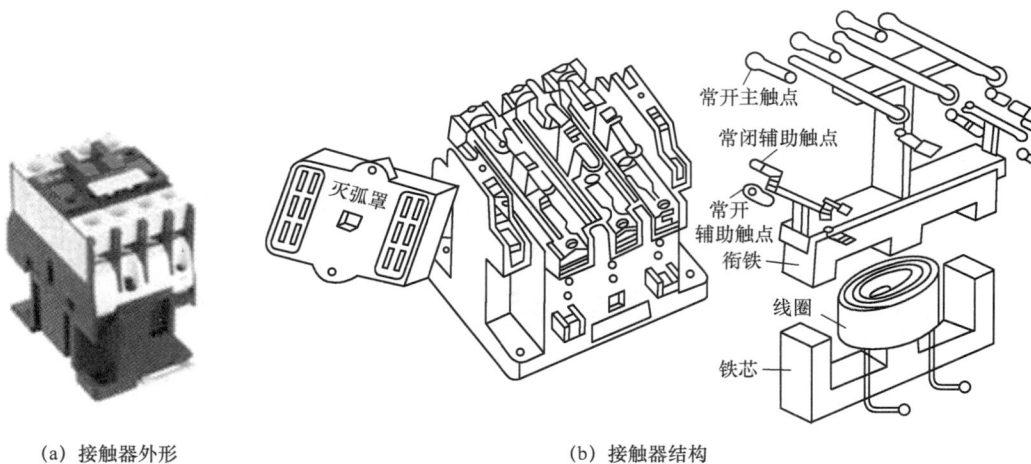

电气控制器件——按钮、刀开关、接触器、中间继电器、热继电器

(a) 接触器外形　　　　　　　　　　(b) 接触器结构

图 1-2　接触器

电磁机构由线圈、铁芯和衔铁组成,用于产生电磁吸力,带动触点动作。

　　触点系统的触点分为主触点和辅助触点两种：主触点用于通断较大的电流，一般用在主电路中；辅助触点用于通断较小的电流，一般用在控制电路中。根据触点的原始状态，触点还可分为常开触点和常闭触点：常开触点是指线圈未得电时触点处于断开状态，线圈得电后触点就闭合，又称为动合触点；常闭触点是指线圈未得电时触点处于闭合状态，线圈得电后触点就断开，又称为动断触点。

　　当线圈得电时，线圈中的电流产生磁场使铁芯磁化，铁芯产生电磁吸力吸引衔铁，触点系统与衔铁是联动的，从而带动触点动作，即常闭触点断开、常开触点闭合。当线圈失电时，铁芯中的电磁吸力消失，衔铁在复位弹簧的作用下复位，使触点复位，即常闭触点闭合、常开触点断开。

　　继电器-接触器控制系统就是通过控制继电器或接触器线圈得电或失电来接通或断开电路，从而控制电动机运行或停止的。下面具体分析图 1-1 所示电路。

　　如图 1-1（a）所示，接触器 KM 的主触点起着接通或断开电动机电源的作用，相当于电源开关；熔断器 FU1 用于短路保护；热继电器 FR 用于过载保护。

　　如图 1-1（b）所示，按下启动按钮 SB2，1、2 两点接通，接触器 KM 线圈得电，其常开主触点与常开辅助触点同时闭合。常开主触点使主电路中的电动机接入三相电源，电动机启动运行；常开辅助触点并联在 SB2 两端，使全压启动控制电路中的 1、2 两点通过 SB2 常开触点和 KM 自身的常开辅助触点两条支路并联导通。当松开 SB2 后，虽然 SB2 这一条支路已断开，但 1、2 两点仍能通过 KM 的常开辅助触点导通，维持线圈得电状态。这种依靠并联在启动按钮 SB2 两端的接触器自身的常开辅助触点闭合来保持接触器线圈持续得电的现象称为自锁（或自保）。起自锁作用的触点称为自锁触点，这段电路称为自锁电路。

　　要使电动机停止运行，按下停止按钮 SB1 即可。按下 SB1 后 2、3 两点断开，接触器 KM 线圈失电，其主触点复位断开，切断主电路中的电源，电动机停止运行。同时其自锁触点也复位断开，使 1、2 两点不再接通，因而在松开 SB1 后仍维持线圈失电的状态。

　　图 1-1（b）所示为一个典型的具备自锁控制功能的全压启动控制电路。由于按钮和接触器自锁触点配合实现电动机启动并维持运行，因此其也称为启保停电路。此外，按钮和接触器自锁触点配合还有一个作用，就是失压保护。电动机正常工作时，如果因为电源停止供电而停止运行，一旦电源电压恢复，电动机自行启动则可能造成人身事故或机械设备损坏。为防止电源电压恢复时电动机自行启动而设置的保护称为失压保护。采用按钮、接触器自锁触点配合启动，当电源停止供电时，接触器线圈失电，所有常开触点复位断开，电动机停止运行；当电源电压恢复时，由于自锁触点已断开，电动机不会自行启动，必须再次按下启动按钮才能启动，实现了失压保护。

注意

　　如图 1-1（b）所示，其中所用的启动操作元件 SB1、SB2 是按钮，而不是开关。以按钮和开关的常开触点为例，按钮的常开触点只在按钮被按下的期间闭合，松开按钮后其常开触点就复位断开；而开关的常开触点一旦闭合就维持闭合状态，直到开关断开。如果用开关 K 代替启动按钮 SB2，则开关合上后就会保持闭合状态，不需要自锁触点，当然电路也就不再具有失压保护功能了。因此只有按钮、接触器自锁触点配合启动，电路才具备失压保护功能。

图 1-1（c）所示为三相异步电动机继电器-接触器启停控制电路的延时启动控制电路。该电路用到了延时继电器 KT（通电延时型）。延时继电器的工作原理与接触器的工作原理类似，只是结构上多了延时机构。当延时继电器线圈得电时，其瞬时触点立即动作，延时触点却在延迟一段时间后动作。电路工作时，按下启动按钮 SB2，延时继电器 KT 线圈得电并由瞬时触点自锁，延迟一段时间后其延时常开触点动作，使接触器 KM 线圈得电，KM 自身的常开主触点闭合，从而使电动机运行；按下停止按钮 SB1，KT 和 KM 线圈均失电，触点全部复位，电动机停止运行。

比较图 1-1（b）和图 1-1（c）所示电路，可以看出这两个简单控制系统的输入设备和输出设备相同，即都通过启动按钮 SB2 和停止按钮 SB1 控制接触器 KM 的线圈得失电，但因为控制要求发生了变化，所以控制系统必须重新设计并重新配线安装。

继电器-接触器控制系统结构简单、价格低廉，能满足一般的生产工艺要求，但也存在一些问题：采用机械触点硬性接线，控制系统运行可靠性差、检修困难；控制要求改变时要改变硬件的接线，对于复杂的控制系统，这种变动的工作量大、周期长，并且造成的经济损失很大；控制系统体积大、耗能高。

随着科技的进步和信息技术的发展，各种新型的控制器件和控制系统不断涌现。PLC 就是一种在继电器-接触器控制和计算机控制的基础上开发出来的新型自动控制装置。采用 PLC 对三相电动机进行直接启动和延时启动，工作将变得轻松。

二、PLC 的产生及定义

下面介绍 PLC 的产生和定义。

1. PLC 的产生

20 世纪 60 年代，继电器-接触器控制系统在工业控制领域占据主导地位，该控制系统按照一定的逻辑关系对开关量进行顺序控制。这种采用固定接线的控制系统体积大、耗能高，并且可靠性不高，通用性和灵活性较差，因此行业迫切地需要新型控制系统作为替代。与此同时，计算机技术开始应用于工业控制领域，但由于价格高、输入输出（Input/Output，I/O）电路不匹配、编程难度大以及难以适应恶劣工业环境等，其未能在工业控制领域获得推广。

1968 年，美国通用汽车（GM）公司为了适应生产工艺不断更新的需求，要求寻找一种比继电器-接触器控制系统更可靠、功能更齐全、响应速度更快的新型工业控制器，并从用户角度提出了新一代控制器应具备的十大条件。这十大条件的主要内容如下。

① 编程方便，可现场修改程序。
② 维修方便，采用插件式结构。
③ 可靠性高于继电器-接触器控制系统。
④ 体积小于继电器-接触器控制系统。
⑤ 数据可直接输入管理计算机。
⑥ 成本可与继电器-接触器控制系统竞争。
⑦ 输入可以是 115V 的交流电（即用美国的电网电压）。
⑧ 输出为 115V、2A 以上的交流电，可直接驱动电磁阀等。
⑨ 在扩展时，原控制系统只需要做很小的改变。
⑩ 用户存储器容量大于 4KB。

这些条件实际上是将继电器-接触器控制系统简单易懂、使用方便、价格低的优点与计算机功能完善、灵活性及通用性好的优点结合起来，将继电器-接触器控制系统的硬件接线逻辑转变为计算机的软件逻辑编程的设想。1969 年，第一台 PLC 被研制出来，在美国通用汽车公司的生产线上试用成功，并取得了令人满意的效果，PLC 自此诞生。

PLC 自问世以来，其凭借编程方便、可靠性高、通用性和灵活性好、体积小、使用寿命长等优点，很快就在世界各国的工业控制领域推广应用。现在，PLC 已作为一种独立的工业设备被列入生产中，成为当代工业自动化领域中现场级最重要、应用最广泛的控制装置之一。

早期的 PLC 是为了取代继电器-接触器控制系统而研制的，其功能简单，主要用于实现开关量的逻辑运算、定时、计数等顺序控制功能。这种 PLC 主要由中小规模集成电路组成，在硬件上特别注重适用于工业现场恶劣环境，编程需要由受过专业训练的人员来完成。早期的 PLC 种类单一，没有形成系列产品。

20 世纪 70 年代中后期，随着微处理器和微型计算机的出现，人们将微型计算机技术应用到 PLC 上，从而使 PLC 的工作速度加快，功能不断完善，在进行开关量逻辑控制的基础上还增加了数据传送、比较和对模拟量进行控制等功能，初步形成系列产品。

20 世纪 80 年代以来，随着大规模和超大规模集成电路技术的迅猛发展，以 16 位和 32 位微处理器为核心的 PLC 也得到迅猛发展。其功能增强，工作速度加快，体积减小，可靠性提高，编程和故障检测更为灵活、方便。现代的 PLC 不仅能实现开关量的顺序逻辑控制，还具有高速计数、中断处理、比例-积分-微分（Proportional-Integral-Derivative，PID）调节、模拟量控制、数据处理以及远程 I/O、网络通信和图像显示等功能。

全世界有上百家 PLC 制造厂商，其中著名的制造厂商有美国的艾伦-布拉德利（Allen-Bradley）公司、通用电气（GE）公司，德国的西门子（Siemens）公司，法国的施耐德（Schneider）电气有限公司，日本的欧姆龙（OMRON）自动化公司和三菱（MITSUBISHI）公司等。我国也有很多公司研制和生产 PLC，如汇川、台达、永宏、丰炜、和利时、信捷、海为等。

2. PLC 的定义

PLC 的定义随着技术的发展有多次变动。国际电工委员会（International Electrotechnical Commission，IEC）在 1987 年 2 月颁布了 PLC 的标准草案（第三稿），该草案对 PLC 做了如下定义："PLC 是一种数字运算操作的电子装置，专为在工业环境下应用而设计。它采用可编程的存储器，用来在其内部存储执行逻辑运算、顺序控制、定时、计数和算术运算等操作的指令，并通过数字式或模拟式的输入和输出，控制各种类型的机械或生产过程。PLC 及其有关的外围设备都应按易于与工业控制系统连成一个整体，易于扩展其功能的原则设计。"

定义强调了 PLC 是"数字运算操作的电子装置"，即它也是一种计算机。它能完成逻辑运算、顺序控制、定时、计数和算术运算等操作，还具有数字量或模拟量的 I/O 控制能力。

定义还强调了 PLC 直接应用于工业环境，故其需具有很强的抗干扰能力、适应能力和广泛的应用范围。这也是它区别于一般微型计算机控制系统的一个重要特征。

早期，PLC 的全称为 Programmable Logic Controller（可编程逻辑控制器），主要用于替代传统的继电器-接触器控制系统。随着微处理器技术的发展，PLC 不仅可以进行逻辑控制，还可以对模拟量进行控制。因此，美国电气制造商协会（National Electrical Manufacturers Association，NEMA）赋予它一个新的名称——可编程控制器（Programmable Controller，PC）。为了避免与个人计算机（Personal Computer，PC）混淆，人们仍沿用早期的名称 PLC，但现在的 PLC 并不意味着它只具有逻辑处理功能。

三、PLC 的特点及分类

采用 PLC 进行控制时，硬件接线更加简单、清晰。以图 1-1 为例，PLC 主电路仍然与图 1-1（a）所示的一样。而对于控制电路，用户只需要将输入设备（如启动按钮 SB2、停止按钮 SB1、热继电器 FR 触点）接到 PLC 的输入端子上，将输出设备（如接触器 KM 线圈）接到 PLC 的输出端子上，再接上电源、输入程序就可以了。图 1-3 所示为用 PLC 实现电动机的启停控制原理，其中，电动机全压启动和延时启动的硬件接线图完全相同，只是程序不同。

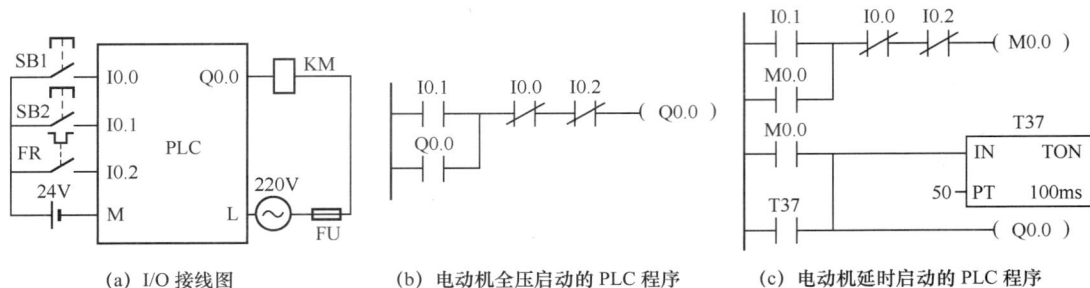

(a) I/O 接线图　　　(b) 电动机全压启动的 PLC 程序　　　(c) 电动机延时启动的 PLC 程序

图 1-3　用 PLC 实现电动机的启停控制原理

PLC 是通过用户程序实现逻辑控制的，这与继电器-接触器控制系统采用硬件接线实现逻辑控制的方式不同。PLC 的外部接线只起信号传送的作用。因此，用户可在不改变硬件接线的情况下，通过修改程序实现两种方式的电动机启停控制。

1. PLC 的特点

现代工业生产是复杂多样的，对控制的要求也各不相同。PLC 由于具有以下特点而深受工程技术人员的欢迎。

（1）可靠性高，抗干扰能力强

现代 PLC 采用了集成度很高的微电子器件，大量的开关动作由无触点的半导体电路来完成，其可靠程度是使用机械触点的继电器-接触器控制系统无法比拟的。为保证 PLC 能够在恶劣的工业环境可靠工作，其设计和制造过程采取了一系列硬件和软件方面的抗干扰措施。

在硬件方面，PLC 采用可靠性高的工业级元器件和先进的电子加工工艺制造技术，对干扰源进行屏蔽、隔离和滤波，有效地抑制了外部干扰源对 PLC 内部电路的影响。有的 PLC 生产商还采用了冗余设计、掉电保护、故障诊断、运行信息显示等技术，进一步提高了 PLC 的可靠性。

在软件方面，PLC 设置故障检测与诊断程序，每次扫描都对系统状态、用户程序、工作环境和故障进行检测与诊断，发现出错后，立即自动做出相应的处理，如报警、保护数据和封锁输出等。同时 PLC 带有后备电池，以保障停电后随机存储器（Random Access Machine，RAM）中的有关状态及信息不会丢失。

（2）编程方便，操作性强

PLC 有多种编程语言可以使用。其中，梯形图（Ladder Diagram，LAD）语言的逻辑与继电器-接触器控制系统的控制原理极为相似，直观且易懂，深受电气技术人员的欢迎；

语句表（Statement List，STL）语言是 PLC 唯一能够识别的编程语言，语句表程序与梯形图程序有一一对应的关系，同样有利于技术人员的编程操作；顺序功能图（Sequential Function Chart，SFC）是一种面向对象的顺控流程图语言，它以流程进展为主线，使编程更加简单、方便。对用户来说，即使不具备专门的计算机知识，也可以在短时间内掌握 PLC 的编程语言，当生产工艺发生变化时就能十分方便地修改程序。

（3）功能完善，应用灵活

目前，PLC 产品已经标准化、系列化和模块化，功能更加完善，不仅具有逻辑运算、定时、计数和顺序控制等功能，还具有数/模（Digital/Analog，D/A）转换、模/数（Analog/Digital，A/D）转换、算术运算及数据处理、网络通信和生产监控等功能。模块式的硬件结构使组合和扩展方便，用户可根据需求灵活选用相应的模块，以满足大小不同及功能繁简各异的控制系统要求。

（4）使用简单，调试维修方便

PLC 的接线极其方便，只需将产生输入信号的设备（如按钮、开关等）与 PLC 的输入端子连接，将接收输出信号的被控设备（如接触器、电磁阀等）与 PLC 的输出端子连接即可。

可以在实验室对 PLC 的用户程序逻辑进行模拟调试，输入信号用开关来模拟，输出信号用 PLC 的发光二极管（LED）显示。实验室调试通过后再在现场安装调试，与继电器-接触器控制系统的配线逻辑功能调试相比，PLC 用户程序的调试工作量少得多。

PLC 有完善的自诊断和运行故障指示装置，一旦发生故障，工作人员可通过硬件状态指示或软件故障诊断功能来查出故障原因，迅速排除故障。

2. PLC 的分类

（1）按应用规模和功能分类

按 I/O 点数和存储容量的不同，PLC 大致可以分为大型、中型和小型 3 种。小型 PLC 的 I/O 点数在 256 以下；中型 PLC 的 I/O 点数范围为 256～2048；大型 PLC 的 I/O 点数在 2048 以上。事实上，这只是一种粗略的划分，随着 PLC 技术的发展，中型 PLC 可带 I/O 点数可高达 8192 甚至更高。PLC 还可以按功能分为低档机、中档机和高档机。低档机以逻辑运算为主，具有定时、计数、移位等功能。中档机一般有整数和浮点数运算、数制转换、PID 调节、中断控制及联网等功能，可用于复杂的逻辑运算及闭环控制场景。高档机具有更强的数字处理能力，可进行矩阵运算、函数运算，能用于完成数据管理工作；其还具有很强的通信能力，可以和其他计算机构成分布式生产过程综合控制管理系统。一般大型 PLC 都是高档机。

（2）按硬件结构形式分类

PLC 按硬件结构形式的不同，可以分为整体式、模块式和叠装式。

① 整体式又称为单元式或箱体式。整体式 PLC 的中央处理器（CPU）模块、I/O 模块和电源模块装在同一个机箱内，结构非常紧凑，体积小，价格低。小型 PLC 一般采用整体式结构，如 S7-200 SMART、S7-1200 PLC。整体式 PLC 一般配有许多专用的特殊功能单元，如模拟量 I/O 单元、数字量 I/O 单元、位置控制单元等，使 PLC 的功能得到扩展。图 1-4 所示为整体式 PLC。

② 模块式又称为积木式。模块式 PLC 的各部分以模块的形式分开，如电源模块、CPU 模块（包括 CPU 和存储器）、I/O 模块、通信模块、功能模块、工艺模块等。这些模块都插在模块插座上，模块插座焊接在框架中的总线连接板上。这种结构配置灵活，装配方便，便于扩展。大、中型 PLC 一般采用模块式结构。图 1-5 所示为模块式 PLC。

③ 叠装式是整体式和模块式相结合的产物。叠装式 PLC 的电源也可做成独立的，不使用模块式 PLC 中的母板，而采用面板安装或导轨安装，并用电缆连接各个部分，在控制设备中安装时可以一层层地叠装，如图 1-6 所示。

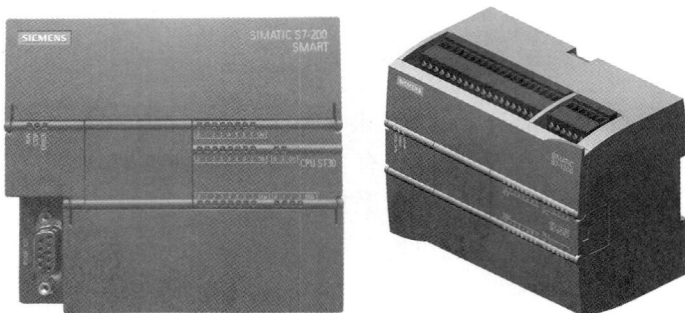

图 1-4　整体式 PLC

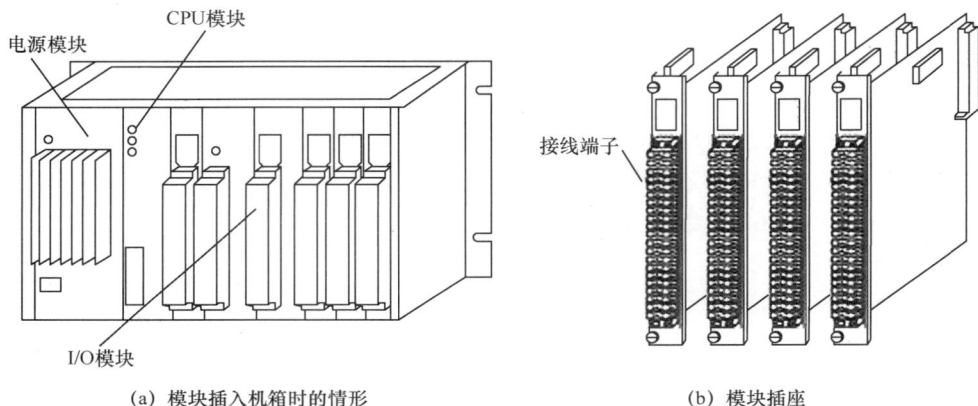

（a）模块插入机箱时的情形　　　　（b）模块插座

图 1-5　模块式 PLC

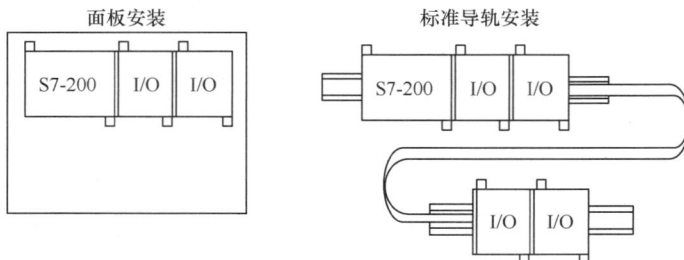

图 1-6　叠装式 PLC

　　整体式 PLC 一般用于规模较小、I/O 点数不超过 256 的应用场景；模块式 PLC 一般用于规模较大、I/O 点数较多且变化比较灵活的场景；叠装式 PLC 兼有整体式 PLC 和模块式 PLC 的优点，不但系统可以灵活配置，还可做得体积小巧，近年来，叠装式 PLC 得到了越来越广泛的应用。

四、PLC 的应用及发展趋势

1. PLC 的应用

随着 PLC 功能的不断完善、性价比的不断提高，PLC 的应用也越来越广泛。目前，PLC

已广泛应用于采矿、机械、化工、石油、纺织、电力、环保、娱乐等各行各业。PLC 的应用通常可分为以下 5 种类型。

（1）顺序控制

顺序控制是 PLC 应用最广泛的领域之一，它取代了传统的继电器-接触器顺序控制。PLC 可应用于单机控制、多机群控制、生产自动化流水线控制，如注塑机、印刷机械、订书机械、切纸机械、组合机床、磨床、装配生产线、包装生产线、电镀流水线及电梯控制等。

（2）运动控制

PLC 使用专用的指令或运动控制模块，对直线运动或圆周运动进行控制，可实现单轴、双轴、三轴和多轴位置控制，将运动控制与顺序控制功能有机地结合在一起。PLC 的运动控制功能广泛地用于各种机械，如金属切削机床、金属成形机械、装配机械、机器人、电梯等。

（3）过程控制

过程控制是指对温度、压力、流量等连续变化的模拟量的闭环控制。PLC 通过模拟量 I/O 模块，实现模拟量和数字量之间的 A/D 转换与 D/A 转换，并对模拟量实行 PID 闭环控制。其 PID 闭环控制功能广泛地应用于塑料挤压成形机、加热炉、热处理炉、锅炉等设备，主要涉及轻工、化工、机械、电力、建材等行业。

（4）数据处理

现代的 PLC 具有数学运算、数据传送、数据转换、排序和查表、位操作等功能，可以完成数据的采集、分析和处理等。这些数据可以与存储在存储器中的参考值进行比较，也可以用通信功能传送到其他智能设备中，或者制表打印。

（5）网络通信

网络通信是指 PLC 与 PLC 之间、PLC 与计算机或其他智能设备（如变频器、数控装置等）之间的通信，利用 PLC 和计算机的 RS-232、RS-485、RS-422 或以太网接口，以及 PLC 的专用通信模块，用双绞线、同轴电缆或光纤将它们连接成网络，实现信息交换，构成"集中管理、分散控制"的多级分布式控制系统，建立自动化网络。

2. PLC 的发展趋势

现代 PLC 的发展有两个主要趋势：一个是向体积更小、速度更快、功能更强和价格更低的微小型化方向发展；另一个是向大型网络化、高性能、良好的兼容性和多功能方向发展。

发展小型 PLC 的目的是占领广大分散的中小型工业控制市场，使 PLC 不仅成为继电器-接触器控制系统的替代品，而且超过继电器-接触器控制系统的功能。小型 PLC 不仅便于实现机电一体化，而且是实现家庭自动化的理想控制器。

大型 PLC 自身朝着大存储容量、高速度、高性能、增加 I/O 点数的方向发展。网络化和强化通信能力是大型 PLC 的一个重要发展趋势。PLC 构成的网络向下可将多个 PLC、多个 I/O 模块相连，向上可与工业计算机、以太网等结合，构成整个工厂的自动控制系统。PLC 采用了计算机信息处理技术、网络通信技术和图形显示技术等，使生产控制功能和信息管理功能融为一体，满足现代化大生产的控制与管理需求。为了满足对特殊功能的需求，通信模块、位置控制模块、闭环控制模块、模拟量 I/O 模块、高速脉冲计数模块、数控模块、计算模块、模糊控制模块、语言处理模块等智能模块被不断开发出来。

总之，PLC 是当前和今后工业控制的主要手段和重要的基础控制设备。在未来的工业生产中，PLC 技术、机器人技术和计算机辅助设计/计算机辅助制造（CAD/Computer-Aided

Manufacturing，CAM）技术将成为实现工业生产自动化的三大支柱。

五、PLC 的基本组成

PLC 的结构多种多样，但其结构的基本原理相同，都采用以微处理器为核心的结构，实际上 PLC 就是一种新型的工业控制计算机。

PLC 硬件主要由 CPU、存储器、I/O 接口电路、电源和外部设备等组成。PLC 硬件结构如图 1-7 所示。

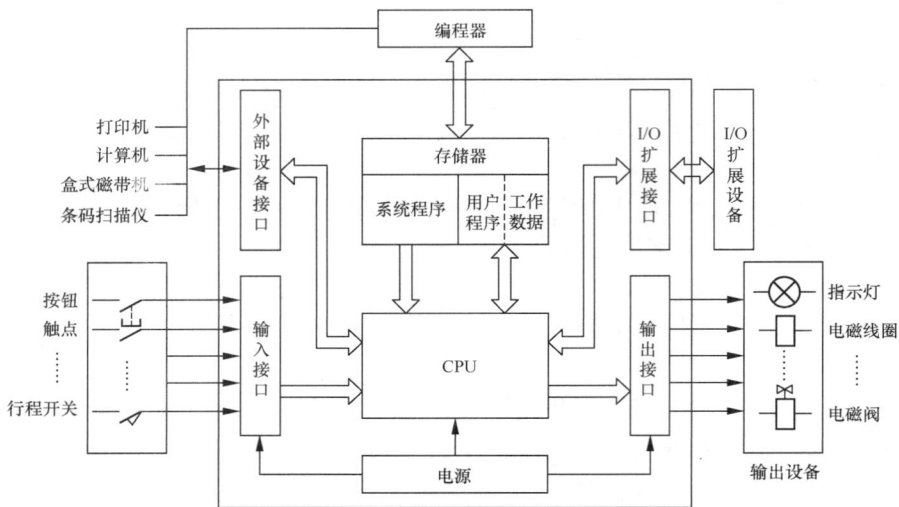

图 1-7　PLC 硬件结构

1．CPU

CPU 一般由控制器、运算器和寄存器组成，它们都集成在一个芯片内。CPU 通过数据总线、地址总线和控制总线与存储器、I/O 接口电路等相连。

与普通计算机一样，CPU 是 PLC 的核心部件，按系统程序赋予的功能指挥 PLC 有条不紊地工作，完成运算和控制任务。CPU 的主要用途如下。

① 接收从编程器输入的用户程序和工作数据，送入存储器存储。

② 用扫描方式接收输入设备的状态信号，并存入相应的数据区（输入映像寄存器）。

③ 监测和诊断电源、PLC 内部电路的工作状态和用户编程过程中的语法错误等。

④ 执行用户程序，从存储器逐条读取用户指令，完成各种数据的运算、传送和存储等功能。

⑤ 根据数据处理的结果，刷新有关标志位的状态和输出映像寄存器状态表的内容，再经过输出设备实现输出控制、制表打印或数据通信等功能。

PLC 中所使用的 CPU 多为 8 位单片机。为增强控制功能和提高实时处理速度，将 16 位或 32 位单片机用于高性能 PLC。不同型号 PLC 的 CPU 是不同的，有的采用通用 CPU，如 8031、8051、8086 等，有的采用厂家自行设计的专用 CPU，如西门子公司的 S7-200 系列 PLC 均采用其自行研制的专用 CPU。CPU 的性能关系到 PLC 处理控制信号的能力与速度，CPU 位数越高，PLC 能处理的信息量越大，运算速度也越快。随着 CPU 技术的不断发展，PLC 所用的 CPU 也越来越高档。

2. 存储器

存储器主要用来存放程序和数据。PLC 的存储器可以分为系统程序存储器、用户程序存储器及工作数据存储器 3 种。

（1）系统程序存储器

系统程序存储器用来存放由 PLC 生产厂家编写的系统程序，并固化在只读存储器（ROM）内，用户不能直接更改。它使 PLC 具有基本的智能，能够完成 PLC 设计者规定的各项工作。系统程序质量的好坏在很大程度上决定了 PLC 的性能，其内容主要包括 3 部分：第一部分为系统管理程序，它主要控制 PLC 的运行，使整个 PLC 按部就班地工作；第二部分为用户指令解释程序，它能将用户指令转化为机器语言指令，再由 CPU 执行这些指令；第三部分为标准程序模块与系统调用程序，它包括许多不同功能的子程序及其调用管理程序，如完成输入、输出及特殊运算等的子程序，PLC 的具体工作都是由这部分程序来完成的，这部分程序的多少决定了 PLC 性能的强弱。

（2）用户程序存储器

根据控制要求而编制的应用程序称为用户程序。用户程序存储器用来存放用户针对具体控制任务，用规定的 PLC 编程语言编写的各种程序。用户程序存储器根据所选用的存储器类型不同，如 RAM（用锂电池进行掉电保护）、可擦可编程只读存储器（Erasable Programmable Read-Only Memory，EPROM）或电擦除可编程只读存储器（Electrically-Erasable Programmable Read-Only Memory，EEPROM），其内容可以由用户任意修改或增删。目前，较先进的 PLC 采用可随时读写的快闪存储器（即闪存）作为用户程序存储器。快闪存储器不需要后备电池，掉电时数据也不会丢失。

（3）工作数据存储器

工作数据存储器用来存储工作数据，即用户程序中使用的 ON/OFF 状态、数值数据等。工作数据存储器中开辟了元件映像寄存器和数据表。其中，元件映像寄存器用来存储开关量、输出状态以及定时器、计数器、辅助继电器等内部器件的 ON/OFF 状态；数据表用来存放各种数据，如存储用户程序执行时的某些可变参数值及 A/D 转换得到的数字量和数学运算的结果等。在 PLC 断电时能保存数据的存储区称为数据保持区。

用户程序存储器和工作数据存储器容量的大小关系到用户程序容量的大小和内部器件的多少，是反映 PLC 性能的重要指标。

3. I/O 接口电路

I/O 接口是 PLC 与工业控制现场各类信号连接的部分，在 PLC 与被控对象间传递 I/O 信息。实际生产过程中产生的输入信号多种多样，信号电平各不相同，而 PLC 只能对标准电平进行处理。输入模块可以将来自被控对象的信号转换成 CPU 能够接收和处理的标准电平信号。同样，外部执行器件（如电磁阀、接触器、继电器等）所需的控制信号电平也有差别，必须通过输出模块将 CPU 输出的标准电平信号转换成这些执行器件所能接收的控制信号。

I/O 接口电路需要具有良好的抗干扰能力，因此 I/O 接口电路一般都包含光电隔离电路和 RC 滤波电路，用以消除输入触点的抖动和外部噪声干扰。

为了适应各类 I/O 信号的匹配需要，PLC 的 I/O 接口电路分为输入接口电路和输出接口电路。

（1）输入接口电路

连接 PLC 输入接口电路的输入器件是各种行程开关、按钮、触点、传感器等。按现场信号可以接纳的电源类型的不同，输入接口电路可分为 3 类：直流输入接口电路、交流输入接口电路和交直流输入接口电路。使用时要根据输入信号的类型选择合适的输入模块。各种 PLC 的输入接口电路大都相同，直流输入接口电路原理如图 1-8（a）所示，其逻辑功能可以用图 1-8（b）所示的等效电路来表示。其中 I0.1 为输入等效元件——输入继电器。

图 1-8 中只画出了一个输入端子的接口电路，其他输入端子的接口电路与之相同，COM 是公共端子。如图 1-8（a）所示，当输入开关 K2 接通时，光电耦合器导通，输入信号送入 PLC 内部电路，CPU 在输入采样阶段读入数字"1"供用户程序处理，同时 LED 输入指示灯点亮，表示输入端子对应的开关接通。输入开关接通的状态可等效为输入继电器 I0.1 的线圈得电，此时输入继电器 I0.1 的状态为"1"，程序中对应 I0.1 的触点动作，即常开触点闭合、常闭触点断开。

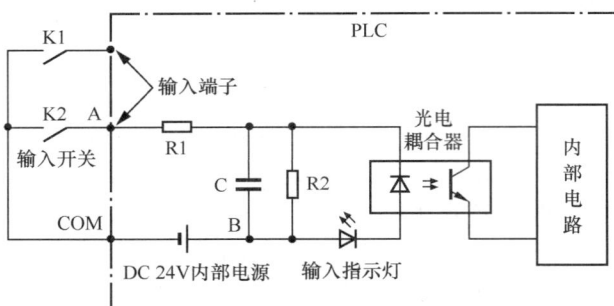

直流输入接口电路

(a) 直流输入接口电路原理　　　　　　(b) 直流输入接口等效电路

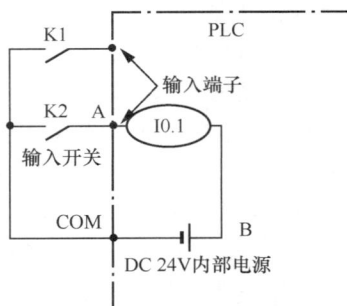

图 1-8　直流输入接口电路

反之，输入开关 K2 断开时，光电耦合器截止，CPU 在输入采样阶段读入数字"0"供用户程序处理，同时 LED 输入指示灯熄灭，表示输入端子对应的开关断开。输入开关断开的状态可等效为输入继电器 I0.1 的线圈失电，此时输入继电器 I0.1 的状态为"0"，程序中对应 I0.1 的触点不动作（或复位），即常开触点断开、常闭触点闭合。直流输入接口电路一般由 PLC 内部 24V 直流电源供电，也可以使用外部 24V 直流电源供电。

交流输入接口电路和交直流输入接口电路分别如图 1-9 和图 1-10 所示。它们的工作原理、电路结构及等效电路结构与直流输入接口电路的基本相似，只是交流输入接口电路一般由外部电源供电。

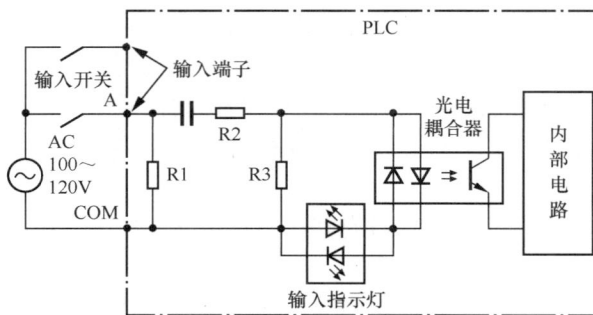

(a) 交流输入接口电路原理　　　　　　(b) 交流输入接口等效电路

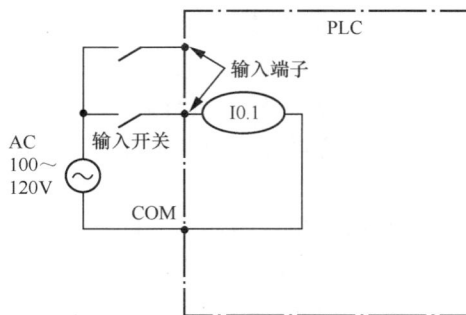

图 1-9　交流输入接口电路

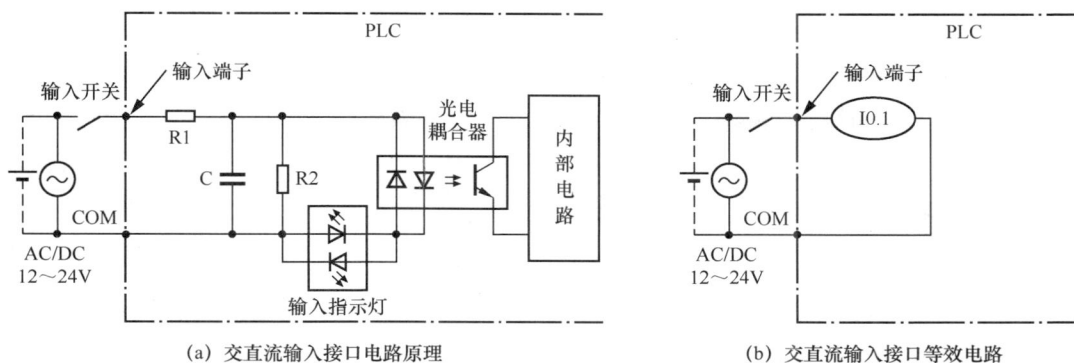

(a) 交直流输入接口电路原理　　　　　　　(b) 交直流输入接口等效电路

图 1-10　交直流输入接口电路

（2）输出接口电路

输出接口电路的作用是将 PLC 的输出信号传送到用户输出设备中。按输出开关器件的种类不同，PLC 的输出接口电路有 3 种形式，即晶体管输出型接口电路、双向晶闸管输出型接口电路和继电器输出型接口电路。其中，晶体管输出型接口电路只能接直流负载，为直流输出接口电路；双向晶闸管输出型接口电路只能接交流负载，为交流输出接口电路；继电器输出型接口电路既可接直流负载，也可接交流负载，为交直流输出接口电路。

直流输出接口电路原理如图 1-11（a）所示，程序执行完毕，输出信号由输出映像寄存器送至输出锁存器，再经光电耦合器控制输出晶体管。当晶体管饱和导通时，外部负载电路接通，这时 LED 输出指示灯点亮，表示该输出端子的输出信号为 "1"，即有输出信号。当晶体管截止时，外部负载电路断开，这时 LED 输出指示灯熄灭，表示该输出端子的输出信号为 "0"，即无输出信号。图 1-11（a）中的稳压管 VS 用来抑制、关断过电压和外部的涌流电压，保护输出晶体管。

直流输出接口电路的逻辑功能可用图 1-11（b）所示的等效电路来表示，Q0.0 为输出等效元件——输出继电器（常开触点）。若程序执行结果使 Q0.0 为 "1"，表示有信号输出，这时等效电路的 Q0.0 常开触点闭合，外部输出电路接通；若 Q0.0 为 "0"，外部输出电路断开。

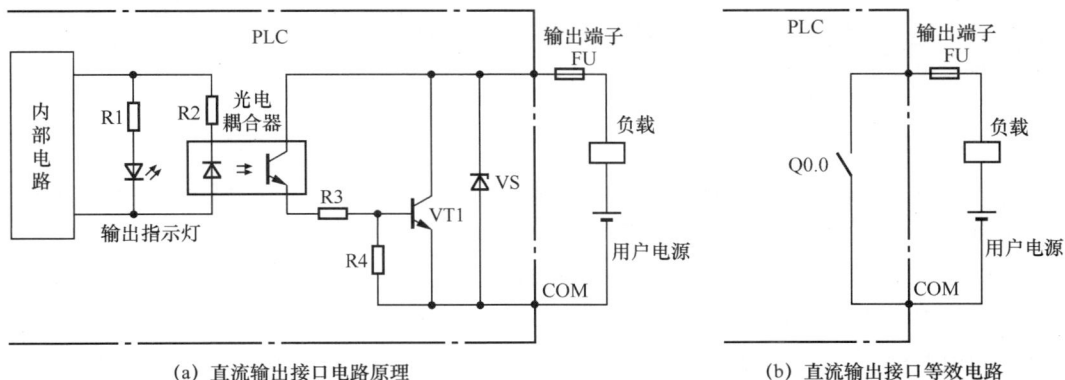

(a) 直流输出接口电路原理　　　　　　　(b) 直流输出接口等效电路

图 1-11　直流输出接口电路（晶体管输出型接口电路）

交流输出接口电路和交直流输出接口电路分别如图 1-12 和图 1-13 所示。其电路原理和结构与直流输出接口电路的基本相似。

(a) 交流输出接口电路原理　　　　　　　　　　(b) 交流输出接口等效电路

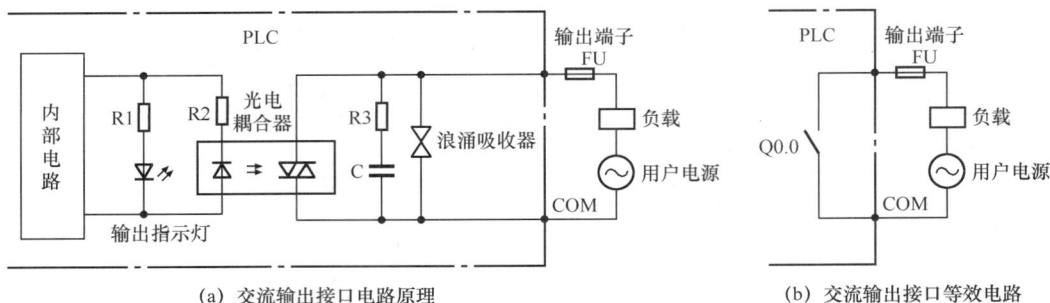

图 1-12　交流输出接口电路（双向晶闸管输出型接口电路）

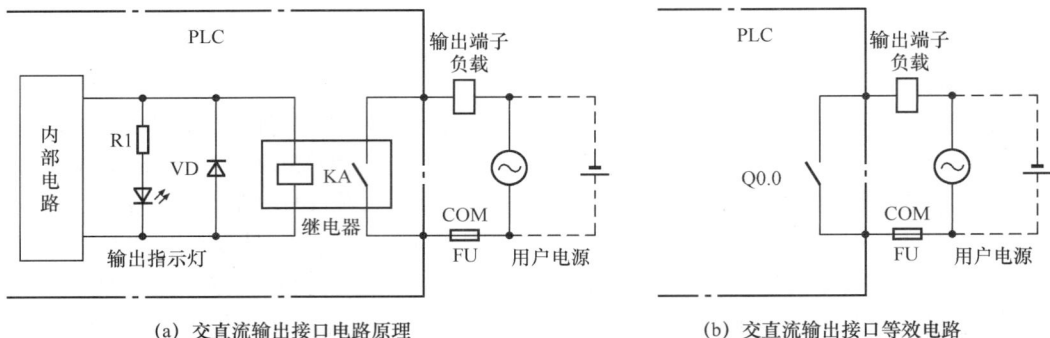

(a) 交直流输出接口电路原理　　　　　　　　　(b) 交直流输出接口等效电路

图 1-13　交直流输出接口电路（继电器输出型接口电路）

4．电源

PLC 配有开关式稳压电源模块。电源模块把交流电转换成 PLC 的 CPU、存储器等内部电路工作所需要的直流电，使 PLC 正常工作。PLC 的电源模块有很好的稳压措施，因此对外部电源的稳定性要求不高，一般允许外部电源电压的偏差范围为额定值的−15%～10%。有些 PLC 的电源模块还能向外提供直流 24V 稳压电源，用于向外部传感器供电。为了防止外部电源发生故障时 PLC 内部程序和数据等重要信息丢失的情况发生，有的 PLC 用锂电池作为停电时的后备电源。不同厂家的 PLC 在这一方面有区别，西门子 S7-200 SMART 系列 PLC 的锂电池具备实时时钟功能，且电池模块需要选购，而需要掉电保持的数据存储在保持型寄存器里，并不需要锂电池。

5．外部设备

（1）编程器

人们可以用编程器检查、修改程序，还可以利用编程器监视 PLC 的工作状态。编程器通过接口与 CPU 联系，完成人机对话。

早期的 PLC 需要采用专用的编程器进行程序编写，随着计算机的发展，专用的编程器已经逐步退出市场，而更为普遍的方法是使用计算机进行程序编写，可以使用专业编辑软件或者采用 Web 的方式进行程序编写，如 STEP 7-Micro/WIN SMART 是 S7-200 SMART 系列 PLC 的编程组态软件，用于下载 PLC 程序的方式，也从原来的专用通信线逐渐发展为以太网连接方式，使用更便捷。例如：上一代的 S7-200 系列 PLC 只支持 RS-485 接口，采用 PC/PPI（并行外设接口）或者 MPI（多点接口）的专用通信线与编程计算机连接，而全新一代的 S7-200 SMART 系列 PLC 已支持以太网连接方式，甚至有些 PLC 只支持以太

网连接方式，这使得对 PLC 进行程序上传与下载变得更高效。

（2）其他外部设备

PLC 还可以配备生产厂家提供的其他外部设备，如存储器卡、打印机等。如 S7-200 SMART 系列 PLC 支持商用 Micro SD 卡，使用该卡可以对 PLC 进行初始化设置、程序传输及固件升级等。

六、PLC 的编程语言

PLC 功能的实现不仅基于硬件的作用，更要靠软件的支持。PLC 的软件包含系统软件和应用软件。

系统软件包含系统的管理程序、用户指令的解释程序以及一些供系统调用的专用标准程序块等。系统软件在用户使用 PLC 之前就已装入 PLC 内，并永久保存，在各种控制工作中不需要更改。

应用软件又称为用户软件或用户程序，是由用户根据控制要求采用 PLC 专用的编程语言编制的应用程序，以实现所需的控制目的。不同厂家、不同型号 PLC 的只能适应自己的编程语言。目前，常用的 PLC 编程语言有梯形图、语句表、顺序功能图、功能块图（Function Block Diagram，FBD）、结构文本等。

1. 梯形图

梯形图是一种图形语言，是从继电器-接触器控制电路演变过来的。它将继电器-接触器控制电路进行了简化，同时加入了许多功能强大、使用灵活的指令，并结合微型计算机的特点，使编程更加容易，实现的功能大大超过传统继电器-接触器控制电路，是目前常用的一种 PLC 编程语言。图 1-14（a）和图 1-14（b）所示为继电器-接触器控制电路与 PLC 梯形图程序比较，两种方式都能实现三相异步电动机的自锁正转控制。梯形图及其符号的画法应遵守一定规则，各厂家的符号和规则虽然不尽相同，但是基本上大同小异。

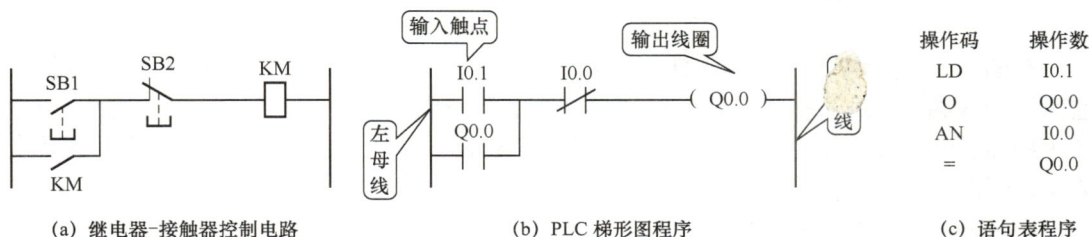

图 1-14 继电器-接触器控制电路与 PLC 梯形图程序比较

2. 语句表

语句表是 PLC 唯一能够识别的编程语言，使用其他编程语言编写的程序都需要通过编译转换为指令语句才能被下载到 PLC 中。语句是语句表编程语言的基本单元，每个控制功能由一条或多条语句组成的程序来执行。每条语句是表示 PLC 中 CPU 如何动作的指令，由操作码和操作数组成。语句表特别适合经验丰富的程序员使用，可以帮助程序员解决无法用梯形图等解决的问题。图 1-14（c）所示为图 1-14（b）梯形图程序所对应的语句表程序。

3. 其他编程语言

除了上述梯形图和语句表外，PLC 的编程语言还有顺序功能图、功能块图、结构文本等。

每种编程语言都有各自适合的应用场合。梯形图因具有类似电气控制原理图的结构而易于理解，但面对复杂控制过程时对设计人员编程经验的依赖性比较高。语句表适用于处理梯形图等不能处理的复杂控制任务。顺序功能图适用于流程性控制任务，在编程中具有上手简单、逻辑清晰、化繁为简的效果。功能块图以布尔逻辑运算的"与""或""非"等功能指令进行编程，但在实践中使用较少。结构文本是一种类似于 C 语言、Pascal 语言的高级编程语言，具有数学运算、数据处理、图表显示、报表打印等功能，使用更为广泛，功能更强，在复杂控制任务编程方面已取代语句表。与梯形图相比，结构文本有两大优点：一是能实现复杂的数学运算，二是非常简洁和紧凑。

七、PLC 的内部等效电路及工作过程

1. PLC 的内部等效电路

以图 1-15 所示的两台电动机启动的继电器-接触器控制电路为例，两台电动机启动的 PLC 内部等效电路如图 1-16 所示。

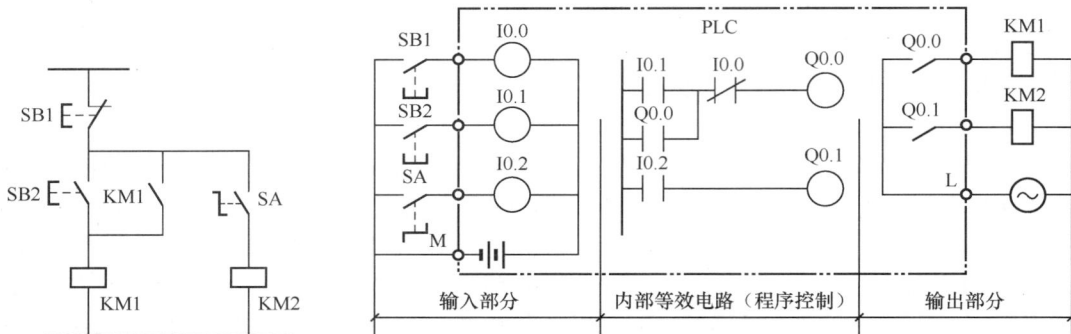

图 1-15　两台电动机启动的
继电器-接触器控制电路

图 1-16　两台电动机启动的 PLC 内部等效电路

在图 1-16 所示电路中，输入部分是用户输入设备，常用的有按钮、开关、传感器等，它通过输入端子（输入接口）与 PLC 连接；输出部分是用户输出设备，包括接触器（继电器）线圈、信号灯、各种控制阀灯等，它通过输出端子（输出接口）与 PLC 连接；程序控制（梯形图）部分可视为由内部继电器、接触器等组成的等效电路。

2. PLC 的工作过程

PLC 有两种工作模式，即运行（RUN）模式与停止（STOP）模式，如图 1-17 所示。

在停止模式中，PLC 只进行内部处理和通信服务两个阶段的工作。在内部处理阶段，PLC 不仅会检查 CPU 模块内部的硬件是否正常，还会对用户程序的语法进行检查，并定期复位监控定时器等，以确保系统可靠运行。在通信服务阶段，PLC 可与外部智能设备进行通信，如 PLC 与计算机之间的信息交换。

在运行模式中，PLC 除进行内部处理和通信服务阶段的工作外，还要完成输入采样、程序执行和输出刷新 3 个阶段的扫描工作。扫描过程如图 1-18 所示。简单地说，运行模式一般用于执行应用程序，停止模

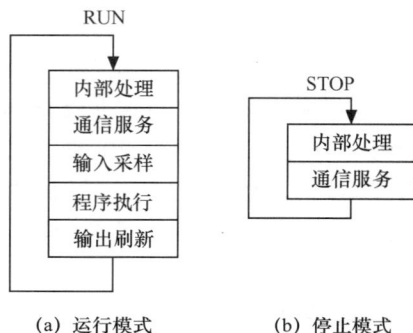

图 1-17　PLC 的工作模式

式一般用于程序的编制与修改。

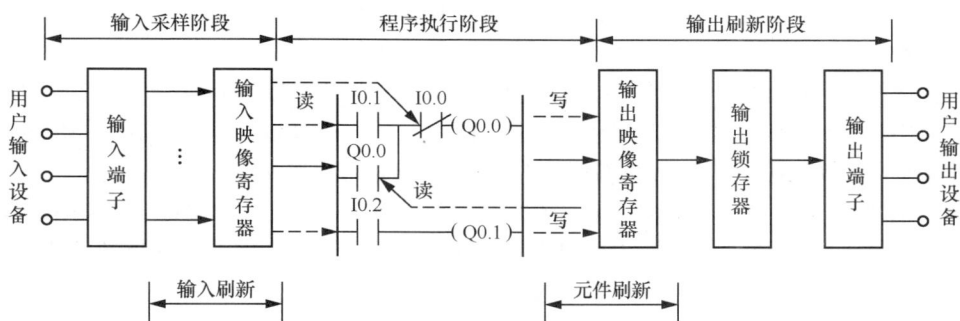

图 1-18 扫描过程

（1）输入采样阶段

在输入采样阶段，PLC 首先扫描所有输入端子，并将各输入状态存入内存中对应的各输入映像寄存器。此时，输入映像寄存器被刷新。接着，进入程序执行阶段。在程序执行阶段和输出刷新阶段，输入映像寄存器与外界隔离，无论输入信号如何变化，其内容保持不变，直到进入下一个扫描周期的输入采样阶段，才重新写入输入端子的新内容。

（2）程序执行阶段

根据 PLC 梯形图程序扫描原则，CPU 按先左后右、先上后下的步序逐条扫描指令。当指令中涉及输入、输出状态时，PLC 就从输入映像寄存器中读入上一阶段采入的对应输入端子状态，从输出映像寄存器中读入对应输出端子（软继电器）的当前状态。然后，CPU 进行相应的运算，最后将运算结果存入输出映像寄存器中。

（3）输出刷新阶段

在所有指令执行完毕后，输出映像寄存器中所有输出继电器 Q 的状态在输出刷新阶段都转存到输出锁存器中。通过隔离电路驱动功率放大电路，输出端子向外界发出控制信号，驱动外部负载。

CPU 每完成一次内部处理、通信服务、输入采样、程序执行、输出刷新等阶段的扫描工作的时间，就称为 1 个扫描周期。1 个扫描周期结束后，CPU 又从内部处理阶段开始重复下一个扫描周期的工作，直至进入停止模式。

下面以两台电动机的启动控制为例来说明 PLC 的扫描过程。两台电动机启动控制的 I/O 信号及程序如图 1-19 所示。

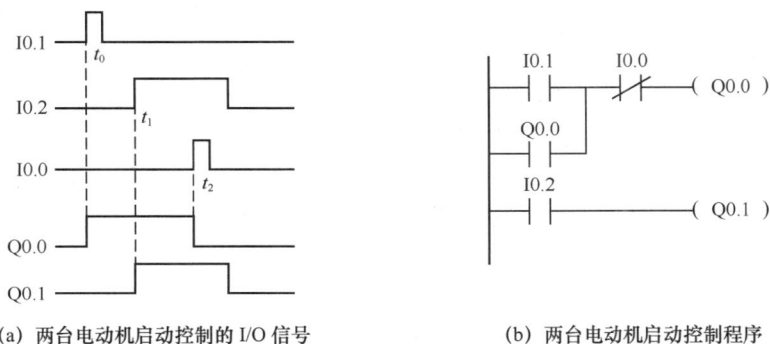

(a) 两台电动机启动控制的 I/O 信号   (b) 两台电动机启动控制程序

图 1-19 两台电动机启动控制的 I/O 信号及程序

t_0 时刻，在 PLC 输入采样阶段，PLC 扫描输入端子，得到 I0.1 端子的值是 1，I0.2 端子的值是 0，I0.0 端子的值是 0。PLC 内部与 I0.1 端子、I0.2 端子、I0.0 端子对应的输入映像寄存器被刷新，将新的值即 I0.1=1、I0.2=0、I0.0=0 存入其中。

在程序执行阶段，CPU 对指令进行逻辑运算，其中所需的 I0.0 端子、I0.1 端子、I0.2 端子的值由输入映像寄存器读入。经运算得到 Q0.0 端子的值为 1，Q0.1 端子的值为 0，并将该结果存入与 Q0.0 端子、Q0.1 端子对应的输出映像寄存器中。

在输出刷新阶段，输出映像寄存器中 Q0.0 端子的值 1 通过输出接口电路输出，驱动外部负载，Q0.1 端子的值也通过输出接口电路输出，但因值为 0，不能驱动外部负载。

至此，1 个扫描周期结束，PLC 进入下一个扫描周期。

在下一个扫描周期中，输入信息还未来得及变化（1 个扫描周期很短，一般为毫秒数量级），PLC 在输入采样阶段得到的 I0.1 端子、I0.2 端子、I0.0 端子的值与前一个扫描周期的相同。在程序执行阶段，运算中所用到的 Q0.0 端子的值由输出映像寄存器读入，其值为前一个扫描周期的运算结果 1，经运算，新得到的 Q0.0 端子的值仍为 1，Q0.1 端子的值仍为 0。

有必要说明的是，在上述的第 2 个扫描周期中，运算中用到的 Q0.0 端子的值为前一个扫描周期的运算结果 1，它所起的作用就是所谓的自锁。具体来说，就是只要 Q0.0 端子的值为 1，即使 I0.1 端子的值为 0，新的运算结果中 Q0.0 端子的值也能保持为 1。

PLC 就是这样不断地执行输入采样、程序执行和输出刷新等阶段的扫描工作的，据此分析，不难得到图 1-19（a）所示的输出结果。

3. PLC 的工作特点

（1）循环扫描的工作方式

PLC 采用的是不断循环的顺序扫描工作方式。每一次扫描所用的时间称为扫描周期或工作周期。CPU 从第 1 条指令开始，按顺序逐条地执行用户程序直到用户程序结束，然后返回第 1 条指令，开始新一轮的扫描。PLC 就是这样不断循环上述扫描过程的。

（2）PLC 与其他控制系统工作方式的区别

PLC 对用户程序的执行是以循环扫描的工作方式进行的。PLC 的这种工作方式与微型计算机的工作方式相比有较大的不同。微型计算机执行用户程序时，一旦执行到 END 指令就结束。PLC 从存储地址所存放的第 1 条指令开始，在无中断或跳转的情况下，按存储地址递增的顺序逐条执行指令，直到执行到 END 指令结束，然后从头开始执行，并周而复始地循环，直到停机或从运行模式切换到停止模式。PLC 每扫描完 1 次程序就构成 1 个扫描周期。

PLC 的循环扫描工作方式与传统的继电器-接触器控制系统也有明显的不同。继电器-接触器控制系统采用硬逻辑"并行"运行的工作方式：在执行过程中，如果一个继电器的线圈通电，则该继电器的所有常开触点和常闭触点无论处在控制电路的什么位置都会立即动作，即常开触点闭合、常闭触点断开。PLC 执行梯形图程序时采用"串行"工作方式，即 CPU 从上往下、从左往右、一行一行地顺序扫描执行。在 PLC 的工作过程中，如果某一个软继电器的线圈通电，则该继电器的所有常开触点和常闭触点并不一定都会立即动作，只有当 CPU 扫描到对应触点时它们才会动作，即常开触点闭合、常闭触点断开。因此，程序执行结果与梯形图顺序有关。

八、S7–200 SMART 系列 PLC 简介

S7-200 SMART 系列 PLC 是由德国西门子公司为中国客户量身定制的一款高性价比小型 PLC，是 S7-200 系列 PLC 的替代产品，不仅在结构上有大的变化，而且在功能上更强大、指令处理速度更快，是西门子小型自动化控制系统的核心。S7-200 SMART 系列 PLC 的部分型号支持 RS-485 或以太网通信，有标准型和经济型（有的地方也称"紧凑型"）两种类型、多种不同的型号供选择，此外更有多种特殊功能模块提供给不同客户。

1. CPU 模块

S7-200 SMART 系列 CPU 是一种整体式 PLC，其中的 CPU 模块也称为主机，它和模块式 PLC 中的 CPU 模块略有区别，对于模块式 PLC，一般认为 CPU 模块包含 CPU、存储器和编程接口，而这里的 CPU 模块是将微处理器、集成电源、输入电路和输出电路、编程接口组合到一个结构紧凑的外壳中，形成功能强大的整体式小型 PLC。该 PLC 采用插针式连接，模块连接更加紧密；部分型号支持通用 Micro SD 卡，可通过 Micro SD 卡进行程序下载和 PLC 固件更新；部分型号配备超级电容，在掉电情况下依然能保证时钟正常工作 6～7 天，如需实现时钟保持，需选购信号板 SB BA01，该模块支持普通的 CR1025 纽扣电池，能断电保持时钟运行约 1 年。S7-200 SMART CPU 的外形结构如图 1-20 所示。

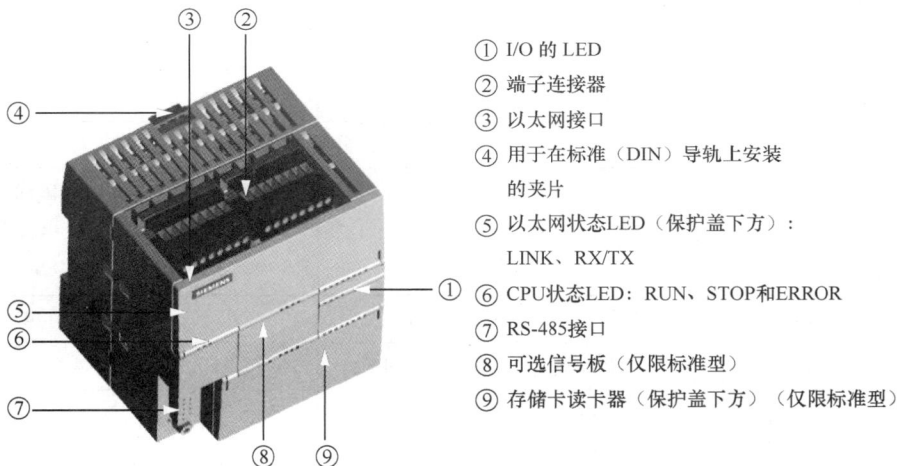

① I/O 的 LED
② 端子连接器
③ 以太网接口
④ 用于在标准（DIN）导轨上安装的夹片
⑤ 以太网状态LED（保护盖下方）：LINK、RX/TX
⑥ CPU状态LED：RUN、STOP和ERROR
⑦ RS-485接口
⑧ 可选信号板（仅限标准型）
⑨ 存储卡读卡器（保护盖下方）（仅限标准型）

图 1-20 S7-200 SMART CPU 的外形结构

（1）S7-200 SMART CPU 的型号

S7-200 SMART CPU 有 SR/ST 标准型和 CR 经济型两种类型，包括 14 个型号：CR20s、CR30s、CR40s、CR60s、CR40、CR60、SR20、ST20、SR30、ST30、SR40、ST40、SR60、ST60。型号标识的第一个字母表示产品线，经济型（C）或标准型（S）；标识的第二个字母表示继电器输出型（R）或晶体管输出型（T）；标识的数字表示总板载数字量 I/O 计数；I/O 计数后的小写字母"s"表示新的经济型号，该类 CPU 没有以太网接口，仅有 1 个串行接口。标准型 CPU 可以连接扩展模块，适用于 I/O 规模相对较大、逻辑控制较为复杂的应用场合；经济型 CPU 不能连接扩展模块，价格便宜，通过主机本体满足相对简单的控制要求。

继电器输出型 CPU 和晶体管输出型 CPU 的区别在于，在 PLC 的外部负载驱动电路中是采用继电器的电磁隔离还是晶体管的光电隔离，由于使用器件的不同，继电器输出型

CPU 的输出端可带交流或直流负载，而晶体管输出型 CPU 只能带直流负载。继电器输出型 CPU 存在动作速度慢、触点由于磨损使用寿命短的缺点，适用于一般的开关量控制场合；晶体管输出型 CPU 具有动作速度快、触点使用寿命长等特点，能够输出高速脉冲，适用于动作速度快的应用场合，如机器人、步进电动机、伺服电动机、变频器的控制。

（2）性能参数

S7-200 SMART 经济型和标准型 CPU 模块的主要性能参数分别如表 1-1、表 1-2 所示。

表 1-1　　　　　　　　　S7-200 SMART 经济型 CPU 模块的主要性能参数

特　性		CR20s	CR30s	CR40s/CR40	CR60s/CR60
板载数字量 I/O		12DI/8DO	18DI/12DO	24DI/16DO	36DI/24DO
用户程序存储器容量/KB		12	12	12	12
用户数据存储器容量/KB		8	8	8	8
扩展模块数		—	—	—	—
信号板		—	—	—	—
过程映像寄存器		256 位输入（I），256 位输出（Q）			
模拟映像寄存器		—	—	—	—
定时器数量		256	256	256	256
计数器数量		256	256	256	256
循环中断		2 个，分辨率为 1ms			
通信接口		RS-485 接口：1 个	RS-485 接口：1 个	以太网接口：1 个（仅 CR40） RS-485 接口：1 个	以太网接口：1 个（仅 CR60） RS-485 接口：1 个
高速计数器数量及最高频率	总数	4 个	4 个	4 个	4 个
	单相	4 个，100kHz	4 个，100kHz	4 个，100kHz	4 个，100kHz
	A/B 相	2 个，50kHz	2 个，50kHz	2 个，50kHz	2 个，50kHz
100kHz 脉冲输出		—	—	—	—
脉冲捕捉输入		—	—	—	—
实时时钟保持时间		—	—	—	—
存储卡		—	—	—	—
EM 总线供电能力（DC 5V）/mA		—	—	—	—
传感器 DC 24V 电源供电能力/mA		300	300	300	300

表 1-2　　　　　　　　　S7-200 SMART 标准型 CPU 模块的主要性能参数

特　性	SR20/ST20	SR30/ST30	SR40/ST40	SR60/ST60
板载数字量 I/O	12DI/8DO	18DI/12DO	24DI/16DO	36DI/24DO
用户程序存储器容量/KB	12	18	24	30

续表

特 性		SR20/ST20	SR30/ST30	SR40/ST40	SR60/ST60
用户数据存储器容量/KB		8	12	16	20
扩展模块数		最多 6 个			
信号板		1 个			
过程映像寄存器		256 位输入（I），256 位输出（Q）			
模拟映像寄存器		56 个字的输入（AI），56 个字的输出（AQ）			
定时器数量		256	256	256	256
计数器数量		256	256	256	256
循环中断		2 个，分辨率为 2ms			
通信接口		以太网接口：1 个 RS-485 接口：1 个 附加串行接口：1 个（带有可选 RS-232/ RS-485 信号板）			
高速计数器数量及最高频率	总数	6 个	6 个	6 个	6 个
	单相	4 个，200kHz；2 个，30kHz	5 个，200kHz；1 个，30kHz	4 个，200kHz；2 个，30kHz	4 个，200kHz；2 个，30kHz
	A/B 相	2 个，100kHz；2 个，20kHz	3 个，100kHz；1 个，20kHz	2 个，100kHz；2 个，20kHz	2 个，100kHz；2 个，20kHz
100kHz 脉冲输出		2 个（仅 ST20）	3 个（仅 ST30/ ST40/ ST60）		
脉冲捕捉输入		12 个	12 个	14 个	14 个
实时时钟保持时间		通常为 7 天，25℃时最少为 6 天（免维护超级电容）			
存储卡		Micro SD 卡（可选）			
EM 总线供电能力（DC 5V）/mA		1400	1400	1400	1400
传感器 DC 24V 电源供电能力/mA		300	300	300	300

S7-200 SMART CPU 模块集成的最大 I/O 点数达到 60，标准型 CPU 最多可配置 6 个扩展模块和一个安装在 CPU 内的信号板，产品配置灵活，信号板的使用可以在不改变电气控制柜内布局的情况下实现 PLC 功能扩展。因为 CPU 模块配备了西门子专用高速处理器芯片，基本指令执行时间达到每条指令 150ns。

晶体管输出的标准型（ST）CPU 可以输出 2 路或 3 路 100kHz 的高速脉冲，支持 PWM（脉冲宽度调制）/PTO（脉冲列输出）输出方式以及多种运动模式，可以自由设置运动曲线，有方便、易用的运动控制向导，可以快速实现调速、定位等功能。

标准型 CPU 和部分经济型 CPU（CR40、CR60）集成了以太网接口和强大的以太网通信功能，用普通的网线就可以实现程序的下载和监控。通过以太网接口可实现 CPU 与编程设备和其他 PLC、变频器、伺服驱动器、触摸屏等最多 8 台设备的通信，支持 TCP、UDP、ISO-on-TCP、Modbus TCP 等多种通信协议。

所有 S7-200 SMART CPU 均集成了一个 RS-485 串行接口（简称串口），标准型 CPU 还可以通过 SB CM01 信号板扩展一个额外的 RS-232/RS-485 接口。通过 RS-485 串行接口可以实现 CPU 与编程计算机、变频器、触摸屏等第三方设备通信，支持 PPI、Modbus RTU、USS 协议和自由接口模式通信。

（3）外部端子接线

下面以 CPU SR40 为例介绍 CPU 模块的外部端子接线，如图 1-21 所示。其中，"120～240V AC"表示 CPU 供电电源是交流 120～240V，"110V DC"表示 CPU 供电电源是直流 110V。24 个数字量输入端子由 I0.0～I0.7、I1.0～I1.7、I2.0～I2.7 组成，每个外部输入的开关信号均由各输入端子接入，经一个直流电源终至公共端 1M。N 和 L1 为交流电源接入端子，通常为 AC 120～240V，为 PLC 供电。16 个数字量输出端子由 Q0.0～Q0.7、Q1.0～Q1.7 组成，每 4 个输出端子与相应的公共端（1L、2L、3L、4L）构成一组，共 4 组。每个负载的一端与输出端子相连，另一端经外接电源与公共端相连。SR40 中的"R"表示继电器输出方式，所以该 CPU 既可带直流负载，也可带交流负载，负载的激励源由负载性质确定。M 和 L+为 DC 24V 的电源输出端子，为传感器供电。

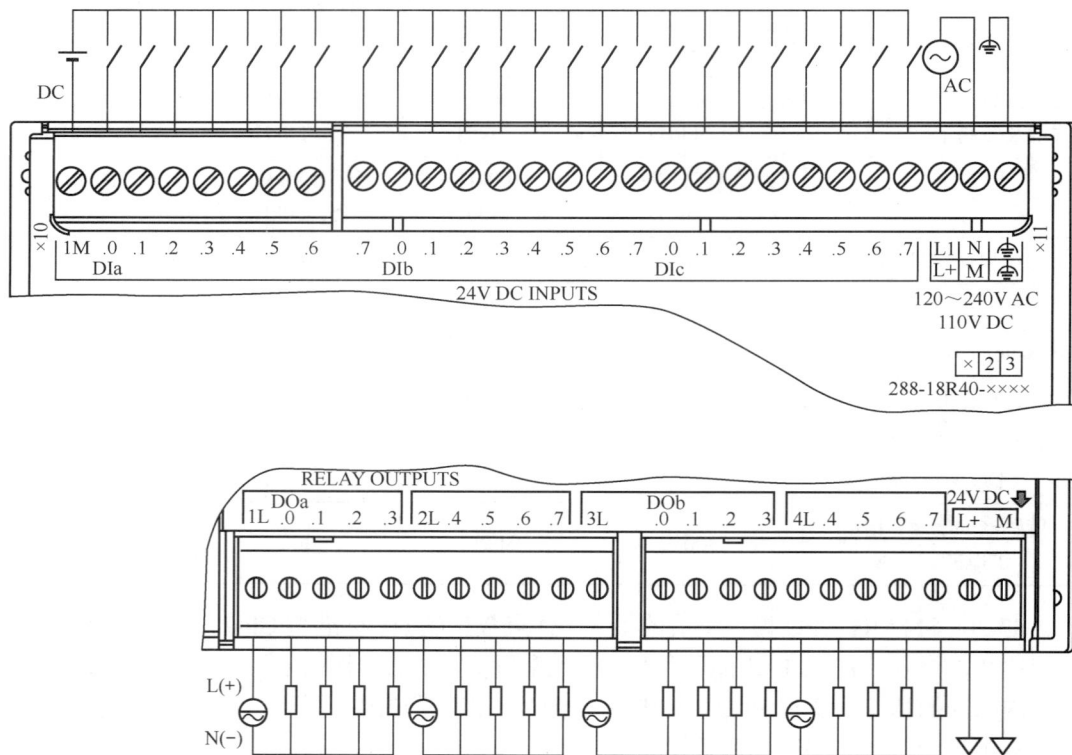

图 1-21　CPU SR40 的外部端子接线

S7-200 SMART CPU 的数字量输入都是 24V 直流回路，可以支持漏型输入和源型输入两种输入方式。漏型输入时，回路电流从外部输入设备流向 CPU 输入端；源型输入时，回路电流从 CPU 输入端流向外部输入设备，如图 1-22 所示。

S7-200 SMART CPU 的数字量输出有两种方式，即晶体管输出和继电器输出，接线方式如图 1-23 所示。晶体管输出型 CPU 只支持源型输出（回路电流从 CPU 输出端流向外部设备）；继电器输出型 CPU 可以接直流信号，也可以接 120V/230V 的交流信号，具体取决于负载的电源性质。

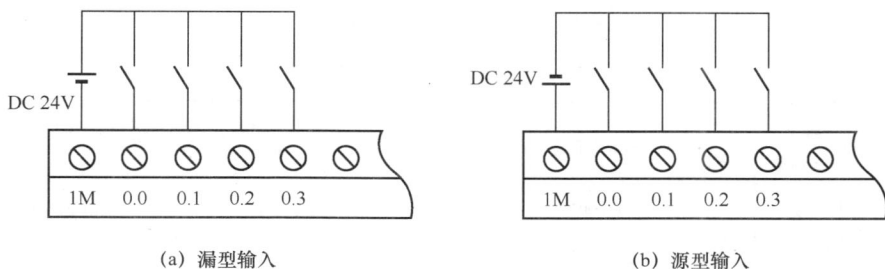

(a) 漏型输入   (b) 源型输入

图 1-22 两种数字量输入的接线方式

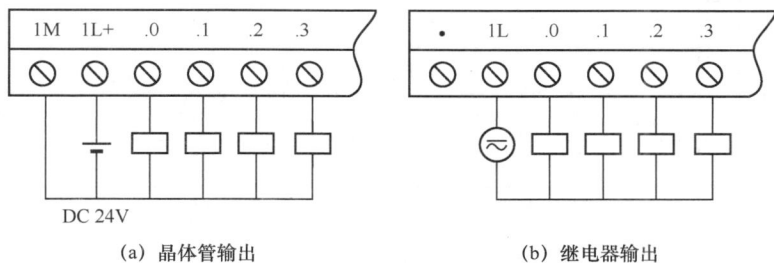

(a) 晶体管输出   (b) 继电器输出

图 1-23 两种数字量输出的接线方式

2. 信号板

只有标准型 CPU 支持信号板安装。信号板直接安装在 CPU 本体正面，无须占用电气控制柜空间，安装和拆卸方便、快捷，支持通信扩展、模拟量和数字量扩展以及时钟保持电池。

S7-200 SMART 系列 PLC 有 5 种信号板，即 SB DT04、SB AE01、SB AQ01、SB CM01、SB BA01，其功能描述如表 1-3 所示。

表 1-3   S7-200 SMART 系列 PLC 的信号板功能描述

型号	规格	功能描述
SB DT04	2DI/2DO 晶体管输出	提供额外的数字量 I/O 扩展，支持 2 路数字量输入和 2 路数字量场效应晶体管输出
SB AE01	1AI	提供额外的模拟量输入扩展，支持 1 路模拟量输入，量程为±10V、±5V、±2.5V 或 0～20mA，电压模式分辨率为 11 位+符号位，电流模式分辨率为 11 位，满量程对应的数字量分别为−27648～27648 和 0～27648
SB AQ01	1AO	提供额外的模拟量输出扩展，支持 1 路模拟量输出，电压输出范围为±10V，电流输出范围为 0～20mA，对应的数字量范围分别为−27648～27648 和 0～27648
SB CM01	RS-232/RS-485	提供额外的 RS-232 或 RS-485 串行接口，在组态和使用时只能选择其中一种，通过编程软件设置接口类型
SB BA01	实时时钟保持	支持普通的 CR1025 纽扣电池，能断电保持时钟运行约 1 年

3. 数字量扩展模块

当主机自带的 I/O 点数不足时，用户可通过选用 I/O 扩展模块来满足控制需求。S7-200 SMART 系列 PLC 的数字量扩展模块有数字量输入模块（如 EM DE08、EM DE16）、数字量输出模块（如 EM DR08、EM DT08、EM QR16、EM QT16）、数字量 I/O 模块（如 EM DR16、EM DT16、EM DR32、EM DT32）3 种，如表 1-4 所示。

表 1-4   数字量扩展模块

型号	输入点数	输出点数	输入方式	输出方式	电流消耗/mA	
					DC 5V	DC 24V
EM DE08	8	0	漏型/源型	—	105	每点输入 4
EM DE16	16	0	漏型/源型	—	105	每点输入 4
EM DR08	0	8	—	继电器	120	11
EM DT08	0	8	—	晶体管（源型）	120	—
EM QR16	0	16	—	继电器	110	150（所有继电器开启）
EM QT16	0	16	—	晶体管（源型）	120	50
EM DR16	8	8	漏型/源型	继电器	145	每点输入 4
EM DT16	8	8	漏型/源型	晶体管（源型）	145	每点输入 4
EM DR32	16	16	漏型/源型	继电器	180	每点输入 4
EM DT32	16	16	漏型/源型	晶体管（源型）	185	每点输入 4

S7-200 SMART 系列 PLC 的数字量输入电路既可以接成源型，也可以接成漏型。

数字量输出电路的功率元件有驱动直流负载的场效应晶体管，以及既可以驱动交流负载又可以驱动直流负载的继电器，负载电源由外部提供。场效应晶体管输出电路用于直流负载，只支持源型输出，工作频率可达 100kHz，它的反应速度快、使用寿命长，过载能力稍差。继电器输出电路的可用电压范围广、导通压降小，承受瞬时过电压和瞬时过电流的能力较强，但是动作速度较慢。如果系统输出量的变化不是很频繁，建议优先选用继电器输出型的输出模块。

4. 模拟量扩展模块

工业控制中，有的输入是模拟量，如压力、温度、流量、转速等，有的执行机构需要 PLC 输出模拟量信号进行控制，如变频器、电动调节阀等，而 PLC 的 CPU 只能处理数字量，因此 PLC 需要对模拟量进行一定的处理。

输入的模拟量首先经过传感器和变送器转换成标准量程的电流或电压信号，如 4～20mA 的直流电流信号、1～5V 或 0～10V 的直流电压信号等，接下来，模拟量输入模块的 A/D 转换器将它们转换成数字量。带正负号的电流或电压在 A/D 转换后用二进制补码表示。有的模拟量输入模块可直接将温度传感器提供的信号转换为温度值。

模拟量输出模块的 D/A 转换器将 PLC 中的数字量转换为模拟量电压或电流，再去控制执行机构。

S7-200 SMART 系列 PLC 有 9 种型号的模拟量扩展模块，如表 1-5 所示。

模拟量输入模块：EM AE04、EM AE08 分别为 4 通道和 8 通道模拟量输入模块，信号类型为电流、电压、差动，信号范围为±10V、±5V、±2.5V 或 0～20mA，满量程范围为-27648～27648。在使用时，具体类型和信号范围可根据实际情况在编程软件中配置。

模拟量输出模块：EM AQ02、EM AQ04 分别为 2 通道和 4 通道模拟量输出模块，信号类型为电流或电压，信号范围为 0～20mA 或±10V，对应的满量程范围为-27648～27648

或 0~27648。

模拟量 I/O 模块：EM AM03、EM AM06 分别为 "2 入 1 出""4 入 2 出" 通道模拟量 I/O 模块，信号类型、信号范围与单独的输入、输出模块相同。

S7-200 SMART 系列 PLC 还提供了用于温度检测的热电阻模块 EM AR02、EM AR04 和热电偶模块 EM AT04。EM AR02、EM AR04 分别为 2 通道和 4 通道模拟量输入模块，可接多种热电阻。EM AT04 为 4 通道模拟量输入模块，可接多种热电偶。它们的温度测量的分辨率为 0.1℃/0.1℉。

表 1-5   模拟量扩展模块

型号	描述	型号	描述
EM AE04	4 通道模拟量输入	EM AM06	4 通道模拟量输入/2 通道模拟量输出
EM AE08	8 通道模拟量输入	EM AR02	2 通道模拟量输入
EM AQ02	2 通道模拟量输出	EM AR04	4 通道模拟量输入
EM AQ04	4 通道模拟量输出	EM AT04	4 通道模拟量输入
EM AM03	2 通道模拟量输入/1 通道模拟量输出	—	—

5. 其他模块

除了以上常规模块以外，S7-200 SMART 系列 PLC 还提供了用于通信的 Profibus-DP 模块 EM DP01、用于提供 DC 24V 电压的电源模块 PM207。

EM DP01 模块的接口数量为 1，采用 RS-485 接口，支持 Profibus-DP 和 MPI 协议，传输速率从 9.6kbit/s 到 12Mbit/s 自动设置，传输距离随着传输速率的提高而缩短。采用 MPI 多点通信时，MPI 网络最多支持 32 个站点；采用 Profibus-DP 总线通信时，网络最多支持 126 个站点。EM DP01 的站地址范围为 0~99，通过模块面板上的两个旋钮来调节站地址。仅标准型 CPU 支持 EM DP01 模块。

PM207 模块的额定电压为 AC 120V/230V，输入电压宽范围自调节 AC 85~264V，可提供 3A、5A、10A 的输出电流。

习 题

1. 简述 PLC 的定义。
2. 与继电器-接触器控制系统相比，PLC 有哪些优点？
3. PLC 主要应用在哪些领域？
4. PLC 内部硬件结构由哪几部分构成？
5. CPU 的作用有哪些？
6. 简述 I/O 接口的作用、分类和选择。
7. 简述 PLC 的扫描过程。
8. 画出启保停结构的 PLC 内部等效电路。
9. 为什么说 PLC 采用串行工作方式？它的程序运行结果是否与梯形图的顺序有关？为什么？

项目二　PLC 编程元件和基本逻辑指令应用

【项目导读】

编程元件是 PLC 的重要元素，是各种指令的操作对象。基本逻辑指令是 PLC 中应用最频繁的指令，是程序设计的基础。本项目主要介绍 S7-200 SMART 系列 PLC 的编程元件和基本逻辑指令及其编程使用。

【学习目标】

- 认识和理解 PLC 的编程元件如输入/输出继电器、定时器、计数器等的功能和工作原理，深刻理解并熟练掌握 PLC 基本逻辑指令的编程应用。
- 根据特定的控制任务要求绘制 PLC 电气原理图，完成简单的 PLC 控制系统设计。
- 综合应用基本逻辑指令进行简单及中等复杂的 PLC 控制系统设计，包括控制要求分析、拟订控制方案、绘制 PLC 电气原理图、设计梯形图程序并完成接线调试。

【素质目标】

- 培养团队协作意识、创新意识和严谨求实的科学态度。
- 培养与人沟通的基本能力。
- 培养自主学习新知识、新技能的主动性和意识。
- 培养工程意识（如安全生产意识、质量意识、经济意识和环保意识等）。
- 培养通过网络搜集资料、获取相关知识和信息的能力。
- 培养良好的职业道德和精益求精的工匠精神。

【思维导图】

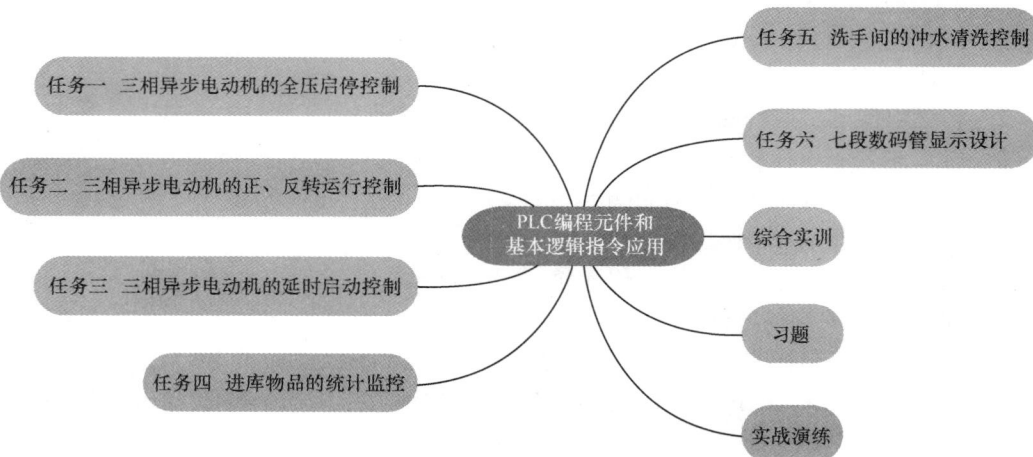

任务一　三相异步电动机的全压启停控制

一、任务分析

在电气控制中，对于小型三相异步电动机，一般采取全压启停控制。图 2-1 所示为三相异步电动机全压启停的继电器-接触器控制电路。按下启动按钮 SB2，接触器 KM 线圈得电，其主触点闭合使电动机全压启动；按下停止按钮 SB1，电动机停止运行。如何用 PLC 进行控制呢？

用 PLC 进行控制时主电路仍然和图 2-1 所示相同，只是控制电路不一样。首先要选择 I/O 设备，也就是选择发布控制信号的按钮、开关、传感器、热继电器触点等以及选择执行控制任务的接触器、电磁阀、信号灯等；再把这些设备与 PLC 的 I/O 端子相连，编制 PLC 控制程序，最后运行程序。

正确选择 I/O 设备对于设计 PLC 控制程序、完成控制任务非常重要。一般情况下，一个主令控制信号对应一个输入设备，一个执行元件就是一个输出设备。常用的输入设备有按钮、开关、传感器等，热继电器触点是电动机的过热保护信号，也属于输入设备。开关和按钮对应的控制程序是不一样的。常用的输出设备有接触器、电磁阀、信号灯等执行元件。简单地说，输入设备是给 PLC 发信号的装置，输出设备是 PLC 的控制对象或负载。

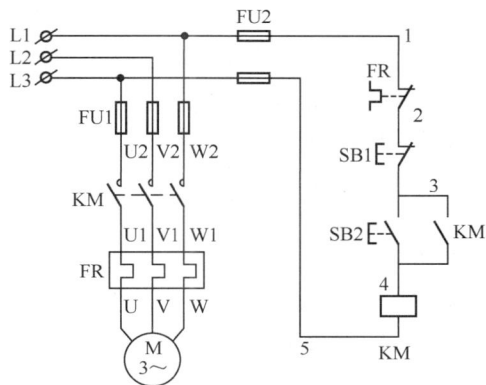

图 2-1　三相异步电动机全压启停的继电器-
接触器控制电路

根据继电器-接触器控制原理，完成本任务需要有启动按钮 SB2 和停止按钮 SB1 两个发出主令控制信号的输入设备，执行元件（接触器 KM）作为输出设备，控制电动机主电路的接通和断开，从而控制电动机的启停。

选择好 I/O 设备后，接下来的问题是如何将它们与 PLC 连接，让输入设备的控制信号传给 PLC，PLC 又如何将程序运行结果传给外部负载。这需要用到 PLC 的内部要素——编程元件 I、Q。

二、相关知识——输入/输出继电器、PLC 基本逻辑指令（一）

1. PLC 编程元件（软继电器）的概念

PLC 内部有许多具有不同功能的编程元件，如输入继电器、输出继电器、中间辅助继电器等，它们不是物理意义上的实物继电器，而是由电子电路和存储器组成的虚拟器件，其图形符号和文字符号与传统继电器符号不同，所以又称为软元件或软继电器，只能在 PLC 内部编程使用。软继电器在结构和动作原理上有着与物理继电器相同的定义与描述。可以认为，各种软继电器由线圈、常开触点和常闭触点组成。若软继电器的线圈得电，则触点动作（常开触点闭合、常闭触点断开）；若软继电器的线圈失电，则触点复位（常开触点断开、常闭触点闭合）。每个软继电器都有无数常开触点和常闭触点，供 PLC 内部编程使用。

不同厂家、不同型号的 PLC，编程元件的数量和种类有所不同。西门子 PLC 软继电器的梯形图符号如图 2-2 所示。

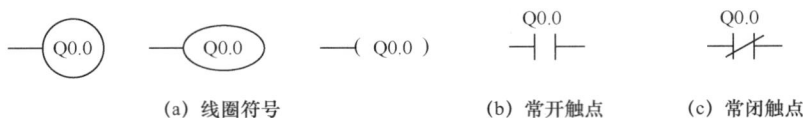

(a) 线圈符号　　　　　(b) 常开触点　　(c) 常闭触点

图 2-2　西门子 PLC 软继电器的梯形图符号

2. 输入继电器

输入继电器（I）是 PLC 专门用来接收外界输入信号的内部虚拟继电器。输入继电器线圈在 PLC 内部与输入端子相连，其有无数常开触点和常闭触点，可供用户在 PLC 编程时随意使用。因为输入继电器线圈通过输入端子和外部的输入设备连接，所以只能由输入信号驱动，不能由程序驱动。

S7-200 SMART 系列 PLC 的输入继电器采用字母 I、字节地址和位地址联合编址。例如，I0.4 表示输入继电器 0 字节的 4 位，I3.0 表示输入继电器 3 字节的 0 位。1 个字节包含 8 个位，因此西门子 PLC 的输入继电器地址为 I0.0～I0.7、I1.0～I1.7、I2.0～I2.7 等，S7-200 SMART 系列 PLC 的输入继电器地址范围为 I0.0～I31.7。在功能指令的学习中还会讲到字地址和双字地址。

3. 输出继电器

输出继电器（Q）是 PLC 专门用来将程序执行的结果信号送达并控制外部负载的虚拟继电器。输出继电器线圈由程序驱动，其有一个常开触点在 PLC 内部直接与输出端子相连，以控制和驱动外部负载。输出继电器有无数常开触点和常闭触点，可供用户在 PLC 编程时随意使用。

S7-200 SMART 系列 PLC 的输出继电器采用字母 Q、字节地址和位地址联合编址，例如 Q0.0～Q0.7、Q1.0～Q1.7、Q2.0～Q2.7 等，S7-200 SMART 系列 PLC 的输出继电器地址范围为 Q0.0～Q31.7。

4. 选择 I/O 设备，分配 I/O 地址，绘制 I/O 接线图

1 个输入设备原则上占用 PLC 的 1 个输入继电器地址（也称为输入点），1 个输出设备原则上占用 PLC 的 1 个输出继电器地址（也称为输出点）。

对于本任务，I/O 地址分配如下：

I0.0——停止按钮 SB1；I0.1——启动按钮 SB2；I0.2——热继电器 FR 触点；Q0.0——接触器 KM 线圈。

将选择的 I/O 设备与分配好的 I/O 地址一一对应连接，形成电动机全压启停控制 I/O 接线图，如图 2-3 所示。

5. PLC 编程

按照上述接线图实施接线后，按下启动按钮 SB2，PLC 如何使接触器 KM 线圈通电呢？这就需要进行 PLC 编程。

PLC 常用的编程语言有梯形图、语句表和功能块图等。其中，使用最多的是梯形图和语句表。

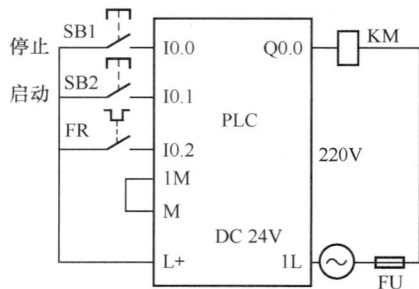

图 2-3　电动机全压启停控制 I/O 接线图

（1）梯形图

梯形图沿袭了继电器-接触器控制电路的形式，也可以说，梯形图是在常用的继电器-接触器控制基础上演变而来的，具有形象、直观、实用的特点，电气技术人员容易接受。

图 2-4 所示为梯形图程序。图中左、右母线类似于继电器-接触器控制线路中的电源线，输出线圈类似于负载，输入触点类似于按钮。梯形图程序由若干梯级组成，自上而下排列，每个梯级起于左母线，经触点、线圈，最后止于右母线，右母线可以不画出。

（2）语句表

语句表是一种与计算机汇编语言类似的助记符编程方式。与图 2-4 所示的梯形图程序对应的语句表程序如图 2-5 所示。

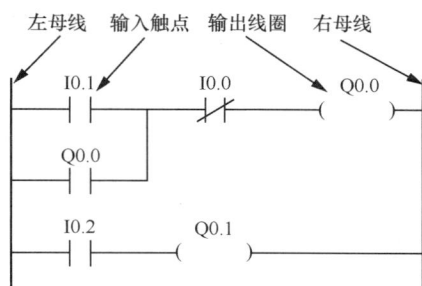

图 2-4 梯形图程序   图 2-5 语句表程序

6. S7-200 SMART 系列 PLC 的基本逻辑指令

要用语句表编写 PLC 控制程序，就必须熟悉 PLC 的基本逻辑指令。

（1）取/取反（LD / LDN）指令

功能：取单个常开触点/常闭触点与母线相连。操作元件有 I、Q、V、M、T、C 等。

（2）输出（ = ）指令

功能：驱动线圈。操作元件有 Q、M、T、C 等。

LD / LDN 和=指令的用法如图 2-6 所示。

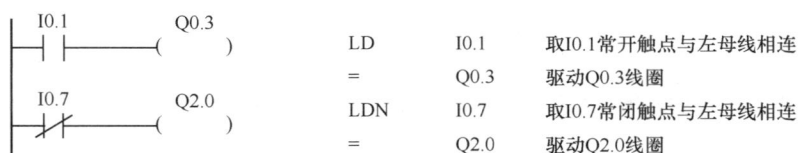

图 2-6 LD/LDN 和=指令的用法

（3）与/与反（A / AN）指令

功能：串联单个常开触点/常闭触点。

（4）或/或反（O / ON）指令

功能：并联单个常开触点/常闭触点。

A / AN 和 O / ON 指令的用法如图 2-7 所示。

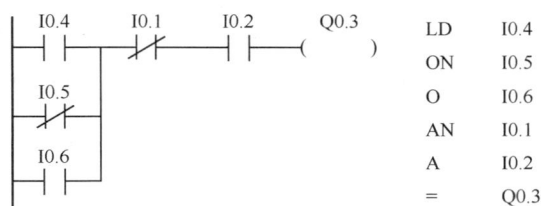

图 2-7 A/AN 和 O/ON 指令的用法

> **注意** 　　　并联起点规定在 O/ON 指令之前最近的 LD / LDN 指令处，如图 2-8 所示。

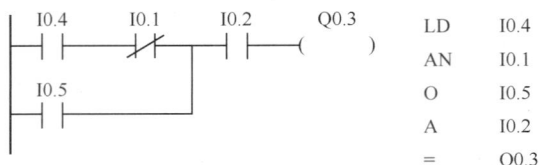

图 2-8　O/ON 指令的并联起点

三、任务实施

1. 编制电动机全压启停控制的梯形图程序

根据继电器-接触器控制原理和图 2-3 所示的接线图，电动机全压启停控制的梯形图程序如图 2-9 所示。按下启动按钮 SB2，通过输入端子使输入继电器 I0.1 的线圈得电（图 2-3 中的 SB2 通过输入端子与 I0.1 连接），梯形图程序中 I0.1 的常开触点闭合，使输出继电器 Q0.0 的线圈接通并且自锁，通过 Q0.0 的输出端子使接触器 KM 线圈得电（图 2-3 中的 Q0.0 端子与接触器 KM 线圈连接），使得图 2-1 所示的主电路中的 KM 主触点闭合，从而启动电动机。按下停止按钮 SB1，输入继电器 I0.0 的线圈得电（图 2-3 中的 SB1 通过输入端子与 I0.0 连接），梯形图程序中 I0.0 的常闭触点动作，使输出继电器 Q0.0 的线圈失电，从而使 KM 线圈失电，电动机停止运行。如果电动机过载，热继电器 FR 触点动作通过 I0.2 也会切断输出 Q0.0，使电动机停止运行。这个梯形图程序就是典型的启保停程序，根据梯形图程序写出对应的电动机全压启停控制的语句表程序，如图 2-10 所示。

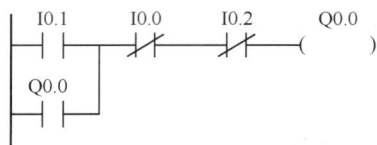

图 2-9　电动机全压启停控制的梯形图程序　　图 2-10　电动机全压启停控制的语句表程序

2. 程序调试

程序编制完毕后必须调试合格才能使用。S7-200 SMART 系列 PLC 要在 PC 上使用 STEP 7-Micro/WIN SMART 编程软件进行编程，编程软件的使用方法见附录 C。

（1）按照接线图规范接线

按照图 2-3 所示规范接好各信号线、电源线以及专用通信线，各输入信号选用黄色线，输出信号选用蓝色线；电源正极用红色线，电源负极用黑色线；输入侧电源尽量不要与输出侧电源混用，电源极性不要接错。

（2）输入程序

按图 2-9 所示输入梯形图程序或者按图 2-10 所示输入语句表程序，编译无错误后将程序下载到 PLC 中进行调试。

（3）观察运行结果

运行结果若与控制要求不符，先查看 PLC 的 I/O 端子上相应的 LED 信号指示是否正确。若信号指示正确，说明程序是对的，此时需要检查外部接线是否正确、负载电源是否工作正常等；若信号指示不正确，就需要检查和修改程序。

程序调试及故障排除是很重要的技术能力，读者需要在大量的调试工作中提高调试能力，积累调试经验。

四、知识拓展——常闭触点的输入信号处理、置位/复位指令

1. 常闭触点的输入信号处理

在继电器–接触器控制系统中经常需要使用常闭触点，如停止按钮、热继电器触点、限位开关等，在 PLC 中却不尽相同。PLC 的输入端子既可以与输入设备的常开触点连接，也可以与输入设备的常闭触点连接，但根据不同的触点类型设计出来的梯形图程序不一样，如图 2-11 所示。

（1）使用常开触点与 PLC 的输入端子连接

接线图中停止按钮 SB2 使用常开触点与 I1.1 端子连接。初始状态时 SB2 的常开触点使输入继电器 I1.1 的线圈失电，因此图 2-11（a）所示梯形图程序中 I1.1 的常闭触点维持常态，为 Q2.0 的接通作好准备。此时若按下启动按钮 SB1，Q2.0 被接通，经输出端子驱动 KM 线圈，从而启动电动机。

按下停止按钮 SB2 时，输入继电器 I1.1 的线圈接通，梯形图程序中其常闭触点断开，切断 Q2.0，从而使 KM 线圈失电，电动机停止运行。

（2）使用常闭触点与 PLC 的输入端子连接

接线图中停止按钮 SB2 使用常闭触点与 I1.1 端子连接。初始状态时 SB2 的常闭触点使输入继电器 I1.1 的线圈得电，图 2-11（b）所示梯形图程序中 I1.1 的常开触点动作，为 Q2.0 的接通作好准备。此时若按下启动按钮 SB1，电动机能正常启动。

按下停止按钮 SB2 时，输入继电器 I1.1 的线圈失电，梯形图程序中其常开触点复位切断 Q2.0，从而使 KM 线圈失电，电动机停止运行。

综上所述，常闭触点在接线图中的状态要与梯形图程序中的触点状态相适应。例如：在启保停程序中停止按钮和热继电器触点的状态要与外部接线图中的触点状态相反。

由于初学者大多习惯使用图 2-11（a）所示的梯形图程序，因此教学中输入信号一般使用常开触点，便于进行梯形图程序的原理分析。但在工业控制中，停止按钮、限位开关及热继电器触点等在接线图中常使用常闭触点，以提高安全保障。此时要注意对梯形图程序中的触点状态做相应的改变。

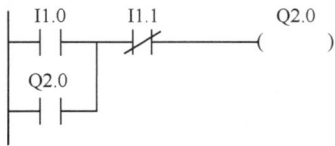

(a) 停止按钮为常开触点输入的梯形图程序　　(b) 停止按钮为常闭触点输入的梯形图程序

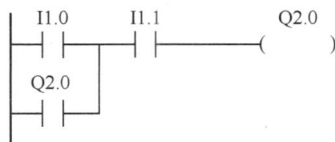

图 2-11　不同类型触点的梯形图程序

（3）热继电器触点信号的处理

热继电器（FR）常闭触点的作用相当于有条件的停止按钮，当电动机过载时其常闭触点动作，切断控制回路，使电动机停止运行。在图 2-3 所示的接线图中，FR 触点作为一个独立的输入信号占用了一个输入端子。PLC 的市场价格与 I/O 点数成正比，点数越多价格

越高。工程实际中为了节省成本，减少 PLC 的 I/O 点数，有时将热继电器常闭触点串联在其他常闭输入设备的输入回路中；或串联在负载输出回路中，此时梯形图程序中无须考虑热继电器的控制作用。

2. 置位/复位指令

S（Set）是置位指令，R（Reset）是复位指令。S 指令的功能是使操作元件保持接通状态；R 指令的功能是使操作元件保持复位（断开）状态。当 S 指令和 R 指令同时接通时，写在后面的指令有效。执行 S 指令或 R 指令时，从指定地址开始的连续 N（N=1～255）个地址都将被置位或复位。S/R 指令的用法如图 2-12 所示，图中 N=1。

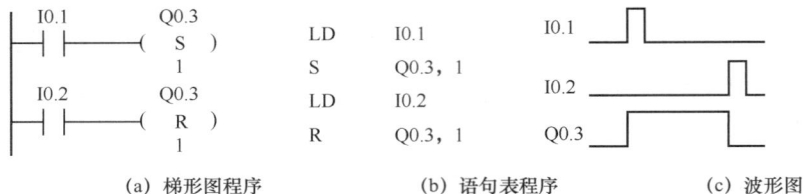

(a) 梯形图程序　　　　(b) 语句表程序　　　　(c) 波形图

图 2-12　S/R 指令的用法

图 2-12（a）所示为使用 S/R 指令的梯形图程序，图 2-12（b）、图 2-12（c）分别为其对应的语句表程序和波形图。当 I0.1=1 时，将 Q0.3 接通并保持该状态，即使 I0.1 断开，Q0.3 也仍然保持接通状态，直到 I0.2=1 才使 Q0.3 复位断开。当 I0.1、I0.2 都接通时，Q0.3 复位。

S/R 指令与 = 指令的用法比较如图 2-13 所示。

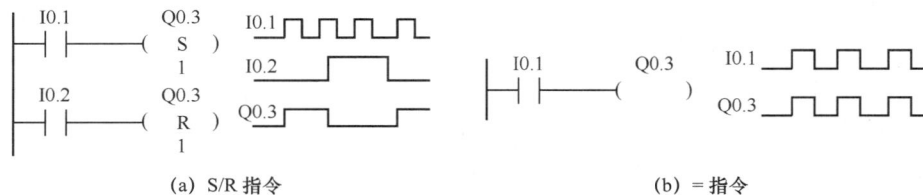

(a) S/R 指令　　　　　　　　　　　(b) = 指令

图 2-13　S/R 指令与=指令的用法比较

应用实例　　根据任务一的 I/O 接线图（见图 2-3），用 S/R 指令设计的电动机全压启停控制程序如图 2-14 所示。程序中用启动按钮 I0.1 将输出继电器 Q0.0 的线圈置位。因为热继电器的实质是热过载情况下的停止按钮，所以用热继电器触点对应的 I0.2 与停止按钮对应的 I0.0 并联后将 Q0.0 复位，只要停止按钮或热继电器触点中任意一个动作就将 Q0.0 复位，使电动机停止运行。

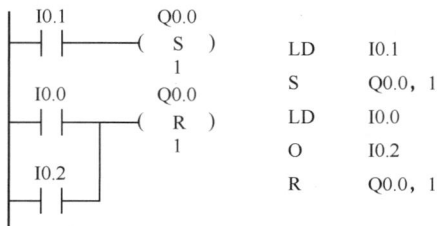

图 2-14　用 S/R 指令设计的电动机全压启停控制程序

> **注意**　　　S/R 指令设计的电动机启保停控制程序与图 2-9 所示的启保停控制的梯形图程序在用法上是有区别的。在图 2-9 所示的启保停梯形图程序中，用 I0.0 和 I0.2 的常闭触点切断 Q0.0 的线圈，使电动机停止运行；而在图 2-14 所示的 S/R 指令程序中，用 I0.0 和 I0.2 的常开触点闭合触发 R 指令，使线圈 Q0.0 的线圈断电复位，从而使电动机停止运行。

五、任务拓展——三相异步电动机的两地启停控制

　　某些生产机械需要在几个地方都能进行控制。图 2-15 所示为万能卧式铣床外形，为操作方便，需要在铣床的正面和侧面都能进行主轴及工作台的启停控制。请读者思考如何运用所学知识完成这样的控制任务。详情见学习任务工单 1。

图 2-15　万能卧式铣床外形

任务二　三相异步电动机的正、反转运行控制

一、任务分析

　　在生产设备中，很多运动部件需要两个相反的运动方向，这就要求电动机能实现正、反两个方向的转动。由三相交流电动机的工作原理可知，实现电动机反转的方法是将任意两根电源线对调。电动机主电路需要两个接触器分别提供正转和反转两个不同相序的电源。

　　图 2-16 所示为三相异步电动机正、反转运行的继电器-接触器控制电路。按下正转的启动按钮 SB2，电动机正向启动运行；按下反转的启动按钮 SB3，电动机反向启动运行；按下停止按钮 SB1，电动机停止运行。为了确保接触器 KM1、KM2 不同时接通导致主电路短路，控制电路中采用了接触器 KM1、KM2 的常闭触点互锁结构。

　　如何采用 PLC 进行控制呢？

　　采用 PLC 进行控制时，按以下步骤进行。

1. 选择 I/O 设备，分配 I/O 地址，绘制 I/O 接线图

　　对于本任务，I/O 地址分配如下。

　　I0.0——SB1（停止按钮，接常开触点）；

　　I0.1——SB2（正转启动按钮）；

I0.2——SB3（反转启动按钮）；

I0.3——FR（热继电器常闭触点）；

Q0.1——KM1（正转接触器）；

Q0.2——KM2（反转接触器）。

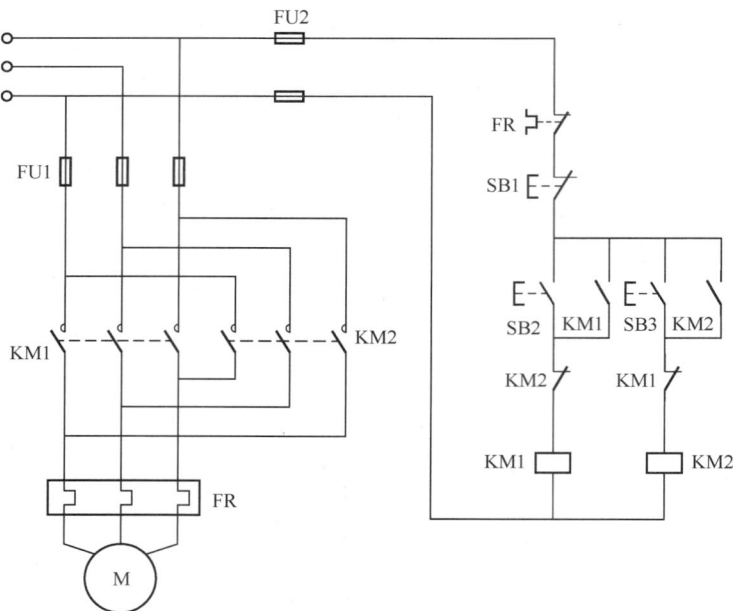

图 2-16　三相异步电动机正、反转运行的继电器-接触器控制电路

　　根据分配的 I/O 地址，绘制电动机正、反转的 I/O 接线图，如图 2-17 所示。图中热继电器采用了常闭触点，PLC 外部负载输出回路中串联了 KM1、KM2 的互锁触点，其作用在于即使 KM1、KM2 线圈发生故障也能确保电动机主电路不会短路。

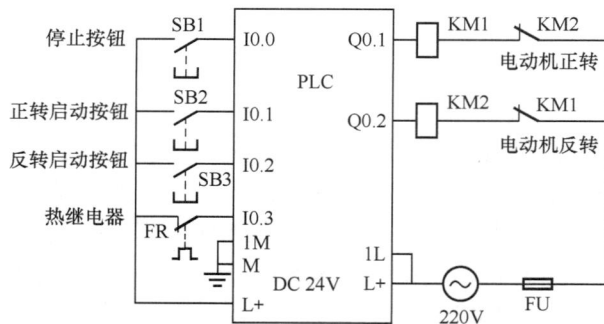

图 2-17　电动机正、反转的 I/O 接线图

2. 设计 PLC 控制程序

　　根据继电器-接触器控制原理，设计电动机正、反转的梯形图程序，如图 2-18 所示。因图 2-17 所示的热继电器采用了常闭触点，所以图 2-18 中 I0.3 要用常开触点。I0.3 和 I0.0 串联后对线圈 Q0.1 和 Q0.2 都有控制作用，这是典型的多重输出电路。请读者思考如何编写其语句表程序。

3. 程序调试

按照 I/O 接线图，接好电源线、通信线及 I/O 信号线，输入梯形图程序或编写语句表程序并运行调试，直至满足控制要求。

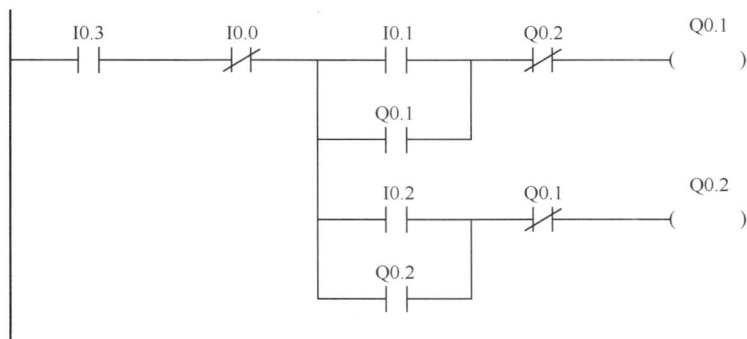

图 2-18　电动机正、反转的梯形图程序

二、相关知识——PLC 基本逻辑指令（二）

1. 与装载指令

功能：串联一个并联电路块，无操作元件。与装载（And Load，ALD）指令的用法如图 2-19 所示，需要首先将 I0.1 和 I0.5 组成的并联电路块编写完毕，再将此并联电路块与前面的 I0.4 串联。

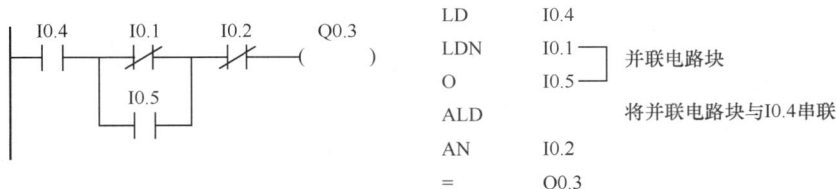

图 2-19　ALD 指令的用法

ALD 指令使用说明如下。

（1）并联电路块的起点用 LD/LDN 指令，并联电路块编写完毕后使用 ALD 指令将其与前面的电路串联。

（2）有多个并联电路块串联时，如果依次用 ALD 指令与前面的电路连接，支路数量没有限制；如果连续使用 ALD 指令编程，使用次数应不超过 32 次。

2. 或装载指令

功能：并联一个串联电路块，无操作元件。或装载（Or Load，OLD）指令的用法如图 2-20 所示。

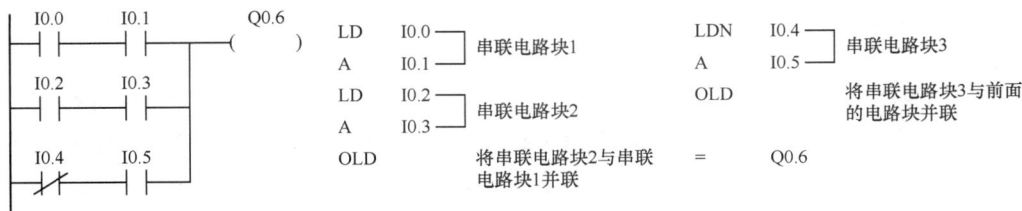

图 2-20　OLD 指令的用法

请综合运用 ALD 指令和 OLD 指令，写出图 2-21 所示梯形图程序对应的语句表程序。参考答案请扫描二维码观看。

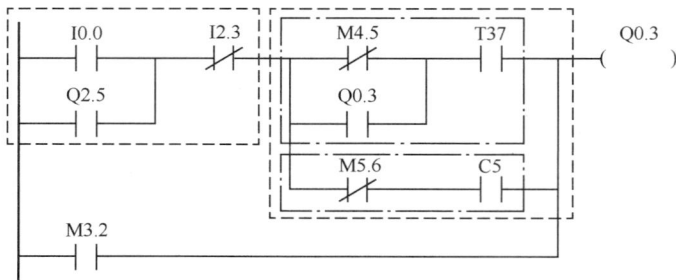

图 2-21　ALD 指令和 OLD 指令的综合应用

3. 逻辑堆栈指令

S7-200 SMART 系列 PLC 中有一个 32 位的堆栈存储器，用来存储中间运算结果。如图 2-22 所示，堆栈中的数据一般按"先进后出"的原则存取，也就是"先进栈的数据后出栈，后进栈的数据先出栈"。

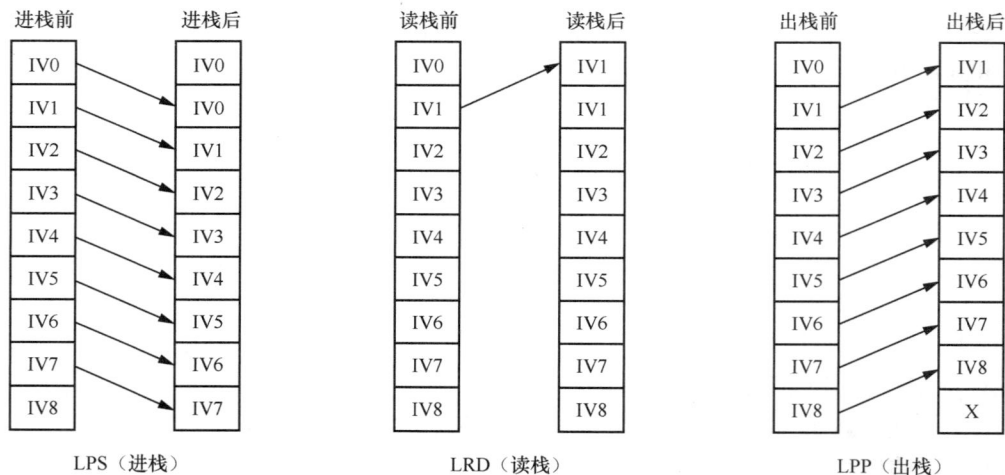

图 2-22　逻辑堆栈的控制逻辑

LPS（Logic Push）——逻辑入栈指令，复制栈顶的数据并将其压入逻辑堆栈的第 2 层，栈内原有的数据依次下移一层，堆栈最底部数据被推出。

LRD（Logic Read）——逻辑读栈指令，将堆栈中第 2 层的数据复制到栈顶，原栈顶的数据被复制数据取代，栈中其他各层数据不变。

LPP（Logic Pop）——逻辑出栈指令，弹出栈顶的数据，其他各层的数据依次上移一层。

LPS、LRD、LPP 指令都不带操作元件。图 2-23 和图 2-24 分别给出了逻辑堆栈指令在一层栈和二层栈中的应用示例。每一条 LPS 指令必须有一条 LPP 指令相对应，中间的支路都使用 LRD 指令，处理最后一条支路时必须使用 LPP 指令。在一块独立的电路中，LPS 指令与 LPP 指令的使用不能超过 32 次。

如图 2-24 所示，一级 LPS 指令的进栈数据是 A 点的运算结果 $(I0.1 + \overline{I0.0})$，二级 LPS 指令的进栈数据是 B 点的运算结果 $[(I0.1 + \overline{I0.0}) \cdot I0.2 \cdot \overline{I0.3}]$。因为后进栈的数据先出栈，所以第一次 LPP 指令的出栈数据是 B 点的运算结果 $[(I0.1 + \overline{I0.0}) \cdot I0.2 \cdot \overline{I0.3}]$，第二次 LPP 指令的出栈数据才是 A 点的运算结果 $(I0.1 + \overline{I0.0})$。LRD 指令的读栈数据也是 A 点的运算结果 $(I0.1 + \overline{I0.0})$。

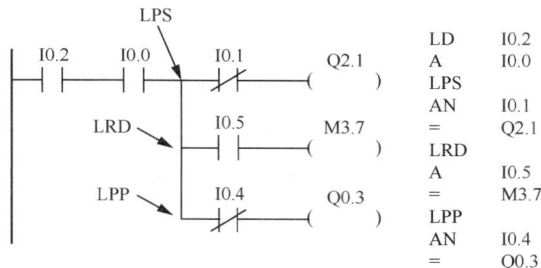

图 2-23　逻辑堆栈指令在一层栈中的应用

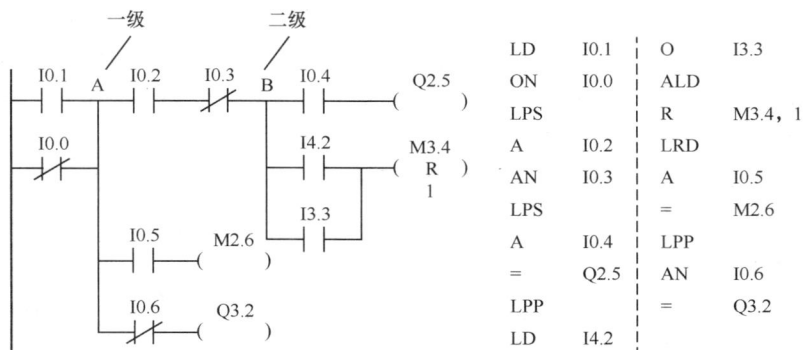

图 2-24　逻辑堆栈指令在二层栈中的应用

三、任务实施

根据图 2-18，用逻辑堆栈指令编写的电动机正、反转语句表程序如图 2-25 所示。

按照图 2-17 所示的 I/O 接线图接好外部各线，输入图 2-18 所示的梯形图程序，或者图 2-25 所示的语句表程序，运行调试并观察结果。

本任务的控制程序也可以用 S/R 指令设计完成，如图 2-26 所示。图中 Q0.1 和 Q0.2 的常闭触点分别串联在对方的启动按钮之后，形成启动时的正、反转电气联锁限制。停止按钮 I0.0 和热继电器 I0.3 并联后将正、反转的输出继电器线圈 Q0.1 和 Q0.2 复位。由于热继电器在接线图（见图 2-17）中使用常闭触点，因此梯形图程序中 I0.3 要用常闭状态。

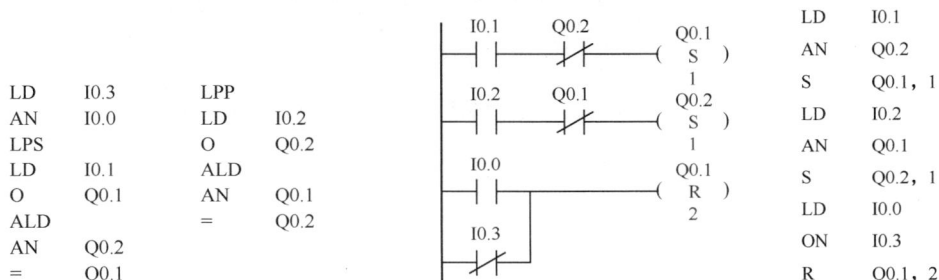

图 2-25　用逻辑堆栈指令编写的电动机
正、反转语句表程序

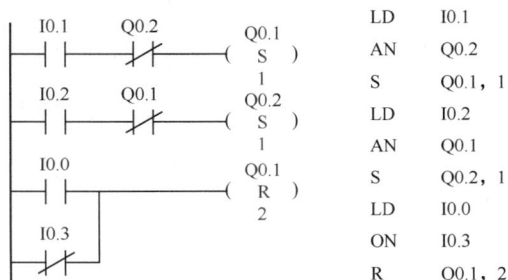

图 2-26　用 S/R 指令编写的电动机正、反转程序

程序设计的方法有很多。在满足控制要求的前提下，更简洁、可读性更强的程序即较优的程序。

四、知识拓展——S7-200 SMART 仿真软件的使用

1. 仿真软件简介

除了阅读教材和用户手册外，学习 PLC 最有效的手段是动手编程和上机调试。有许多读者苦于没有 PLC，缺乏实验的条件，编写程序后无法检验是否正确，编程能力很难提高。PLC 的仿真软件是解决这一问题的理想工具。近年来，网络上流行一种针对 S7-200 系列 PLC 的仿真软件，国内有人将它部分汉化。由于 S7-200 系列 PLC 与 S7-200 SMART 系列 PLC 的编程指令基本相同，因此，该软件同样适用于 S7-200 SMART 系列 PLC 程序的调试，只是在硬件设置上需要用 S7-200 模块代替 S7-200 SMART 模块。

仿真软件可以仿真大量的 S7-200 SMART 系列 PLC 指令（支持常用的位触点指令、定时器指令、计数器指令、逻辑运算指令和大部分的数学运算指令等，但部分指令，如顺序控制指令、循环指令、高速计数器指令和通信指令等，尚无法支持，仿真软件支持的指令可在网络上查找）。仿真软件提供了数字信号输入开关、两个模拟电位器和 LED 输出显示，同时还支持对 TD200 文本显示器的仿真，在实验条件尚不具备的情况下，完全可以作为学习 S7-200 SMART 系列 PLC 的一个辅助工具。

在网络上用搜索工具搜索 "S7-200 仿真软件"，找到 S7-200 的仿真软件压缩包，下载并解压缩后，双击运行 "S7-200 汉化.exe" 文件，就可以打开它。

2. 硬件设置

软件自动打开的是旧型号的 CPU 214，单击 "配置" → "CPU 型号"，在 "CPU 型号" 对话框的下拉列表中选择 CPU 的型号。用户还可以修改 CPU 的网络地址，一般使用默认的地址 2。

图 2-27 所示为仿真软件界面，左边是 CPU 224，右边是扩展模块。双击紧靠已配置的模块右侧空的方框，在出现的 "配置扩展模块" 对话框（见图 2-28）中，选择需要添加的 I/O 扩展模块后，单击 "确定" 按钮，该模块便出现在指定的位置。双击已存在的扩展模块，在 "配置扩展模块" 对话框中选择 "无"，单击 "确定" 按钮可以取消该模块。

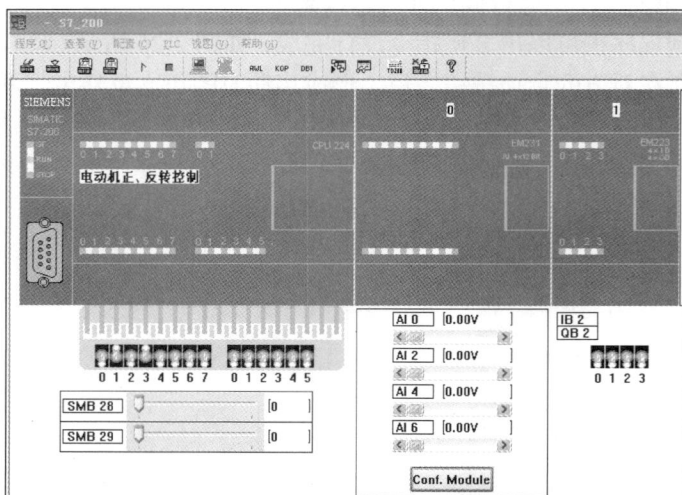

图 2-27 仿真软件界面

图 2-27 所示紧靠 CPU 模块的 0 号扩展模块是 4 通道的模拟量输入模块 EM231，模块下面的 4 个滑动条用来设置各个通道的模拟量输入值。单击模块下面的"Conf. Module"（设置模块）按钮，出现"配置 EM231"对话框，如图 2-29 所示，在此可以设置模拟量输入信号的量程。

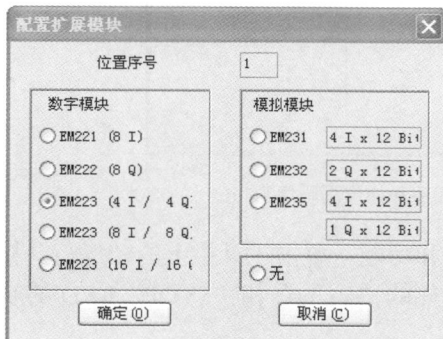

图 2-28　"配置扩展模块"对话框　　　　　图 2-29　"配置 EM231"对话框

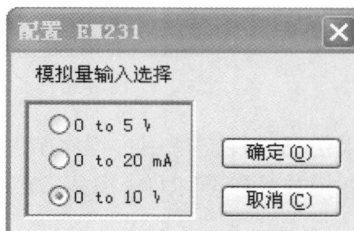

图 2-27 所示的 1 号扩展模块是有 4 点数字量输入、4 点数字量输出的 EM223 模块，模块下面的 IB 2 和 QB 2 是模块输入点和输出点的字节地址。

CPU 模块下面是用于输入数字量信号的开关板，它上面有 14 个输入信号用的小开关，与 CPU 224 的 14 个输入点对应。开关板下面有两个直线电位器，SMB 28 和 SMB 29 分别是 CPU 224 的两个 8 位模拟量输入电位器对应的特殊继电器字节，可以用电位器的滑动块来设置它们的值（0～255）。

3. 生成 ASCII 文本文件

仿真软件不能直接接收 S7-200 SMART 的用户程序，必须用"导出"功能将 S7-200 SMART 的用户程序转换为 ASCII 文本文件，然后下载到仿真软件中。

在编程软件中打开一个编译成功的程序块，单击"文件"→"导出"，或用鼠标右键单击某一程序块，在弹出的快捷菜单中选择"导出"命令，在出现的"导出程序块"对话框中输入导出的 ASCII 文本文件的名称，文件扩展名为".awl"。

如果打开的是 MAIN（主程序），将导出当前项目所有的 POU（程序组织单元，包括子程序和中断程序）的 ASCII 文本文件的组合。

如果打开的是子程序或中断程序，只能导出当前打开的单个程序的 ASCII 文本文件。

4. 下载程序

生成 ASCII 文本文件后，单击仿真软件工具栏上的"下载"按钮🖳，开始下载程序。在出现的"下载 CPU"对话框中选择下载什么块，一般选择下载逻辑块。单击"确定"按钮后，在出现的"打开"对话框中双击要下载的*.awl 文件，开始下载。下载成功后，图 2-27 所示的 CPU 模块中的"电动机正、反转控制"是下载的 ASCII 文本文件的名称。同时会出现下载的语句表程序和梯形图程序窗口，如图 2-30 所示，关闭它们不会影响仿真。将鼠标指针移至窗口最上面的标题行并拖曳，可以将它们拖到别的位置。

如果用户程序中有仿真软件不支持的指令或功能，单击图 2-27 工具栏上的"运行"按钮▶后，在出现的对话框中会显示出仿真软件不能识别的指令。单击"确定"按钮后，不能切换到 RUN 模式，CPU 模块左侧的"RUN"LED 的状态不会变化。

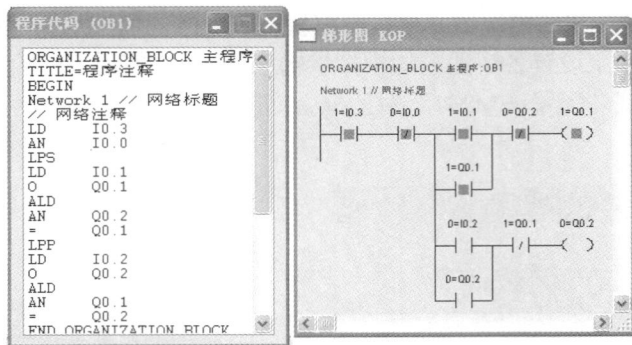

图 2-30   下载的语句表程序和梯形图程序窗口

如果仿真软件支持用户程序中的全部指令和功能，单击工具栏上的"运行"按钮 ▷，从 STOP 模式切换到 RUN 模式，CPU 模块左侧的"RUN"和"STOP"LED 的状态随之变化。

5．模拟调试程序

单击 CPU 模块下面开关板上小开关上面的黑色部分，可以使小开关的手柄向上，触点闭合，对应的输入点的 LED 变为绿色。图 2-27 所示 CPU 模块下面 I0.1 和 I0.3 对应的开关为闭合状态，其余的为断开状态。单击闭合的小开关下面的黑色部分，可以使小开关的手柄向下，触点断开，对应的输入点的 LED 变为灰色。1 号扩展模块的下面也有 4 个小开关。

与用真正的 PLC 做实验相同，在 RUN 模式下调试数字量控制程序时，用鼠标切换各个小开关的通断状态，改变 PLC 上输入变量的状态。通过模块上的 LED 观察 PLC 输出点的状态变化，可以了解程序执行的结果是否正确。

在 RUN 模式下，单击工具栏上的"监视梯形图"按钮 ▨，可以用程序状态功能监视图 2-30 所示梯形图程序窗口中触点和线圈的状态。

6．监视变量

单击工具栏上的"监视内存"按钮 ▨，或单击"查看"→"内存监控"，在出现的"内存监控"窗口（见图 2-31）中，可以监控 I、Q、V、M、T、C 等内部变量的值。输入需要监控的变量的地址后，在"格式"下拉列表中选择数据格式。图 2-31 中的 Bit 表示二进制位，用于监视 Q0.1 等的位状态，当其为"1"时表明对应的位接通。此外，With sign 表示有符号数，Without sign 表示无符号数，Hexadecimal 表示十六进制数，Eat floating 表示浮点数。用 Binary（二进制）格式监控字节、字和双字，可以在一行中同时监控 8 个、16 个和 32 个位变量。"开始"按钮和"停止"按钮用来启动和停止监控。

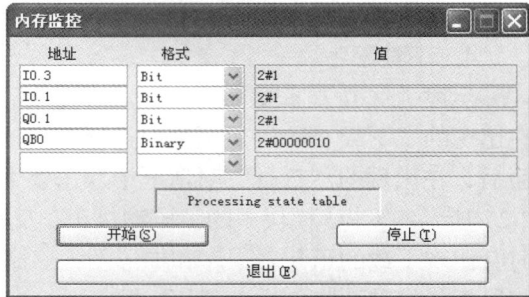

图 2-31   "内存监控"窗口

仿真软件还有读取 CPU 和扩展模块的信息、设置 PLC 的实时时钟、控制循环扫描的次数和对 TD200 文本显示器仿真等功能。

五、任务拓展——机床工作台的自动往返运动控制

机床设备中做往返运动的工作台或刀具拖板等运动部件，需要频繁地进行正、反转切

换。合理利用位置检测器件，可实现运动部件往返循环的自动控制。请读者应用已学知识完成学习任务工单 2。

任务三 三相异步电动机的延时启动控制

一、任务分析

在生产实际中经常会遇到需要延时动作的场合，例如，三相异步电动机的降压启动、几台电动机间隔一定的时间相继启动等。图 2-32 所示为三相异步电动机延时启动的继电器-接触器控制原理图。按下启动按钮 SB1，延时继电器 KT 线圈得电并自锁，延时（如 50s）后接触器 KM 线圈得电，电动机启动运行；按下停止按钮 SB2，电动机停止运行。延时继电器 KT 起到了重要作用，使电动机完成了延时启动的任务。用 PLC 进行控制时要怎样完成这一任务呢？这要用到 PLC 的定时功能元件——定时器。

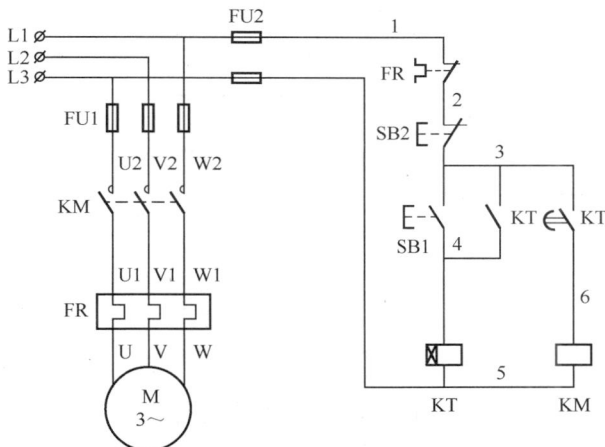

图 2-32　三相异步电动机延时启动的继电器-接触器控制原理图

二、相关知识——定时器、辅助继电器

1. PLC 的编程元件——定时器

定时器（T）在 PLC 中的作用相当于继电器-接触器控制系统中时间继电器的作用。定时器有 1 个 16 位的设定值寄存器（字）、1 个 16 位的当前值寄存器（字）、1 个线圈以及无数个常开触点和常闭触点（位）。通常在 1 个 PLC 中有几十至数百个定时器，可用于定时操作，起延时接通或延时断开电路的作用。

在 PLC 内部，定时器是通过对内部某一时钟脉冲进行计数来完成定时的，该脉冲的周期称为计时时基，也称为分辨率，有 1ms、10ms 和 100ms 3 种。不同的计时时基，其计时精度不同。用户可通过设定脉冲的个数来设定定时时间。脉冲个数的取值范围为 1～32767，那么，1ms、10ms、100ms 定时器的最大定时时间分别为 32.767s、327.67s、3276.7s。脉冲的数量可用常数设定，也可用某些寄存器设定。

定时器采用字母 T 和十进制数字编址，如 T0、T1、T2 等。S7-200 SMART 系列 PLC

的定时器地址范围为 T0～T255。

S7-200 SMART 系列 PLC 有 3 种类型的定时器，分别是接通延时定时器、断开延时定时器和保持型接通延时定时器。

（1）接通延时定时器

图 2-33 所示是接通延时定时器（TON）的线圈梯形图符号和语句表，其中 TON 是接通延时定时器的标识符，Tn 是定时器地址，IN 是定时器线圈的启动信号输入端，PT 是时间设定值，用于设定脉冲的数量。

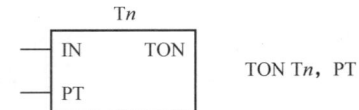

图 2-33 接通延时定时器的线圈梯形图符号和语句表

接通延时定时器的工作原理与继电器-接触器控制系统中通电延时继电器的原理类似。定时器线圈被驱动时，计时开始，当前值不断增大，达到设定值时触点动作（常开触点闭合、常闭触点断开）；定时器线圈失电时，当前值立即清零，触点立即复位（常开触点断开、常闭触点闭合）。

现以图 2-34（a）所示的梯形图程序为例，说明接通延时定时器的工作原理。当定时器线圈的启动信号 I2.3 接通时，定时器 T37 开始工作，当前值 SV 以加计数方式进行计数。当 SV=10 时，I2.3 断开使 T37 线圈失电，从而使 SV 立即清零，触点立即复位。由于当前值 SV 未达到设定值 PT（30），触点不会动作。

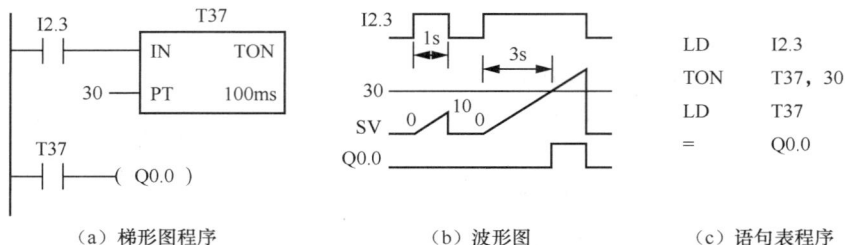

（a）梯形图程序　　　　　（b）波形图　　　　　（c）语句表程序

图 2-34　接通延时定时器的工作原理

当 I2.3 第二次被接通时，T37 线圈再次被驱动，当前值 SV 重新开始计数。SV 等于设定值 PT 时，表明延迟时间到，定时器的触点动作（常开触点闭合、常闭触点断开）。此后，SV 继续计数，直到 SV=32767（最大值）时，才停止计数，SV 将保持不变。当 SV≥PT 时，定时器的触点就保持动作后的状态。

S7-200 SMART 系列 PLC 的计时时基有 3 种，即 1ms、10ms 和 100ms，定时器地址与计时时基是一一绑定的，如表 2-1 所示。在 STEP 7-Micro/WIN SMART 编程软件中输入定时器地址后，定时器线圈方框的右下角会出现定时器的计时时基（见图 2-34）。定时器的设定时间等于设定值与计时时基的乘积。图 2-34 所示定时器的设定值 PT=30，计时时基为100ms，所以设定时间为 30×100ms=3s。

表 2-1　　　　　　　　　　　　定时器地址与计时时基

定时器类型	定时器地址	计时时基	最大定时时间
TONR	T0 和 T64	1ms	32.767s
	T1～T4 和 T65～T68	10ms	327.67s
	T5～T31 和 T69～T95	100ms	3276.7s

续表

定时器类型	定时器地址	计时时基	最大定时时间
TON、TOF	T32 和 T96	1ms	32.767s
	T33~T36 和 T97~T100	10ms	327.67s
	T37~T63 和 T101~T255	100ms	3276.7s

注意　　因为T33采用10ms的计时时基,所以若将图2-34中的T37换成T33,则设定值PT应为3s/10ms=300。

应用实例　　设计照明灯的控制程序。当按下接在I0.0上的启动按钮后,接在Q0.0上的照明灯可发光30s。如果在这段时间内又有人按下启动按钮,则时间间隔从头开始计算。这样可确保在最后一次按下启动按钮后,灯光维持30s的照明。

图2-35所示是照明灯的控制程序。按下启动按钮使I0.0接通,接在Q0.0上的照明灯被点亮,同时定时器T38开始定时,30s后T38常闭触点动作切断Q0.0,使照明灯熄灭。如果在这段时间内又有人按下启动按钮,则I0.0的常闭触点动作切断T38线圈,使T38的当前值清零。待松开启动按钮使I0.0复位后T38线圈就会重新接通,时间间隔从头开始计算。这样就能确保在最后一次按下启动按钮后,灯光维持30s的照明,满足控制要求。

（2）断开延时定时器

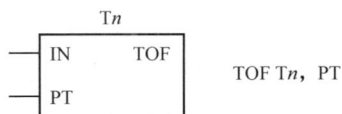

图2-36所示是断开延时定时器（TOF）的线圈梯形图符号和语句表,其中TOF是断开延时定时器的标识符,T*n*是定时器地址,IN是定时器的启动信号输入端,PT是时间设定值,用于设定脉冲的数量。

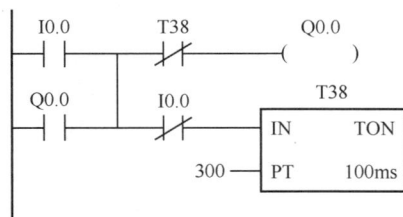

图 2-35　照明灯的控制程序　　　　图 2-36　断开延时定时器的线圈梯形图符号和语句表

断开延时定时器的工作原理与继电器-接触器控制系统中断电延时继电器的原理类似。定时器线圈被驱动时,当前值清零,触点立即动作（常开触点闭合、常闭触点断开）;定时器线圈失电时,当前值开始计数,达到设定值时触点复位（常开触点断开、常闭触点闭合）,当前值保持不变。

现以图2-37所示（a）的梯形图程序为例,说明断开延时定时器的工作原理。当定时器线圈的启动信号I0.0接通时,定时器T33的当前值SV立即清零,其常开触点立即闭合,使Q0.0接通并保持接通状态。当I0.0断开时,定时器T33开始工作,当前值SV以加计数方式进行计数。当前值SV等于设定值PT时,表明延迟时间到,定时器的触点复位（常开触点断开、常闭触点闭合）。此后,定时器停止计数,SV保持不变,直到输入信号I0.0重新接通。

（a）梯形图程序　　　（b）波形图　　　（c）语言表程序

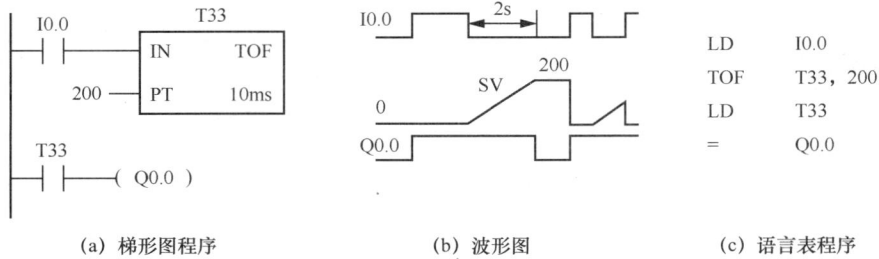

图 2-37　断开延时定时器的工作原理

特别说明

① 同一程序中，TON 与 TOF 不能应用于相同的定时器地址，例如不能同时对 T37 使用指令 TON 和 TOF。

② 在第一个扫描周期，TON 和 TOF 均被自动复位，当前值清零、定时器触点状态复位。

③ 可以用复位指令 R 复位定时器。复位信号接通时，定时器线圈和触点均复位，当前值清零，并且不计时。

（3）保持型接通延时定时器

图 2-38 所示是保持型接通延时定时器（TONR）的线圈梯形图符号和语句表，其中 TONR 是保持型接通延时定时器的标识符，Tn 是定时器地址，IN 是定时器的启动信号输入端，PT 是时间设定值，用于设定脉冲的数量。

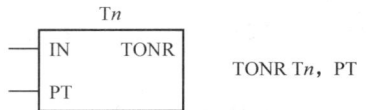

TONR 与 TON 的区别在于：TONR 的线圈驱动信号断开时，当前值保持不变，触点的状态也保持不变；当线圈再次被接通时，TONR 累计计数。需要注意的是，

图 2-38　保持型接通延时定时器的线圈梯形图符号和语句表

只能用复位指令 R 将 TONR 复位。复位后 TONR 的当前值清零、触点状态复位。

如图 2-39 所示，当输入信号 I2.1 接通后，定时器 T2 的当前值 SV 开始计数，当 SV=600 时，I2.1 断开，T2 的当前值保持不变。由于当前值 SV（600）没有达到设定值 PT（1000），因此 T2 的触点保持初始状态。当输入信号 I2.1 再次接通后，T2 的当前值 SV 继续计数，达到设定值 PT（1000）时，其常开触点闭合使 Q0.0 接通。直到 I0.3 接通时 T2 才复位，当前值 SV 清零，触点立即复位，使 Q0.0 断开。在 I0.3 接通之前，当前值 SV 达到设定值 PT 后仍然继续计数，直至 SV=32767（最大值），停止计数。

利用 TONR 可以实现输入信号若干个时间段内的累计计时。

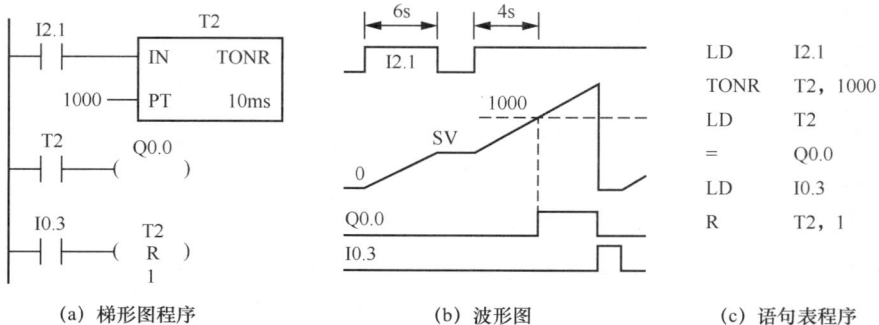

（a）梯形图程序　　　（b）波形图　　　（c）语句表程序

图 2-39　TONR 的工作原理

在第一个扫描周期,所有的定时器触点均被复位,可以在编程软件的系统块中对 TONR 的断电保持功能进行设置。

TONR 也有 3 种计时时基,分别是 1ms、10ms 和 100ms。TONR 的地址与相应的计时时基如表 2-1 所示。

（4）各种计时时基的定时器的刷新方式

1ms 计时时基定时器的触点状态和当前值每隔 1ms 刷新一次,与扫描周期和程序处理无关,即采用中断刷新方式。当扫描周期大于 1ms 时,定时器触点状态和当前值在一个扫描周期内被多次刷新。

10ms 计时时基定时器的触点状态和当前值在每个扫描周期开始时被刷新,即定时器触点状态和当前值在整个扫描周期中不变。在每个扫描周期开始时将一个扫描周期累计的时间间隔加到定时器当前值上。

100ms 计时时基定时器的触点状态和当前值在执行该定时器指令时被刷新。下一条执行的指令即可使用刷新后的结果,非常符合通常的思路,使用方便、可靠。但应当注意,如果该定时器的指令不是每个扫描周期都执行,定时器就不能及时刷新,可能导致出错。

从图 2-34、图 2-37 和图 2-39 可以看出,定时器线圈的驱动信号应为长信号才能正确完成定时工作。若驱动信号对应的外部输入设备是按钮,该如何处理呢？这就需要用到 PLC 的内部编程元件——辅助继电器。

2. 辅助继电器

辅助继电器（M）不能直接对外输入和输出,经常用于状态暂存、中间运算等,类似于继电器-接触器控制系统中的中间继电器。辅助继电器在结构上有线圈和触点,其常开触点和常闭触点可以无限次在程序中使用,但不能直接驱动外部负载,外部负载的驱动必须由输出继电器进行。

辅助继电器采用字母 M、字节地址和位地址联合编址。S7-200 SMART 系列 PLC 的辅助继电器地址范围是 M0.0～M31.7。

有断电保持功能的辅助继电器用于保存停电前的状态,并在运行时再现该状态的情形。打开 STEP 7-Micro/WIN SMART 编程软件,双击指令树中的"系统块"图标,在"系统块"对话框的"保持范围"选项中可以设置断电保持的辅助继电器地址范围,如图 2-40 所示,表示对辅助继电器进行断电保持设置,其断电保持范围为从 M14.0 开始的 18 个连续字节,即 M14.0～M31.7。设置完成后要在下载时将系统块下载到 PLC 中才能生效。

> **应用实例**　设计路灯的控制程序。

要求：每晚 7 点由工作人员按下按钮 I0.0,点亮路灯 Q0.0,次日凌晨用按钮 I0.1 关闭路灯。需要特别注意的是,如果夜间出现意外停电,则要求供电恢复后继续点亮路灯。

首先,按图 2-40 设置断电保持的辅助继电器地址范围为 M14.0～M31.7。

图 2-41 所示是路灯的控制程序。当出现意外停电时,Q0.0 断电,路灯熄灭。因为 M14.0 具有断电保持功能,保存了停电前的状态,所以供电恢复时,M14.0 能使 Q0.0 继续接通,点亮路灯。

辅助继电器在梯形图程序设计中应用非常多。熟练掌握辅助继电器的使用,可以使程序设计更加灵活和便利,甚至可以节省 PLC 的 I/O 点数。例如,可以利用辅助继电器将外部按钮提供的短信号变成程序中所需要的长信号,如图 2-43 所示。

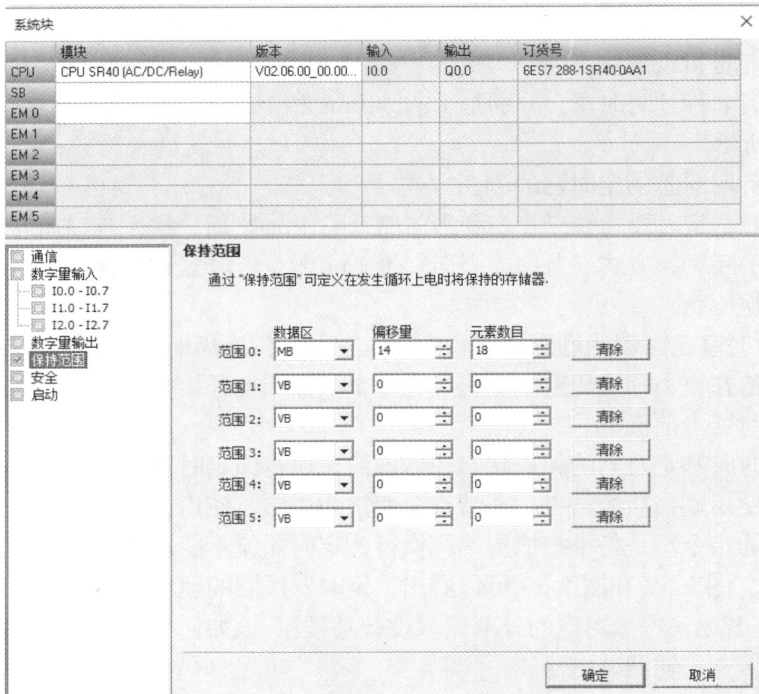

图 2-40 断电保持的辅助继电器地址范围的设置

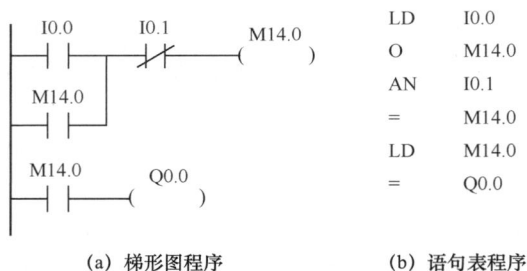

(a) 梯形图程序   (b) 语句表程序

图 2-41 路灯的控制程序

三、任务实施

1．选择 I/O 设备，分配 I/O 地址，绘制 I/O 接线图

根据本任务的控制要求，要实现电动机的延时启动，只需选择发送控制信号的启动、停止按钮和传输热过载信号的热继电器 FR 常闭触点作为 PLC 的输入设备，选择接触器 KM 线圈作为 PLC 的输出设备控制电动机的主电路即可。时间控制功能由 PLC 的内部元件定时器完成，不需要在外部考虑接线问题。根据选择的 I/O 设备分配 I/O 地址如下：

I0.0——启动按钮 SB1；

I0.1——停止按钮 SB2，与热继电器 FR 常开触点并联；

Q0.0——接触器 KM 线圈。

根据上述分配的地址，绘制电动机延时启动的 I/O 接线图，如图 2-42 所示。

2．设计 PLC 控制程序

根据继电器-接触器控制原理，可得出电动机延时启动的 PLC 梯形图程序，如图 2-43

所示，图中 I0.0 接外部按钮，只能提供短信号，而定时器 T37 需要长信号。程序中采用 I0.0 提供启动信号，辅助继电器 M0.0 自锁后供 T37 定时用，这样就将外部设备的短信号变成了程序中所需要的长信号。当定时器 T37 的当前值等于设定值时，Q0.0 接通使接触器 KM 线圈得电，达到延时启动电动机的目的。

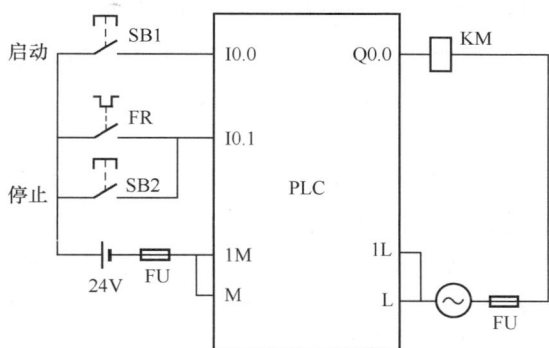

图 2-42　电动机延时启动的 I/O 接线图

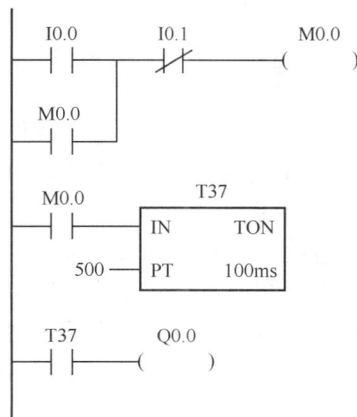

图 2-43　电动机延时启动的 PLC 梯形图程序

　　图 2-44 所示是用 TON 设计的电动机延时启动、延时停止的 PLC 梯形图程序。按下停止按钮 I0.1，其常开触点闭合使辅助继电器 M0.1 接通并自锁，同时定时器 T38 开始定时，延时 20s 后其常闭触点断开切断 M0.0，使 T37 和 Q0.0 断开，达到延时停止电动机的目的。程序中用 T38 的常闭触点切断 M0.1 的目的是使定时器 T38 断电复位，为电动机的再次启动作好准备。

　　图 2-45 所示是用 TOF 设计的电动机延时启动、延时停止的 PLC 梯形图程序。按下启动

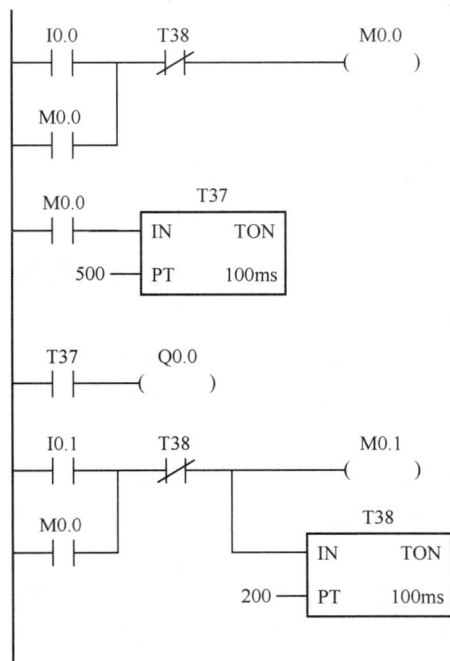

图 2-44　电动机延时启动、延时停止的
PLC 梯形图程序（一）

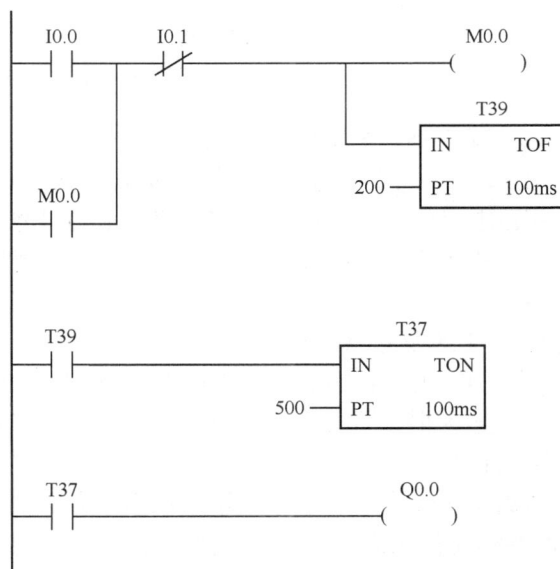

图 2-45　电动机延时启动、延时停止
的 PLC 梯形图程序（二）

按钮 I0.0，使定时器 T39 线圈得电，其常开触点立即动作使定时器 T37 线圈得电，经延时后接通 Q0.0，启动电动机。需要停机时，按下停止按钮 I0.1，使 M0.0 和 T39 线圈断开，延时 20s 后 T39 常开触点复位使 T37 线圈和 Q0.0 失电，从而延时停止电动机。

3. 程序调试

按照图 2-42 所示的 I/O 接线图接好各信号线，输入程序，调试并观察结果。

四、知识拓展——定时器延时扩展电路、振荡电路、自复位电路

定时器除了可实现基本的定时操作外，还有一些典型的应用。理解这些典型应用的程序的原理和作用，熟记其结构组成，可以大大提高定时器应用程序的设计能力。

1. 定时器延时扩展电路

我们知道单个定时器最长的延迟时间为 3276.7s，如果生产实际中要求的延迟时间大于此数据，就需要使用定时器延时扩展电路，即用两个或多个定时器串联定时。

图 2-46 所示为定时器延时扩展电路。I0.0 的常开触点闭合后，T37 开始定时。达到 3000s 时 T37 的常开触点闭合，使 T38 开始定时。再经过 600s，T38 的常开触点闭合，使 Q0.0 接通。从 I0.0 动作到 Q0.0 接通总共经过了 3600s（1h）的延时。

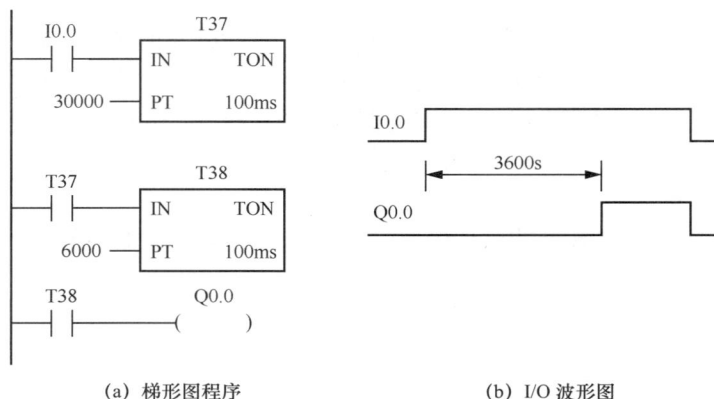

(a) 梯形图程序　　　(b) I/O 波形图

图 2-46　定时器延时扩展电路

2. 定时器振荡电路

图 2-47、图 2-48 所示为两种定时器振荡电路。图 2-47 中，当 I0.0 接通时，定时器 T37 开始定时，经延时后其常开触点动作，使输出继电器 Q0.0 接通，同时 T38 开始定时。T38 定时时间到了以后，其常闭触点动作使 T37 线圈失电，T38 线圈和 Q0.0 跟着失电。在下一个扫描周期里，T38 常闭触点复位使 T37 线圈再次得电，进入新一轮变化。直至 I0.0 断开使 T37、T38 及 Q0.0 全部断开。

此程序中当 I0.0 接通后，Q0.0 以 1s 周期闪烁变化。如果 Q0.0 接指示灯，则此灯灭 0.5s、亮 0.5s 交替进行，如图 2-47（b）所示。改变 T37、T38 的时间设定值，可以调整 Q0.0 的输出脉冲宽度。

阅读 PLC 控制程序时一定要牢记两点：一是 CPU 扫描执行程序的顺序是从上到下的，上面的程序行先执行，下面的程序行后执行；二是 PLC 的工作方式是循环扫描的，CPU 执行程序一个扫描周期结束后再进入下一个扫描周期，直到 PLC 处于 STOP 状态。

定时器振荡电路的实质是两个（或者多个）定时器交替定时形成振荡，负载 Q0.0 可以

放在图 2-47（a）所示的位置，也可以放在前面与定时器 T37 线圈形成连续输出，如图 2-48（a）所示。注意，在图 2-48（a）所示的梯形图程序中，Q0.0 线圈之前要串联 T37 的常闭触点，待 T37 定时时间到了 Q0.0 线圈就失电，迫使 Q0.0 接通 0.5s 后就断开 0.5s，形成闪烁变化。

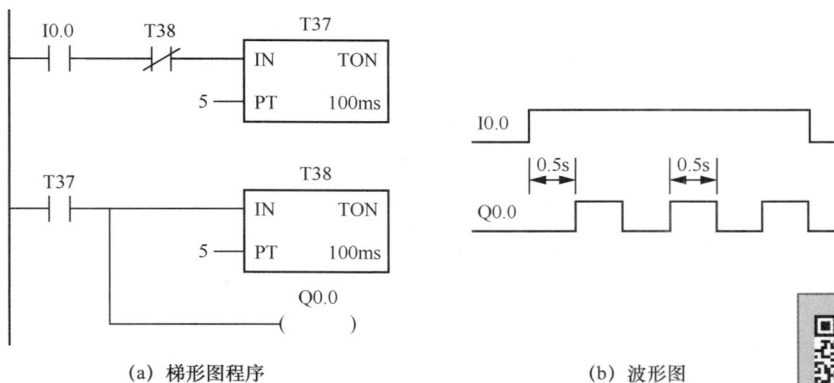

（a）梯形图程序　　　　　　　　　　　　（b）波形图

图 2-47　定时器振荡电路（一）

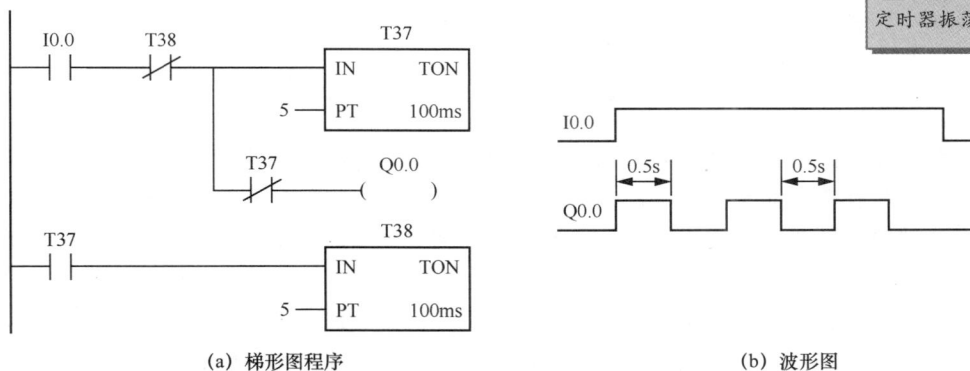

（a）梯形图程序　　　　　　　　　　　　（b）波形图

图 2-48　定时器振荡电路（二）

应用实例　　合上开关 I0.0，红灯 Q0.0 与黄灯 Q0.1 交替点亮 1s，一直循环下去，红灯累计点亮达到 30min 时系统自行关闭。

利用定时器振荡电路原理设计该应用实例的梯形图程序，如图 2-49 所示。该程序中红灯与黄灯交替点亮 1s，红灯点亮的时间要用 TONR 累计计时，达到 1800s 时 T5 常闭触点动作使 T37 线圈失电，整个系统停止工作。当 I0.0 断开时 T5 复位。

试试看　　若需红、黄、绿三色彩灯交替点亮 1s，一直持续下去，能否利用定时器振荡电路实现？参考答案请扫描二维码观看。

3. 定时器自复位电路

图 2-50 所示为定时器自复位电路。图 2-50（a）中 I2.0 接通 1s 时，T37 常开触点闭合使 Q2.0 接通；在第二个扫描周期中，Q2.0 常闭触点动作使 T37 线圈失电，T37 常开触点

立即复位断开，使 Q2.0 也断开；在第三个扫描周期中，Q2.0 常闭触点复位使 T37 线圈重新开始定时，重复前面的过程。其波形图如图 2-50（b）所示。

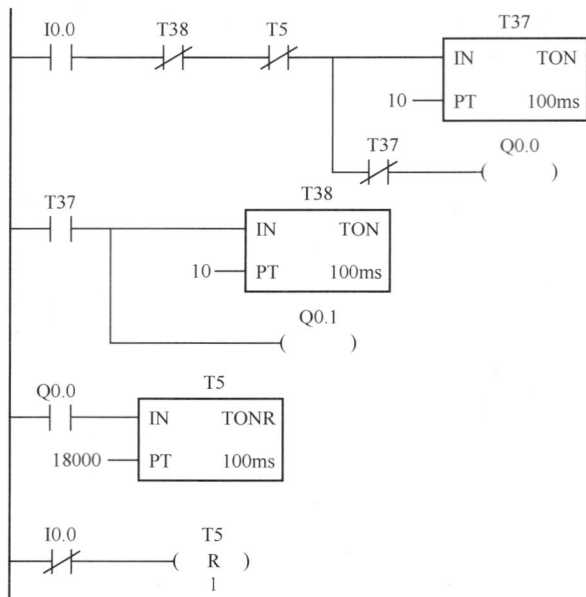

图 2-49　定时器振荡电路应用实例

对于定时器自复位电路，要分析定时时间到了以后的 3 个扫描周期，才能真正理解它的自复位工作过程。如图 2-50（a）所示，T37 线圈的复位是依靠 T37 定时时间到了以后，其常开触点动作接通 Q2.0，再由 Q2.0 常闭触点动作使 T37 线圈失电完成的，因此称为定时器自复位电路。定时器自复位电路常用于循环定时。

对于 100ms 计时时基定时器，可以将图 2-50（a）所示的 Q2.0 常闭触点替换成 T37 常闭触点，如图 2-50（c）所示。对于 1ms 计时时基定时器和 10ms 计时时基定时器，因为其定时精度很高，容易造成常开触点与常闭触点之间的竞争，使循环定时不稳定，所以不建议做这种替换。

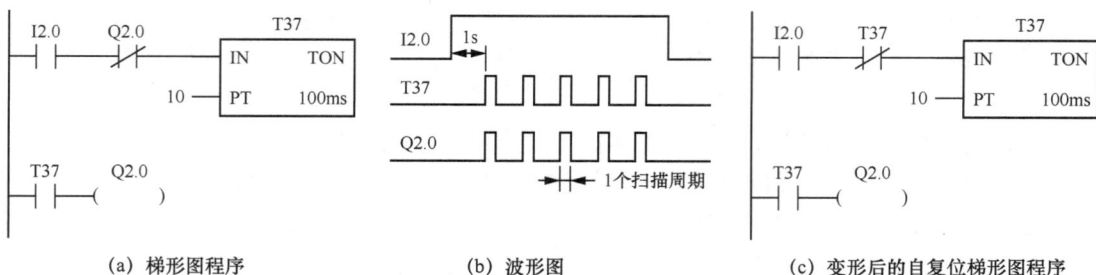

(a) 梯形图程序　　　　　　　　(b) 波形图　　　　　　　　(c) 变形后的自复位梯形图程序

图 2-50　定时器自复位电路

从图 2-50 可以看出，若将 Q2.0 对应的输出端子接一个灯泡，从理论上讲灯泡应该是 1s 点亮一下。但由于 Q2.0 每次接通的时间只有 1 个扫描周期，调试程序时看不到灯泡点亮的效果。在图 2-51 所示的梯形图程序中，用启保停的方式让输出继电器 Q0.1 每次接通后保持 0.5s 再断开，就可以看到 Q0.1 输出点亮的效果。

定时器自复位电路

<table><tr><td>试试看</td><td>能否使用断开延时定时器看到图 2-51 中 Q0.1 输出点亮的效果？参考答案请扫描二维码观看。</td></tr></table>

<table><tr><td>思考并实践</td><td>分析并调试图 2-51 所示的程序，思考能否将图中 T40 常闭触点替换成 Q0.1 常闭触点，为什么？参考答案请扫描二维码观看。</td></tr></table>

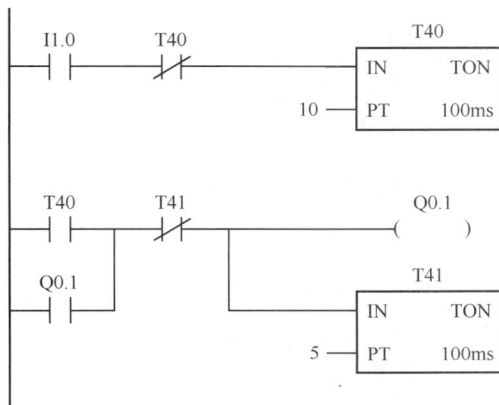

图 2-51　定时器自复位电路

<table><tr><td>思考并实践</td><td>想想看，保持型接通延时定时器的自复位电路是怎样的呢？分析图 2-52（a）所示的梯形图程序原理，补全图 2-52（b）所示的波形图。参考答案请扫描二维码观看。</td></tr></table>

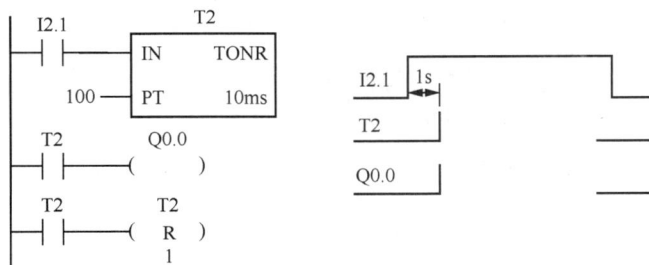

（a）梯形图程序　　　　　　（b）波形图

图 2-52　保持型接通延时定时器的自复位电路

五、任务拓展——两台电动机的顺序启停控制

采用多台电动机拖动的机械设备，通常对电动机的启停控制有一定的顺序要求，称为电动机的顺序启停控制。请读者思考如何运用所学知识完成这样的设计任务。详情见学习任务工单 3。

任务四　进库物品的统计监控

一、任务分析

有一个小型仓库，工作人员需要对每天存放进来的物品进行统计：当物品达到 180 件时，仓库监控室的黄灯被点亮；当物品达到 200 件时，仓库监控室的红灯以 1s 闪烁 1 次的频率报警。

本任务的关键是对进库物品进行统计。解决的思路是在进库口设置传感器检测装置，检测是否有物品进库，然后将传感器的检测信号通过输入端子传给 PLC 进行计数。这需要用到 PLC 的另一编程元件——计数器。

二、相关知识——计数器、特殊继电器

1. 计数器

计数器（C）是 PLC 的重要内部元件，它用于在 CPU 执行扫描操作时对内部元件 I、Q、M、S、T、C 的上升沿脉冲进行计数。计数器与定时器一样，也有一个 16 位的设定值寄存器（字）、一个 16 位的当前值寄存器（字）、一个线圈以及无数个常开触点和常闭触点（位）。当计数次数达到其设定值时，计数器的触点动作（常开触点闭合、常闭触点断开），用于控制系统完成相应任务。

计数器的设定值也与定时器的设定值一样，可用常数设定，也可用变量寄存器设定。

西门子 PLC 的计数器采用字母 C 和十进制数字编址，如 C0、C1 等。S7-200 SMART 系列 PLC 的计数器地址范围为 C0～C255。

S7-200 SMART 系列 PLC 有 3 种类型的计数器，分别是加计数器、减计数器和加减双向计数器。

（1）加计数器

加计数器（CTU）的线圈梯形图符号如图 2-53（a）所示。其中，CTU 为加计数器的标识符，CU 为计数脉冲输入端，R 为复位信号输入端，PV 为计数脉冲设定值，Cn 为计数器地址。

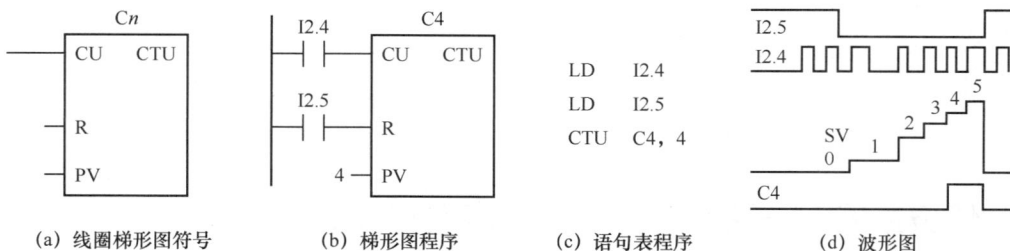

加计数器的工作原理

图 2-53　加计数器的工作原理

下面以图 2-53 为例说明加计数器的工作原理，梯形图程序如图 2-53（b）所示，语句表程序如图 2-53（c）所示，波形图如图 2-53（d）所示。计数器复位信号 R（I2.5）= 0 时，计数器开始计数。CU 端（I2.4）每来一个上升沿脉冲，计数器的当前值 SV 加 1。当前值

SV等于设定值PV时，计数器触点动作（常开触点闭合、常闭触点断开）。此后，如果CU端再有上升沿脉冲到来，当前值SV继续累加，直到SV=32767时停止计数。

复位信号R（I2.5）=1时，计数器复位，此时，当前值SV清零，触点状态复位（常开触点断开、常闭触点闭合），并且不计数。

（2）减计数器

减计数器（CTD）的线圈梯形图符号如图2-54（a）所示。其中，CTD为减计数器的标识符，CD为计数脉冲输入端，LD为复位信号输入值，PV为计数脉冲设定值，Cn为计数器地址。

下面以图2-54为例说明减计数器的工作原理，梯形图程序如图2-54（b）所示，语句表程序如图2-54（c）所示，波形图如图2-54（d）所示。减计数器的复位信号LD（I2.0）=1时，计数器复位，触点复位（常开触点断开、常闭触点闭合），当前值SV等于设定值PV，此时计数器不计数。

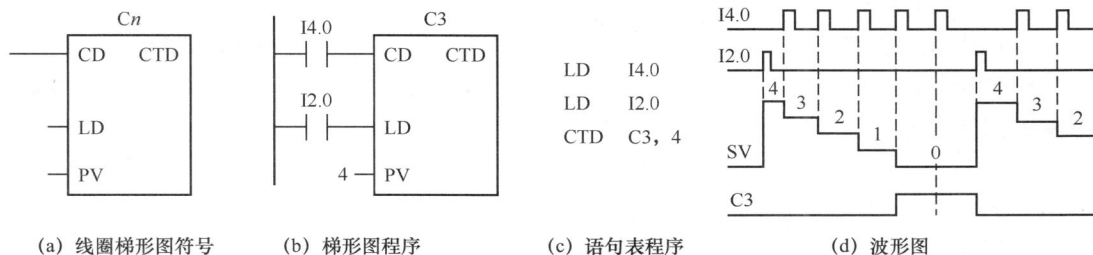

(a) 线圈梯形图符号　　(b) 梯形图程序　　(c) 语句表程序　　(d) 波形图

图2-54　减计数器的工作原理

复位信号LD（I2.0）=0时，计数器开始计数。CD端（I4.0）每来一个上升沿脉冲，计数器的当前值SV减1。减到当前值SV=0时，计数器触点动作（常开触点闭合、常闭触点断开），停止计数。

减计数器的复位会把计数器触点复位，同时会把当前值SV更新为设定值PV，即在复位状态使当前值SV等于设定值PV，为减计数作好准备。

加计数器和减计数器都只能单方向计数，只是计数的方向不同而已。加计数器的当前值等于设定值后还可以继续计数，所以加计数器的当前值可以在一定范围（SV≤32767）内真实反映计数脉冲的数量。减计数器在当前值SV=0后便不再计数，因此工程实际中多采用加计数器进行单向计数。

从以上两种计数器的工作原理可以看出，计数器有两种工作状态，即复位状态和计数状态。当复位信号接通时计数器处于复位状态，此时，当前值清零（加计数器）或当前值等于设定值（减计数器），触点复位，并且不计数。因此，在分析程序时首先要判断计数器是否处于复位状态，只有当计数器的复位信号断开，计数器处于计数状态时才会计数。

所有的计数器均可设置断电保持功能：打开STEP 7-Micro/WIN SMART编程软件，双击指令树中的"系统块"图标，在"系统块"对话框的"保持范围"选项中设置断电保持的计数器地址范围。断电保持计数器的特点是如果计数器处于计数状态，当外界断电后能保持触点的状态以及当前值SV不变，供电恢复时能累计计数。

应用实例　　某包装线上需要对生产的产品进行计数，每100件产品进行打包装箱。

图 2-55 所示是打包机控制程序。在"系统块"→"保持范围"中设置计数器 C4 断电保持。图2-55所示控制程序中用 I0.1 端子外接的传感器对产品进行检测，并作为 C4 的计数脉冲信号，当计满 100 件产品时，C4 的常开触点闭合使打包机 Q1.0 接通进行产品的打包处理。打包完毕后用 I0.2 端子外接的按钮对 C4 进行复位，再进入下一次计数。如果没有计满 100 件产品就出现了意外停电，则 C4 的当前值保持不变，常开触点保持断开状态，整个包装线停止工作。当外界供电恢复时，C4 的当前值在原有的基础上继续计数，停电前后加起来计满 100 件产品时，其常开触点动作使打包机 Q1.0 接通开始打包工作。

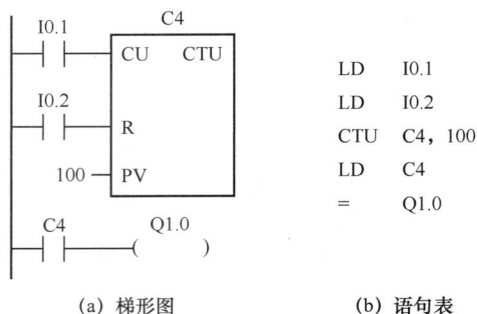

(a) 梯形图　　(b) 语句表

图 2-55　打包机控制程序

2. 特殊继电器

PLC 内部有很多特殊继电器（SM），这些特殊继电器各自具有特定的功能。

SM0.0（运行监控）：当 PLC 运行时，SM0.0 始终为"1"状态，可以利用其常开触点驱动输出继电器，在外部显示程序是否处于运行状态。

SM0.1（初始脉冲）：每当 PLC 开始运行时，SM0.1 线圈接通一个扫描周期，因此 SM0.1 的常开触点常用于调用初始化程序。

SM0.4（1min 时钟脉冲）、SM0.5（1s 时钟脉冲）：当 PLC 处于运行状态时，SM0.4 产生周期为 1min 的时钟脉冲，SM0.5 产生周期为 1s 的时钟脉冲，占空比均为 50%。

SM0.0、SM0.1、SM0.5 的波形图如图 2-56 所示。

SM1.0、SM1.1 和 SM1.2 分别是运算指令执行完毕后的零标志位、溢出标志位和负数标志位。

常用特殊继电器的含义请查阅附录 A。

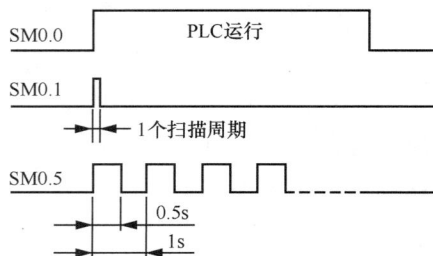

图 2-56　SM0.0、SM0.1、SM0.5 的波形图

三、任务实施

1. 选择 I/O 设备，分配 I/O 地址，绘制 I/O 接线图

根据任务要求，需要在进库口设置传感器，检测是否有物品进库，检测信号是输入信号。传感器检测到信号以后将其发送给计数器进行计数，计数器是 PLC 的内部元件，不需要选择相应的外部设备。但计数器需要有复位信号，从本任务来看，需要单独配置一个按钮 SB 供计数器复位，同时也作为整个监控系统的启动按钮。本任务的输出设备就是两个监控指示灯（红灯和黄灯）。分配 I/O 地址如下：

I0.0——进库物品检测传感器；

I0.1——监控系统启动按钮（计数器复位按钮）SB；

Q0.0——监控室红灯 L0；

Q0.1——监控室黄灯 L1。

图 2-57 所示为仓库物品监控系统的 I/O 接线图。

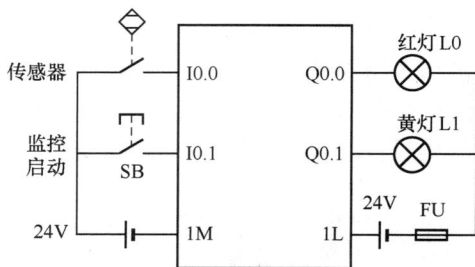

图 2-57　仓库物品监控系统的 I/O 接线图

2. 设计 PLC 控制程序

图 2-58 所示为仓库物品统计监控程序。每进库一件物品，传感器通过 I0.0 输入一个信号，计数器 C0、C1 分别计数一次。C0 计满 180 件物品时其触点动作，使黄灯（Q0.1）点亮；C1 计满 200 件物品时其触点动作，使红灯（Q0.0）以 1s 周期闪烁报警［通过串联 SM0.5（1s 时钟脉冲）实现］。

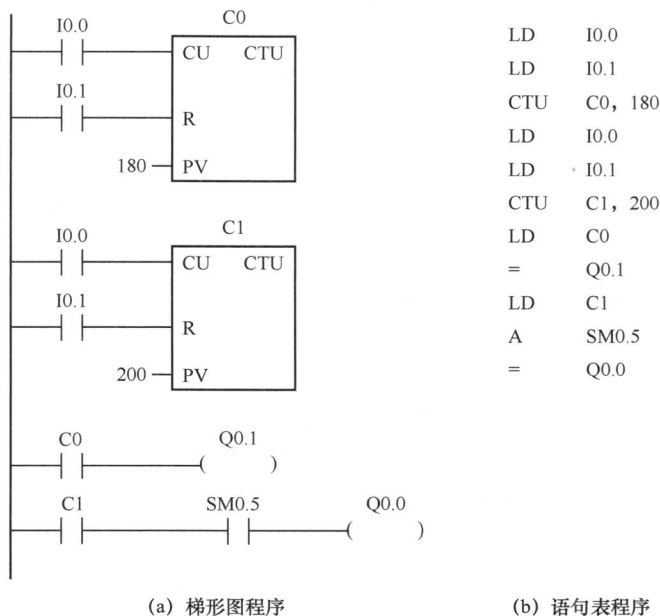

（a）梯形图程序　　　　　　（b）语句表程序

图 2-58　仓库物品统计监控程序（一）

达到 200 件物品时的红灯闪烁还可以用定时器振荡电路来实现。如图 2-59 所示，当 C1 的当前值达到 200 时其常开触点闭合，接通由 T37 和 T38 组成的定时器振荡电路，使红灯（Q0.0）以 1s 周期闪烁报警。

图 2-58 和图 2-59 所示的程序存在细微的差异。SM0.5 是 1s 时钟脉冲，只要 PLC 处于 RUN 状态，它就固定接通 0.5s、断开 0.5s。C1 的常开触点闭合时，SM0.5 处于何种状态不能确定。而图 2-59 所示的定时器振荡电路则不同，当 C1 的常开触点闭合时，T37 开始定时，能准确实现断开 0.5s、接通 0.5s 的红灯闪烁。对于本任务而言，这两个程序都可以满足要求，但读者应该理解其中的差异。

本任务也可以采用图 2-60 所示的程序进行控制。当 C0 计满 180 件物品后用 C1 接着计数，C1 计满 21 件物品后让红灯闪烁。因为第 180 件物品到来时，C0 的当前值达到设定值，其常开触点闭合会使 C1 计数一次，所以 C1 的设定值是 21 而不是 20，这一点应格外注意。

3. 程序调试

按照 I/O 接线图接好电源线、通信线及 I/O 信号线，输入程序进行调试，直至满足要求。

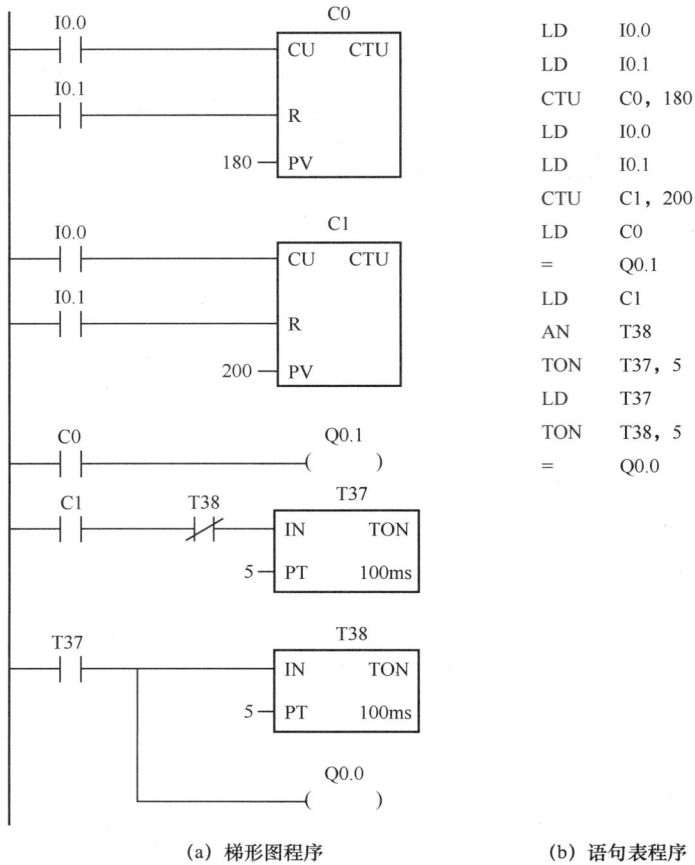

LD	I0.0
LD	I0.1
CTU	C0, 180
LD	I0.0
LD	I0.1
CTU	C1, 200
LD	C0
=	Q0.1
LD	C1
AN	T38
TON	T37, 5
LD	T37
TON	T38, 5
=	Q0.0

(a) 梯形图程序　　　　　(b) 语句表程序

图 2-59　仓库物品统计监控程序（二）

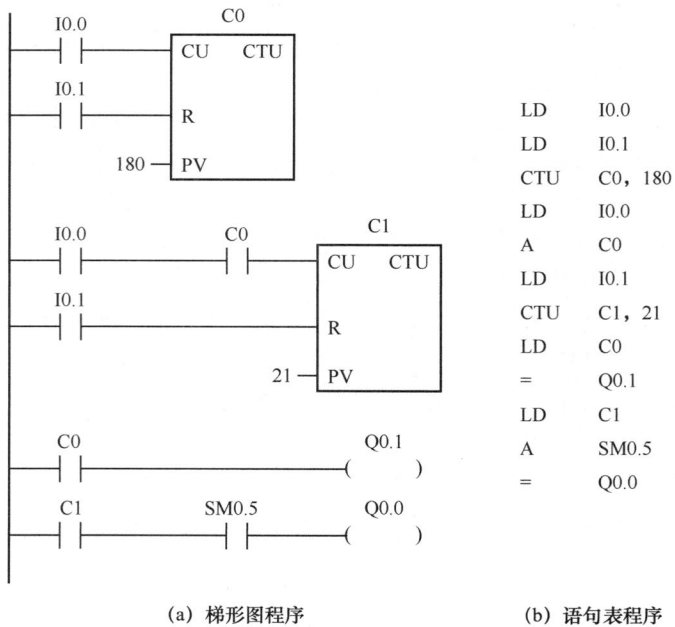

LD	I0.0
LD	I0.1
CTU	C0, 180
LD	I0.0
A	C0
LD	I0.1
CTU	C1, 21
LD	C0
=	Q0.1
LD	C1
A	SM0.5
=	Q0.0

(a) 梯形图程序　　　　　(b) 语句表程序

图 2-60　仓库物品统计监控程序（三）

四、知识拓展——加减双向计数器、计数器自复位电路

1. 加减双向计数器

S7-200 SMART 系列 PLC 还有加减双向计数器（CTUD），即用一个计数器实现两个方向的计数。加减双向计数器的梯形图符号如图 2-61（a）所示。其中，CTUD 为加减双向计数器的标识符，CU 为加计数脉冲输入端，CD 为减计数脉冲输入端，R 为双向计数器的复位端，PV 为双向计数器的设定值，Cn 为计数器地址。

下面以图 2-61 为例说明加减双向计数器的工作原理，梯形图程序如图 2-61（b）所示，语句表程序如图 2-61（c）所示，波形图如图 2-61（d）所示。复位端 R（I2.0）=1 时，计数器复位，此时当前值 SV 清零，计数器触点复位（常开触点断开、常闭触点闭合），并且不计数。

复位端 R（I2.0）=0 时，计数器开始计数。当 CU 端（I4.0）有上升沿脉冲到来时，计数器的当前值 SV 加 1；当 CD 端（I3.0）有上升沿脉冲到来时，计数器的当前值 SV 减 1。计数范围为 -32768~+32767。当前值 SV≥设定值 PV 时，计数器触点动作（常开触点闭合、常闭触点断开）；当前值 SV<设定值 PV 时，触点复位（常开触点断开、常闭触点闭合）。

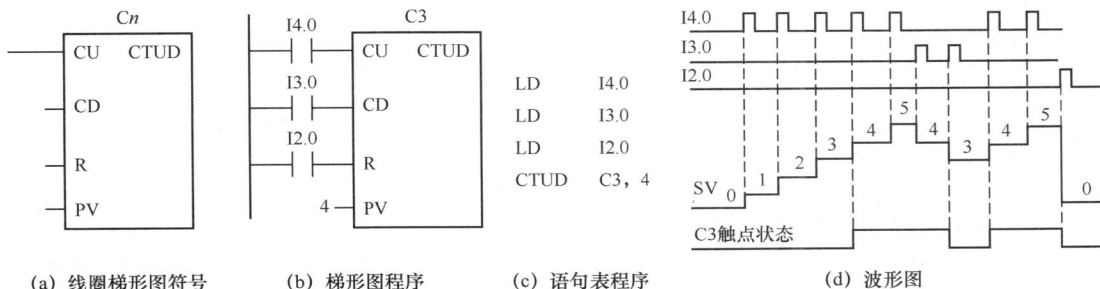

(a) 线圈梯形图符号　(b) 梯形图程序　(c) 语句表程序　(d) 波形图

图 2-61 加减双向计数器的工作原理

应用实例　仓库的物品每天既有进库的，也有出库的。为了实现对进出仓库的物品都能进行统计，实现对库存物品的监控，可以对图 2-61 所示的程序作一些修改，修改后的程序如图 2-62 所示。硬件方面增加一个物品进出库方式开关 I0.2。使用一个传感器对进出仓库的物品进行检测，通过 I0.0 端子发送计数信号给 PLC。当物品需要出库时将 I0.2 合上，使 CU 端断开，为 CD 端实现减计数作好准备。此时每出库一件物品 I0.0 给 CD 端提供一个脉冲，双向计数器的当前值减 1。当物品需要进库时将 I0.2 断开，使 CD 端断开，为 CU 端实现加计数做好准备。此时每进库一件物品 I0.0 给 CU 端提供一个脉冲，双向计数器的当前值加 1。这样就实现了双向计数。无论处于何种方式，双向计数器的当前值始终随计数信号的变化而变化，准确反映了库存物品的数量。

本应用实例还可以采用另外一种方案。使用两个传感器分别对进库物品和出库物品进行信号检测，再驱动加减双向计数器相应的计数信号端，实现双向计数。这样就需要在 PLC 外部增加一个传感器，而不需要物品进出库方式开关了。从这里可以看出，PLC 的控制程序设计需要与外部的 I/O 硬件设备相配合。用两个传感器分别检测进库物品和出库物品来

实现进出库物品的统计监控程序，读者可以自行设计。

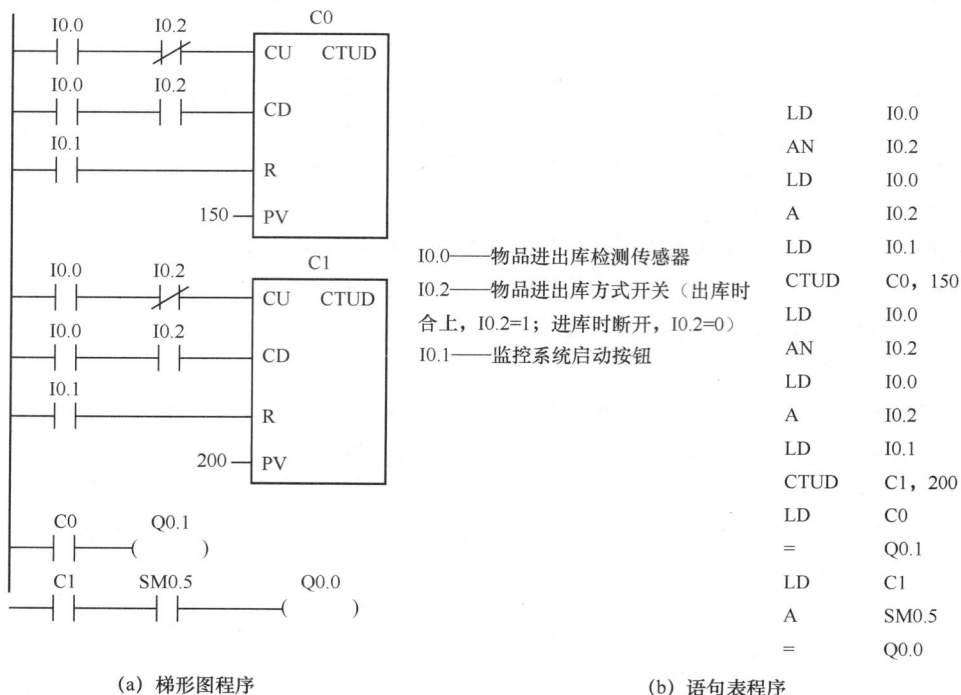

I0.0——物品进出库检测传感器
I0.2——物品进出库方式开关（出库时合上，I0.2=1；进库时断开，I0.2=0）
I0.1——监控系统启动按钮

```
LD    I0.0
AN    I0.2
LD    I0.0
A     I0.2
LD    I0.1
CTUD  C0, 150
LD    I0.0
AN    I0.2
LD    I0.0
A     I0.2
LD    I0.1
CTUD  C1, 200
LD    C0
=     Q0.1
LD    C1
A     SM0.5
=     Q0.0
```

(a) 梯形图程序　　　　　　　　(b) 语句表程序

图 2-62　进出库物品的统计监控程序

2. 计数器自复位电路

图 2-63 所示为加计数器自复位电路程序。初始状态下计数器 C1 的常开触点断开使 C1 处于计数状态。C1 对输入脉冲信号 I0.0 进行计数，计数到第 3 次的时候，C1 的常开触点闭合使 Q0.0 接通。在第 2 个扫描周期中，由于 C1 的另一常开触点也闭合，使其线圈复位，后面的常开触点也跟着复位。因此在第 2 个扫描周期中，Q0.0 断开。在第 3 个扫描周期中，由于 C1 的常开触点复位解除了其线圈的复位状态，因此 C1 重新处于计数状态，重新开始下一轮计数。

与定时器自复位电路一样，对于计数器自复位电路，也要分析当前值等于设定值时的前后 3 个扫描周期，才能真正理解它的自复位工作过程。计数器自复位电路主要用于循环计数。定时器、计数器的自复位电路在实际中应用非常广泛，要深刻理解其原理才能熟练应用。

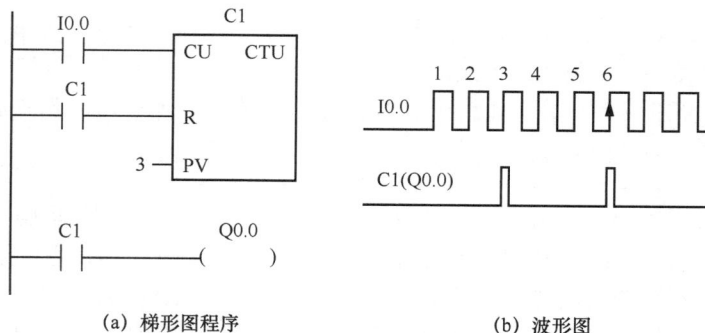

(a) 梯形图程序　　　　　(b) 波形图

图 2-63　加计数器自复位电路程序

应用实例

图 2-64 所示为时钟电路程序。采用 T37、T38 两个定时器构成的振荡电路产生 1s 脉冲信号（Q0.0）并送入 C0 进行计数。C0 每计数 60 次（1min）就向 C1 发出一个计数信号，C1 每计数 60 次（1h）就向 C2 发出一个计数信号。C0、C1 分别计数 60 次，C2 计数 24 次。Q0.0 产生 60 个脉冲即 C0 计满 60 次后需及时复位，以便进入下一轮计数，也就是说 C0 要循环计数，这是计数器自复位电路的典型应用。后面的 C1、C2 也是如此。

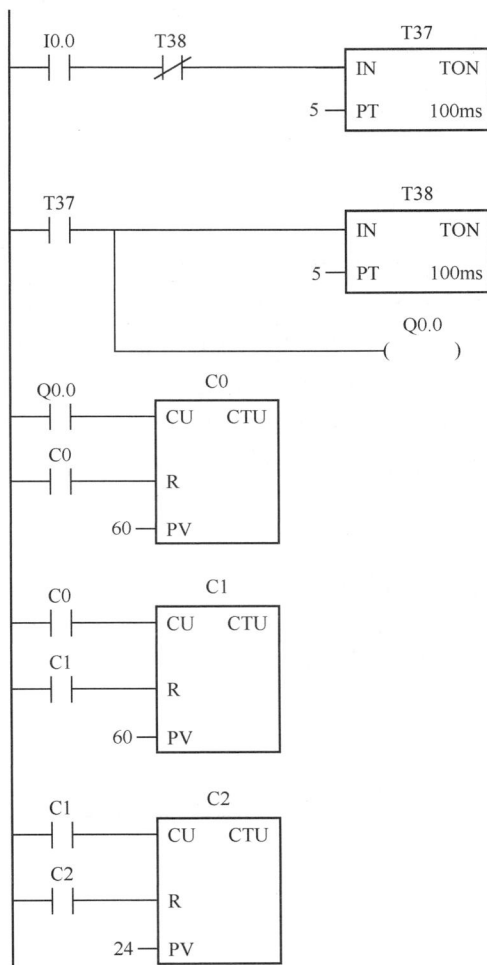

图 2-64 时钟电路程序

3. 计数范围扩大

S7-200 SMART 系列 PLC 的计数器计数的最大值是 32767，若需更大的计数范围，则要进行扩展。图 2-65 所示为计数器扩展电路程序。计数器 C0 形成了一个设定值为 100 的自复位电路。C0 对 I0.0 的接通次数进行计数，计满 100 次时自复位一次，然后重新开始计数，同时输出到 C1 计数一次。当 C1 计数达到 2000 次时，即 I0.0 共接通 100×2000=200000 次时，C1 的常开触点闭合使 Q0.1 接通。该电路的计数值为两个计数器设定值的乘积。程序中用提供初始脉冲的特殊继电器 SM0.1 对 C0、C1 进行初始复位。

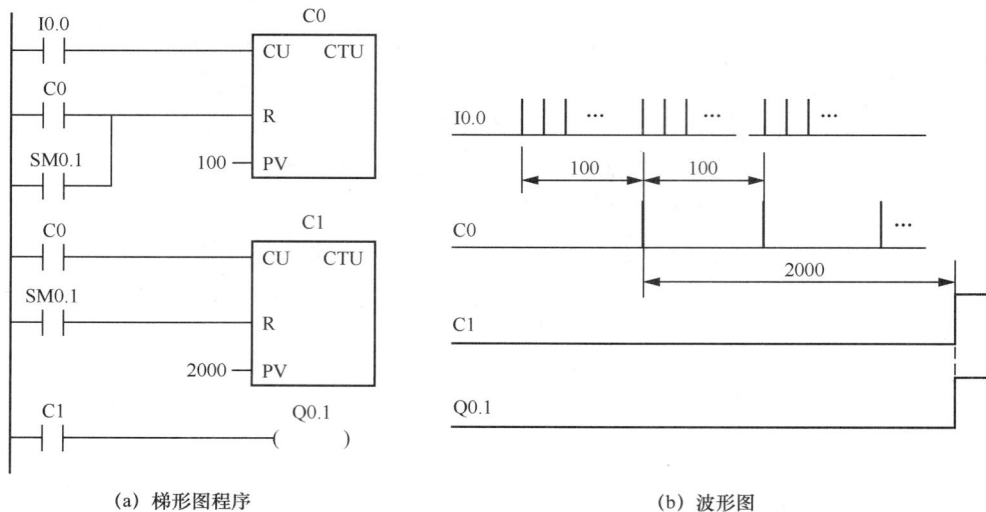

(a) 梯形图程序　　　　　　　　　　　　　　(b) 波形图

图 2-65　计数器扩展电路程序

图 2-60 所示程序也是扩大计数范围的一种应用。程序中用两个计数器对进库物品进行计数，C0 达到设定值时 C1 才开始计数，总计数值等于 C0 的设定值加上 C1 的设定值减 1。

定时器和计数器串联使用还可以扩大定时器的定时范围，如图 2-66 所示。程序第 1 行采用定时器自复位电路，每隔 10s（T37 的设定值）发送一个脉冲信号给计数器 C1 计数一次，同时将 T37 自复位，进入下一个 10s 的定时。C1 计满 360 次（即 1h）时，其常开触点闭合使 Q0.1 接通。总的定时时间为 T37 的设定值乘 C1 的设定值，扩大了定时器的定时范围。

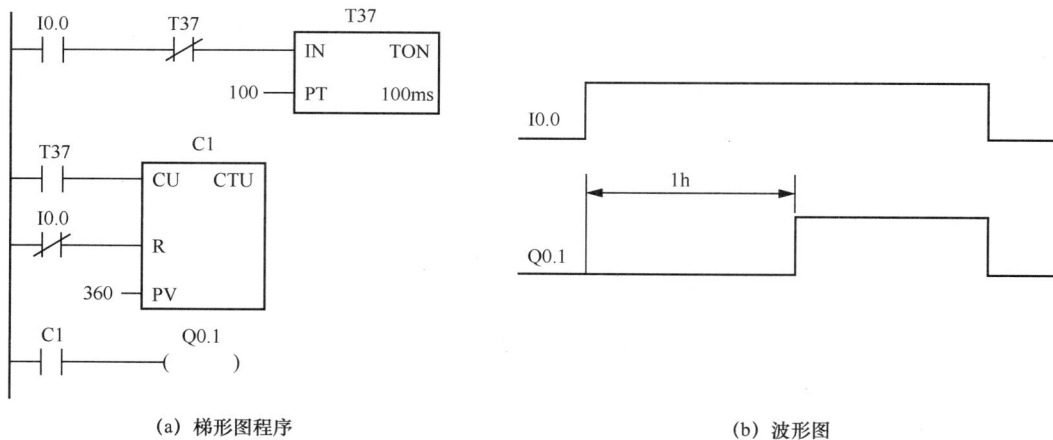

(a) 梯形图程序　　　　　　　　　　　　　　(b) 波形图

图 2-66　定时器和计数器串联使用扩大定时范围

五、任务拓展——间歇润滑装置的自动控制

定时器、计数器在工业控制中应用非常广泛。例如某些间歇润滑装置就需要运用定时器进行自动控制，详情见学习任务工单 4，请读者运用定时器、计数器知识进行设计。

任务五　洗手间的冲水清洗控制

一、任务分析

某宾馆洗手间的冲水清洗控制要求为：当有人进去时，光电开关动作使 I0.0 接通，3s 后 Q0.0 接通使控制水阀打开开始冲水，冲水时间为 2s；当人离开时，光电开关复位使 I0.0 断开，此时，再次冲水，时间为 3s。

根据本任务的控制要求，可以绘制洗手间的冲水清洗控制波形图，如图 2-67 所示。

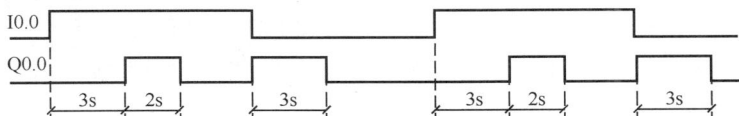

图 2-67　洗手间的冲水清洗控制波形图

从波形图可以看出，当有人进去一次（I0.0 接通一次）Q0.0 要接通两次。I0.0 接通并延时 3s 将 Q0.0 第一次接通，这用定时器就可以实现。当人离开（I0.0 的下降沿到来）时，Q0.0 第二次接通，且前后两次接通的时间长短不一样，分别是 2s 和 3s，这需要用到 PLC 的跳变触点指令。

二、相关知识——跳变触点指令

正跳变触点指令的功能是当检测到一次上升沿（触点的输入信号由 0 变为 1）时，触点接通一个扫描周期。负跳变触点指令的功能是当检测到一次下降沿（触点的输入信号由 1 变为 0）时，触点接通一个扫描周期。

如图 2-68 所示，当输入 I0.3 的上升沿到来时，正跳变触点┤P├接通一个扫描周期，其余时间不论 I0.3 是处于闭合还是断开状态，正跳变触点┤P├都断开，使辅助继电器 M1.5 只能接通一个扫描周期。同样，当输入 I0.3 的下降沿到来时，负跳变触点┤N├接通一个扫描周期，使辅助继电器 M3.2 接通一个扫描周期。由此看出，正、负跳变触点可以将输入信号的宽脉冲变成两个窄脉冲使用。

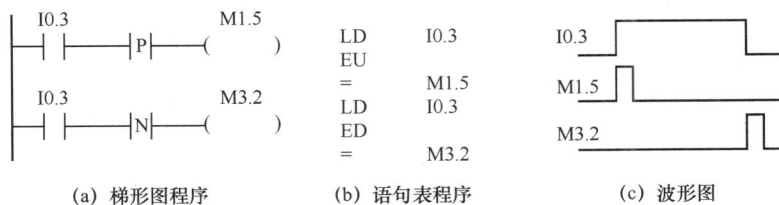

图 2-68　跳变触点指令的用法

在语句表程序中，正跳变触点指令和负跳变触点指令的助记符分别是 EU（Edge Up，上升沿）和 ED（Edge Down，下降沿），它们没有操作数。梯形图程序中触点符号中间的"P"和"N"分别表示正跳变（Positive Transition）和负跳变（Negative Transition）。

应用实例1

　　设计使用按钮控制电动机启停的程序，其中，I0.7 为按钮输入信号，输出信号 Q0.5 控制电动机。要求：第一次按下 I0.7，电动机启动，第二次按下 I0.7，电动机停止。图 2-69 所示为使用单按钮实现电动机的启停控制的梯形图程序和波形图。当 I0.7 第 1 次被按下时，M0.0 接通一个扫描周期。由于此时 Q0.5 还是初始状态（未接通），因此 CPU 从上往下扫描程序时 M0.1 不能接通，扫描到第 3 行时 Q0.5 接通，使电动机启动。在第 2 个扫描周期中，由于 I0.7 的上升沿只能让 M0.0 接通一个扫描周期，因此，在第 2 个扫描周期中 M0.0 的常开触点断开。此时尽管 Q0.5 的常开触点闭合，但 M0.1 仍不能接通，Q0.5 得以自锁使电动机连续运行。直到 I0.7 被第 2 次按下时，M0.0 又接通一个扫描周期。此时 Q0.5 的常开触点依旧处于闭合状态，M0.1 接通。M0.1 常闭触点断开切断 Q0.5，使电动机停止运行。I0.7 第 3 次被按下时，电动机再次启动。I0.7 第 4 次被按下时，电动机停止运行。

　　设计此类程序的关键有两点：第一，要使用跳变触点指令，将输入设备的长信号变成程序中的短信号；第二，要注意梯形图程序中各行的放置顺序。放置顺序如下：将第 1 次要接通的对象放在程序最下面的一行，直接启动并自锁；将第 2 次要接通的对象放在第 1 次接通对象的上面一行，且将第 1 次接通对象的常开触点串联在该行中作为第 2 次启动的条件；将第 3 次要接通的对象放在第 2 次接通对象的上面一行，且将第 2 次接通对象的常开触点串联在该行中作为第 3 次启动的条件，依次类推。图 2-69 所示程序中，第 1 次按下 I0.7，接通 Q0.5 使电动机启动，所以 Q0.5 线圈放在程序最下面一行；第 2 次按下 I0.7，接通 M0.1，让 M0.1 充当停止按钮切断 Q0.5，所以将 M0.1 线圈串联上 Q0.5 常开触点放在程序倒数第 2 行，保证第 2 次按下 I0.7 时，电动机停止运行。

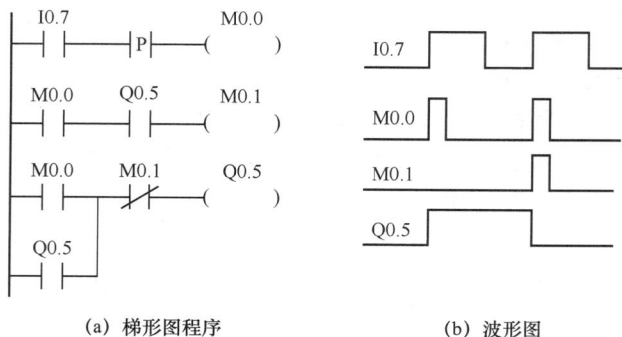

(a) 梯形图程序　　　　　　(b) 波形图

图 2-69　使用单按钮实现电动机的启停控制

应用实例2

　　设计使用单按钮控制台灯两挡发光强度的程序。要求：按钮（I0.5）第 1 次被按下时，Q1.0 接通；I0.5 第 2 次被按下时，Q1.0 和 Q1.1 都接通；I0.5 第 3 次被按下时，Q1.0、Q1.1 都断开。

　　使用单按钮控制台灯两挡发光强度的梯形图程序如图 2-70（a）所示，波形图如图 2-70（b）所示。当 I0.5 第 1 次被按下时，M0.0 接通一个扫描周期。因为此时 Q1.0 还处于没有接通的初始状态，所以 CPU 从上往下扫描程序时 M0.1 和 Q1.1 都不能接通，只有 Q1.0 接通，台灯低强度发光。在第 2 个扫描周期中，虽然 Q1.0 的常开触点闭合，但 M0.0 断开了，因此 M0.1 和 Q1.1 仍不能接通。直到 I0.5 第 2 次被按下时，M0.0 又接通一个扫描周期。此时 Q1.0 已经接通，故其常开触点闭合使 Q1.1 接通，Q1.0 保持不变，台灯高强度发光。I0.5 第 3 次被按下时，M0.0 接通，Q1.1 的常开触点闭合使 M0.1 接通，切断 Q1.0 和 Q1.1，台灯熄灭。

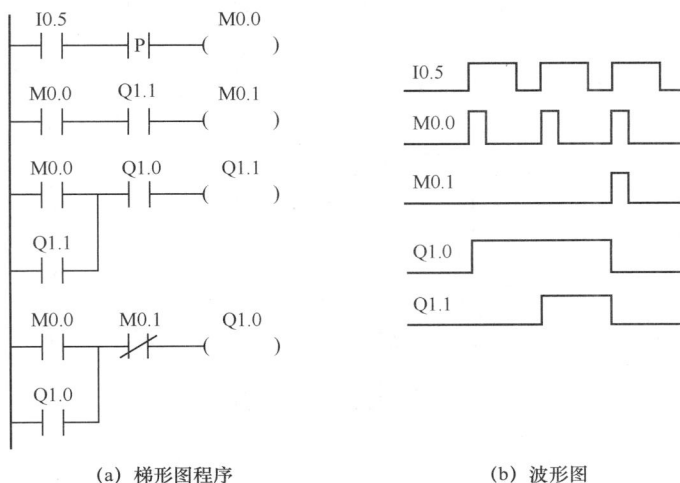

(a) 梯形图程序　　　　(b) 波形图

图 2-70　使用单按钮控制台灯两挡发光强度

思考并实践

如图 2-70 所示，若将控制要求改为按钮（I0.5）第 1 次被按下时，Q1.0 接通；I0.5 第 2 次被按下时，Q1.1 接通、Q1.0 断开；I0.5 第 3 次被按下时，Q1.1 断开。请修改并调试程序。参考答案请扫描二维码观看。

三、任务实施

设计洗手间的冲水清洗控制程序时，可以分别采用正跳变触点指令和负跳变触点指令作为 Q0.0 第 1 次接通前的开始定时信号和第 2 次接通的启动信号。同一编号的继电器线圈不能在梯形图程序中出现两次，否则称为"双线圈输出"，这是违反梯形图程序设计规则的，所以 Q0.0 前后两次接通要用辅助继电器（M0.3 和 M0.4）进行过渡，再将 M0.3 和 M0.4 的常开触点并联后驱动 Q0.0 输出，如图 2-71 所示。

由于 M0.0 和 M0.1 都是短信号，要使定时器正确定时，就必须设计成启保停电路。而 PLC 的定时器只有设定时间到时触点才会动作，换句话说，PLC 的定时器只有延时触点而没有瞬时触点。因此用 M0.0 驱动辅助继电器 M0.2 接通并自锁，给 T38 定时 3s 提供长信号保证，再通过 M0.3 将 Q0.0 接通。同样，M0.4 也是供 T40 完成 3s 定时的辅助继电器，而且通过 M0.4 将 Q0.0 第 2 次接通。

思考

如图 2-71 所示，能不能不用 M0.0 和 M0.2，直接用 I0.0 使 T38 定时 3s，再接通 Q0.0？为什么？

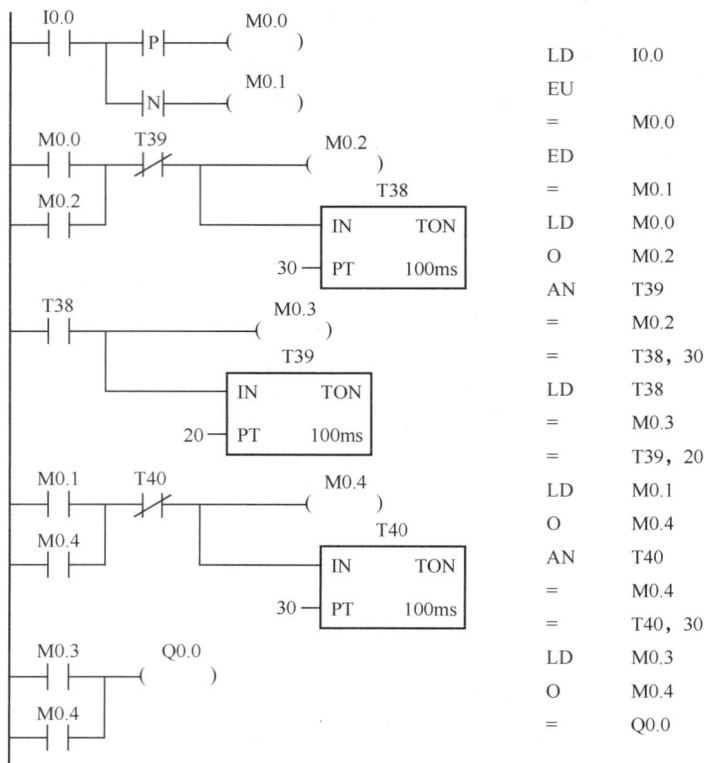

LD	I0.0
EU	
=	M0.0
ED	
=	M0.1
LD	M0.0
O	M0.2
AN	T39
=	M0.2
=	T38, 30
LD	T38
=	M0.3
=	T39, 20
LD	M0.1
O	M0.4
AN	T40
=	M0.4
=	T40, 30
LD	M0.3
O	M0.4
=	Q0.0

(a) 梯形图程序　　　　　　　　(b) 语句表程序

图 2-71　洗手间的冲水清洗控制程序

任务六　七段数码管显示设计

一、任务分析

七段数码管由 7 段条形管和一个圆点管组成，根据各段管的亮暗可以显示从 0～9 的 10 个数字和许多字符。设计用 PLC 控制的七段数码管显示程序，要求：分别按下 I0.0、I0.1 和 I0.2 时，数码管相应显示 0、1 和 2；按下 I0.3 时，数码管显示圆点。每个数字和字符显示 1s 后自动熄灭。

七段数码管的结构如图 2-72 所示，有共阴极和共阳极两种接法，本书采用共阴极接法。

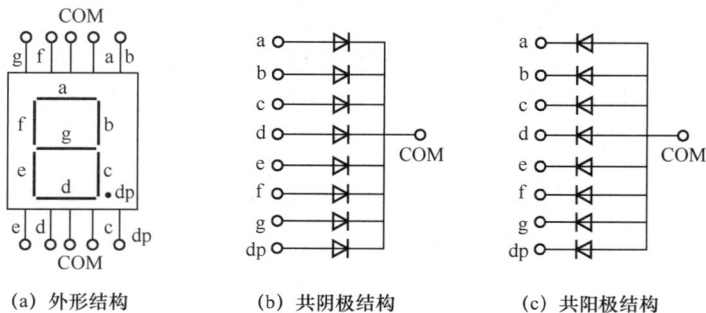

(a) 外形结构　　　(b) 共阴极结构　　　(c) 共阳极结构

图 2-72　七段数码管的结构

在共阴极接法中，COM 端接低电平，这样只需控制阳极端的电平高低就可以控制数码管显示不同的数字和字符。例如：当 b 端和 c 端输入为高电平、其他各端输入为低电平时，数码管显示 1；当 a、b、c、d、e、f 端输入全为高电平时，数码管显示 0。

二、相关知识——梯形图程序设计规则与梯形图程序优化、经验设计法

1. 梯形图程序设计规则与梯形图程序优化

（1）输入继电器、输出继电器、内部辅助继电器、定时器、计数器等器件的触点可以多次使用，无须复杂的程序结构来减少触点的使用次数。

（2）梯形图程序每一行均从左母线开始，经过许多触点的串联或者并联，最后用线圈终止于右母线。触点不能放在线圈的右边，任何线圈不能直接与左母线相连，如图 2-73 所示。

(a) 错误的梯形图程序　　　　　　　　(b) 正确的梯形图程序

图 2-73　触点不能放在线圈的右边

（3）在程序中，不允许同一编号的线圈多次输出（即不允许双线圈输出），如图 2-74 所示。

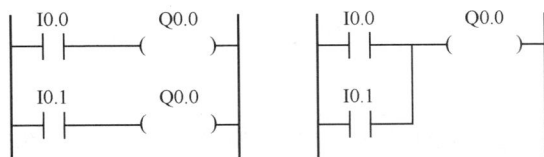

(a) 错误的梯形图程序　　　　　　　(b) 正确的梯形图程序

图 2-74　不允许同一编号的线圈多次输出

（4）不允许出现桥式电路。当出现图 2-75（a）所示的桥式电路时，必须将其转换成图 2-75（b）所示的形式才能进行程序调试。

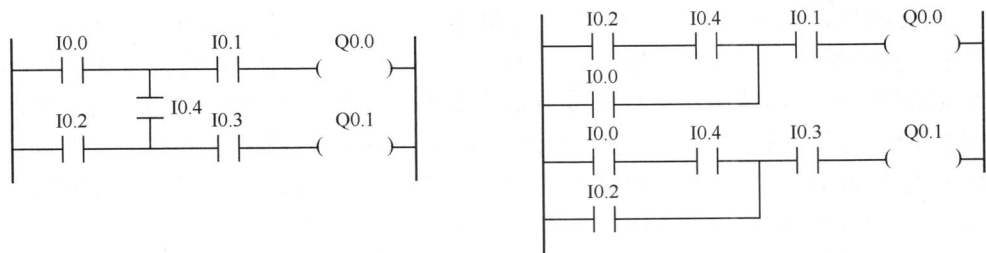

(a) 桥式电路　　　　　　　　　　(b) 桥式电路的梯形图程序优化

图 2-75　不允许出现桥式电路

（5）为了减少程序的执行步数，梯形图程序中并联触点多的应放在左边，串联触点多的应放在上面。如图 2-76 所示，优化后的梯形图程序转换成语句表程序时比没优化的少

一步。

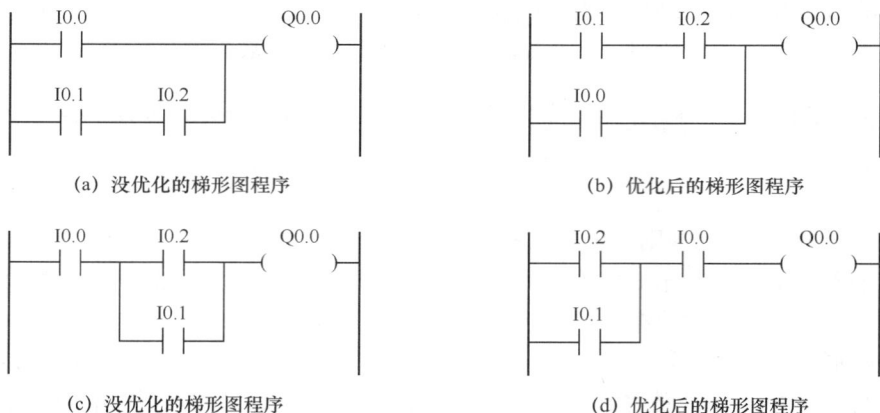

(a) 没优化的梯形图程序   (b) 优化后的梯形图程序

(c) 没优化的梯形图程序   (d) 优化后的梯形图程序

图 2-76　梯形图程序的优化

（6）尽量使用连续输出，避免使用多重输出的逻辑堆栈指令。如图 2-77 所示，连续输出的梯形图程序比多重输出的梯形图程序在转换成语句表程序时要简单许多。

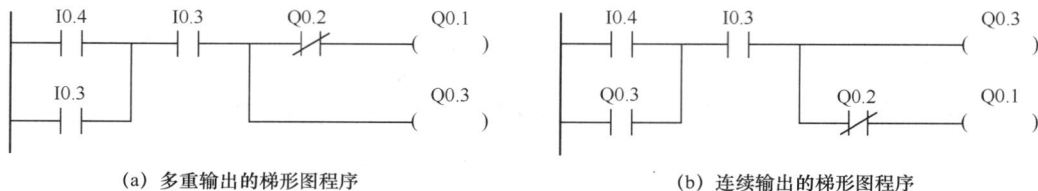

(a) 多重输出的梯形图程序   (b) 连续输出的梯形图程序

图 2-77　多重输出与连续输出的梯形图程序

2. 经验设计法

所谓经验设计法，就是在传统的继电器-接触器控制电路和 PLC 典型控制电路的基础上，依据积累的经验进行翻译、设计、修改和完善，最终得到优化的控制程序。需要注意的事项如下。

（1）在继电器-接触器控制系统中，所有的继电器、接触器都是物理元件，其触点都是有限的，因此要注意触点是否够用，尽量合并触点。但在 PLC 中，所有的编程软元件都是虚拟器件，有无数的内部触点可供编程使用，不需要考虑节省触点。

（2）在继电器-接触器控制系统中，要尽量减少元件的使用数量和通电时间，以降低成本、节省电能和减少故障概率。但在 PLC 中，当 PLC 的硬件型号选定以后其价格就确定了。编制程序时可以尽情地使用 PLC 丰富的内部资源，使程序功能更加强大和完善。

（3）在继电器-接触器控制系统中，满足条件的各条支路是并行执行的，因此要考虑复杂的联锁关系和临界竞争问题。但在 PLC 中，由于 CPU 扫描梯形图程序的顺序是从上到下（串行）执行的，因此可以简化联锁关系，不考虑临界竞争问题。

（4）在满足控制要求的前提下，力求程序简洁和具有可读性。

三、任务实施

1. 拟订方案，分配 I/O 地址，绘制 I/O 接线图

根据本任务的控制要求，输入地址已经确定。输入设备是 4 个按钮，按下 I0.0 要求数

码管显示数字 0，即 I0.0 应为 "0" 按键。同理，I0.1 为 "1" 按键，I0.2 为 "2" 按键，I0.3 为 "圆点" 按键。输出设备是一个数码管，但因为它是由 7 段条形管 a、b、c、d、e、f、g 和一个圆点管 dp 组成的，所以需要占用 8 个输出地址。将输出地址分配为：dp 对应 Q0.0；a～g 段对应 Q0.1～Q0.7。由此绘制七段数码管显示的 I/O 接线图如图 2-78 所示。

2. 设计梯形图程序

各个数字和字符的显示都是由七段数码管的不同点亮情况组合而成的，例如，数字 0 和 1 都需要数码管的 b 段（Q0.2）和 c 段（Q0.3）点亮。而 PLC 的梯形图程序设计规则不允许出现双线圈，因此要用辅助继电器 M 进行过渡，用 M 记录各数字和字符显示的状态，再用记录的各状态点亮相应的二极管。

下面用 PLC 的经验设计法进行数码管显示程序的设计。

（1）数字和字符显示状态的基本程序

搭建程序的大致框架。本程序用辅助继电器 M 做好各按键数字和字符的状态记录。例如，按下 I0.0 时，用 M0.0 做记录，表明要显示数字 0；按下 I0.1 时，用 M0.1 做记录，表明要显示数字 1，如图 2-79 所示。因为圆点管 dp 单一地接通 Q0.0，所以不需要用 M 做中间记录。

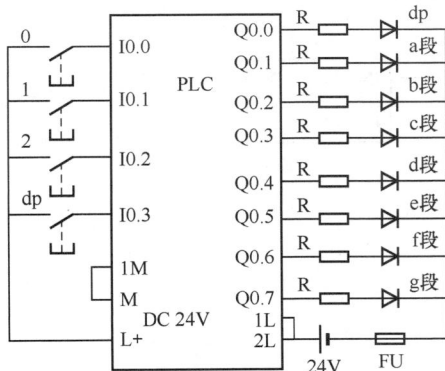

图 2-78　七段数码管显示的 I/O 接线图

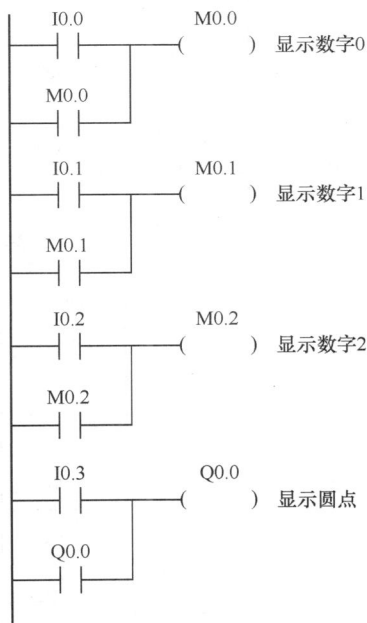

图 2-79　数字和字符显示状态的基本程序

（2）数字的数码管驱动程序

将上一步记录的各状态用相应的输出设备进行输出。例如，M0.0 状态要输出数字 0，就要点亮 a、b、c、d、e、f 段，也就是要将 Q0.1～Q0.6 接通；M0.1 状态要输出数字 1，就要点亮 b、c 段，也就是要将 Q0.2 和 Q0.3 接通。据此设计的数字的数码管显示程序如图 2-80 所示。

（3）数码管显示 1s 的定时程序

因为各个数字和字符都显示 1s，所以用 M0.0～M0.2 各状态及 Q0.0 的常开触点并联，将定时器 T37 接通定时 1s，如图 2-81 所示。

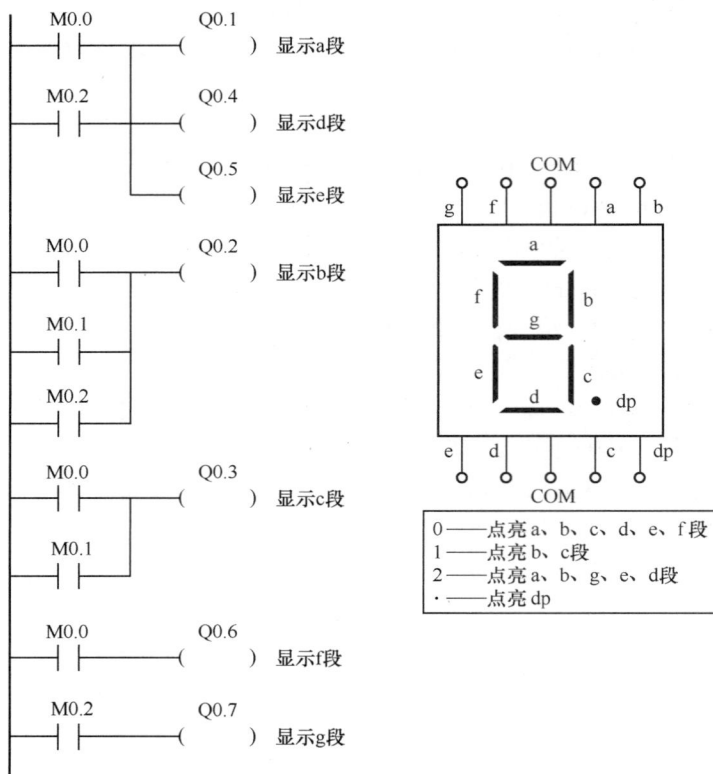

图 2-80　数字的数码管显示程序

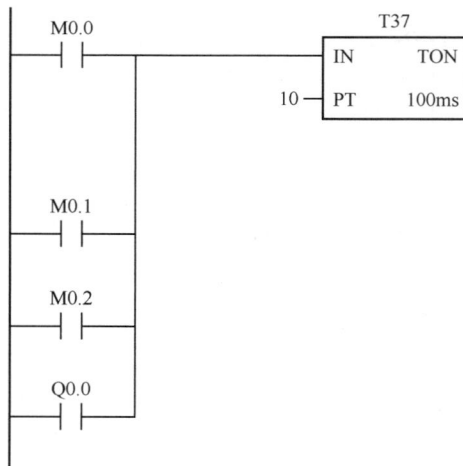

图 2-81　数码管显示 1s 的定时程序

（4）数码管显示的最终程序

　　将前面各步骤的程序组合在一起，并进行总体功能检查，看有无遗漏或者相互冲突的地方，若有就需要进行程序修改或者衔接过渡，最后完善成数码管显示的最终程序，如图 2-82 所示。本程序中要使数字或字符显示 1s 后熄灭，还需要 T37 的常闭触点切断 M0.0～M0.2 各状态和 Q0.0 线圈，就是最后检查出来的遗漏的地方。

3. 程序调试

按照 I/O 接线图，接好电源线、通信线及 I/O 信号线，输入梯形图程序或编写语句表程序并运行调试，直至满足控制要求。现场调试时要注意数码管的接线正确。

四、知识拓展——PLC 控制系统设计

1. PLC 控制系统设计的基本原则

PLC 控制系统设计包括硬件设计和软件设计两部分。PLC 控制系统设计的基本原则如下。

（1）充分发挥 PLC 的控制功能，最大限度地满足被控制的生产机械或生产过程的控制要求。设计前，应深入现场进行调查研究、搜集资料，并与相关部门的设计人员和实际操作人员密切配合，共同拟订控制方案，协同解决设计中出现的各种问题。

（2）在满足控制要求的前提下，力求 PLC 控制系统经济、简单、维修方便。

（3）保证 PLC 控制系统安全、可靠。保证人身安全与设备安全永远都是第一位的，在满足控制要求的同时，要注意硬件的安全保护。

（4）考虑到生产发展、工艺的改进及系统的扩展，在选用 PLC 时，在 I/O 点数和内存容量上要适当地留有余地。

（5）设计调试点以便于调试，采用模块化设计，尽量减少程序量，并全面添加注释，便于维修。

（6）软件设计主要是指编写程序，要求程序结构清晰、可读性强、简短、占用内存少、扫描周期短等。

2. PLC 控制系统设计的步骤

（1）工艺分析

根据设计任务书进行工艺分析，深入了解控制对象的工艺过程、工作特点、控制要求，并划分控制的各个阶段，归纳各个阶段的控制特点和各个阶段之间的转换条件，画出控制流程图或功能流程图。

（2）选择 I/O 设备

根据控制要求，选择合适的输入设备（如按钮、开关、传感器等）和输出设备（如继电器、接触器、指示灯等执行机构）。

（3）选择 PLC 机型

在选择 PLC 机型时，主要考虑以下几点。

① 功能的选择。对于小型 PLC 主要考虑 I/O 扩展模块、A/D 与 D/A 模块以及指令功能（如中断、PID 等）。

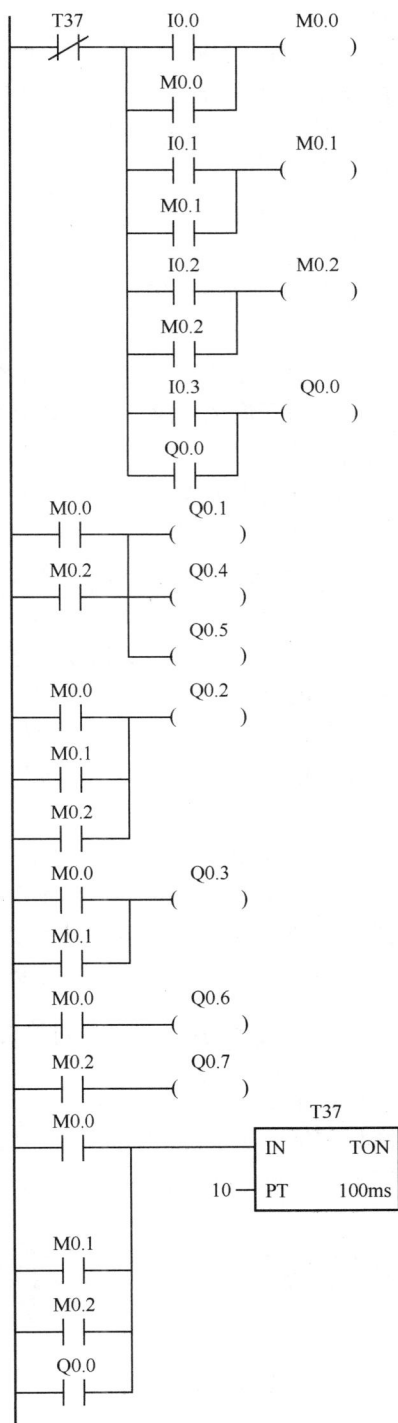

图 2-82　数码管显示的最终程序

② I/O 点数的确定。统计 PLC 的开关量、模拟量的 I/O 点数，并考虑以后的扩展（一般要加上 10%~20% 的备用量），从而选择 PLC 的 I/O 点数和输出规格。

③ 内存的估计。用户程序所需的内存容量主要与系统的 I/O 点数、控制要求、程序结构长短等因素有关。一般可按如下公式估算：存储容量 = 开关量输入点数 × 10 + 开关量输出点数 × 8 + 模拟通道数 × 100 + 定时器数量/计数器数量 × 2 + 通信接口个数 × 300 + 备用量。

（4）分配 I/O 地址

分配 PLC 的 I/O 地址，编写 I/O 地址分配表或画出 I/O 接线图，接着就可以进行 PLC 程序设计，同时进行控制柜或操作台的设计和现场施工。

（5）程序设计

对于较复杂的 PLC 控制系统，根据生产工艺要求，画出控制流程图或功能流程图，然后设计出梯形图程序，再根据梯形图程序编写语句表程序，对程序进行模拟调试和修改，直到满足控制要求。

（6）控制柜或操作台的设计和现场施工

设计控制柜及操作台的电气布置图及安装接线图；设计 PLC 控制系统各部分的电气互锁图；根据图纸进行现场接线并检查。

（7）PLC 控制系统整体调试

如果 PLC 控制系统由几个部分组成，则应先进行局部调试，再进行整体调试。如果控制程序的步序较多，则可先进行分段调试，然后连接起来进行总调试。

联机调试时，把编制好的程序下载到现场的 PLC 中。调试时，主电路一定要断电，只对控制电路进行联机调试。通过现场的联机调试，还会发现新的问题，需要改进某些控制功能。

（8）编制技术文件

技术文件应包括 PLC 的外部接线图、电气原理图、电气布置图、电气元件明细表、功能流程图、带注释的梯形图程序和说明书等。在说明书中通常应对程序的控制要求、程序的结构、流程图等给予必要说明，并且给出程序的安装操作、使用步骤等。

五、任务拓展——酒店自动门的开关控制

在工程实践中，许多项目有手动控制和自动控制两种方式，手动控制方式主要用于检修和调试。手动控制程序和自动控制程序必须互锁。例如酒店自动门的开关控制设计，详情见学习任务工单 5，请读者综合运用所学知识完成设计和调试任务。

综合实训　竞赛抢答器控制系统设计

详情见学习任务工单 6。

习　题

1. S7-200 SMART 系列 PLC 的编程元件中，定时器、计数器地址与其他编程元件的

地址有何不同?

2. 在 PLC 中,停止按钮和热继电器在外部使用常开触点或常闭触点时,PLC 控制程序相同吗? 实际使用时应采用哪一种? 为什么?

3. 电路块串联指令与触点串联指令有什么区别? 电路块并联指令与触点并联指令有什么区别?

4. 将图 2-83 所示的梯形图程序改写成语句表程序。

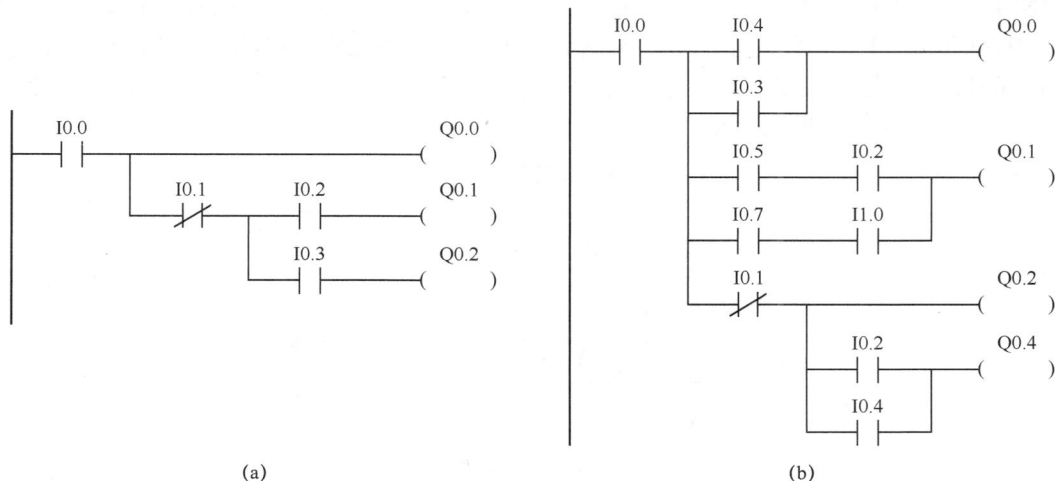

图 2-83 第 4 题梯形图程序

5. 设计电动机的两地控制程序并调试。要求:按下 A 地的启动按钮或 B 地的启动按钮,电动机均可启动;按下 A 地的停止按钮或 B 地的停止按钮,电动机均能停止运行。

6. 某机床有两台电动机 M1 和 M2。要求 M1 启动后 M2 才能启动,任意一台电动机过载时,两台电动机均停止运行,按下停止按钮时,两台电动机同时停止运行。画出主电路,设计 PLC 控制程序并进行调试。

7. 按图 2-84 所示的波形图,设计出梯形图程序。

8. 将图 2-85 所示的语句表程序改成梯形图程序。

9. 画出图 2-86 中 Q0.0、Q0.1 的波形图。

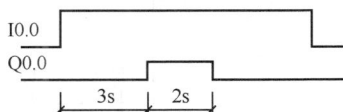

图 2-84 第 7 题波形图

```
LD    I0.0        LD    I0.2
O     M0.1        O     M0.0
A     I0.1        AN    Q0.0
=     M0.1        =     M0.0
LD    I0.1        LD    I0.3
AN    M0.1        R     Q0.0,1
S     Q0.0,1
```

图 2-85 第 8 题语句表程序

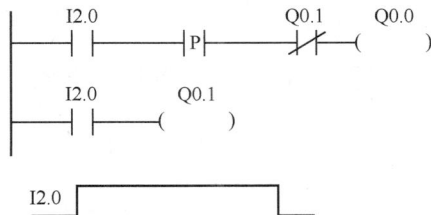

图 2-86 第 9 题图

10. 设计一个照明灯的控制程序。当按下接在 I0.0 上的按钮后,接在 Q0.0 上的照明灯可发光 30s。如果在这段时间内又有人按下按钮,则从头开始定时。这样可确保在最后一次按下按钮后，灯光可维持 30s 的照明。

11. 设计彩灯的交替点亮控制程序并调试。要求：灯组 L1～L8 隔灯显示，每 2s 变换一次，反复进行，用一个开关实现启停控制。

12. 如图 2-87 所示，某车间运料传送带分为 3 段，分别由 3 台电动机驱动。要求：按下启动按钮后，载有物品的传送带运行，没有载物品的传送带停止运行，但要保证物品在整个运输过程中连续地从上一段传送带运输到下一段传送带。根据上述的控制要求，采用传感器来检测被运输物品是否接近两段传送带的衔接处，并通过该检测信号启动下一段传送带的电动机，下一段传送带的电动机启动 2s 后上一段传送带的电动机停止运行。出现异常情况时，按下停止按钮，整个系统立即停止工作。画出主电路，分配 I/O 地址，绘制 I/O 接线图，设计程序并进行调试。

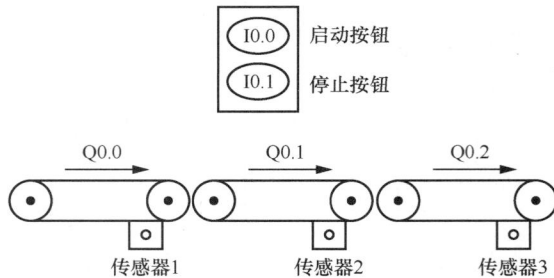

图 2-87　第 12 题图

13. 合上开关 K1，红、黄、绿三色灯的点亮顺序为红灯亮 1s→黄灯亮 2s→绿灯亮 3s，每次只点亮一种颜色的灯，一直循环。红灯累计点亮 1h 后系统自行关闭。

14. 如图 2-88 所示，已知 I0.0、I0.1、I0.2 的波形图，画出 Q0.1 的波形图。

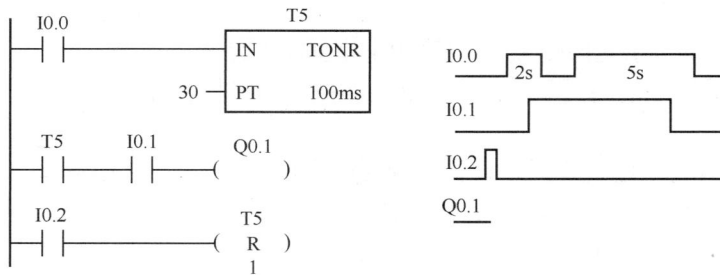

图 2-88　第 14 题图

15. 分析图 2-89，试问当 PLC 开始运行后，Q0.1 何时接通？为什么？

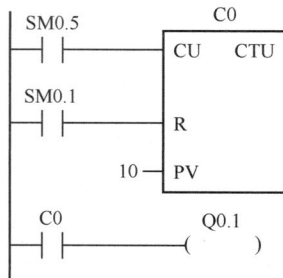

图 2-89　第 15 题图

16. 分析图 2-90，画出指定元件的波形图。

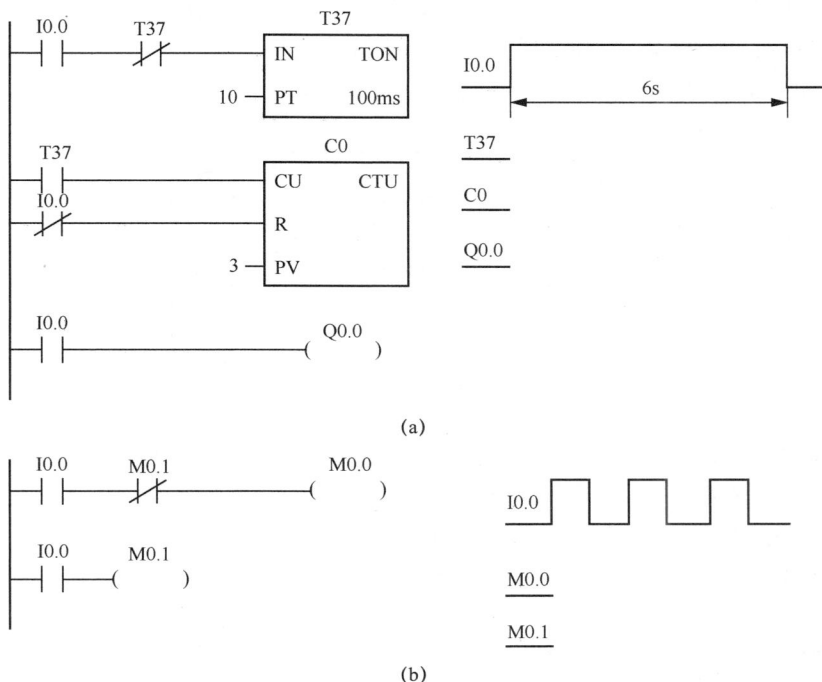

(a)

(b)

图 2-90　第 16 题图

17. 分析图 2-91 所示的梯形图程序和给定元件的波形图，画出 Q0.0 的波形图。

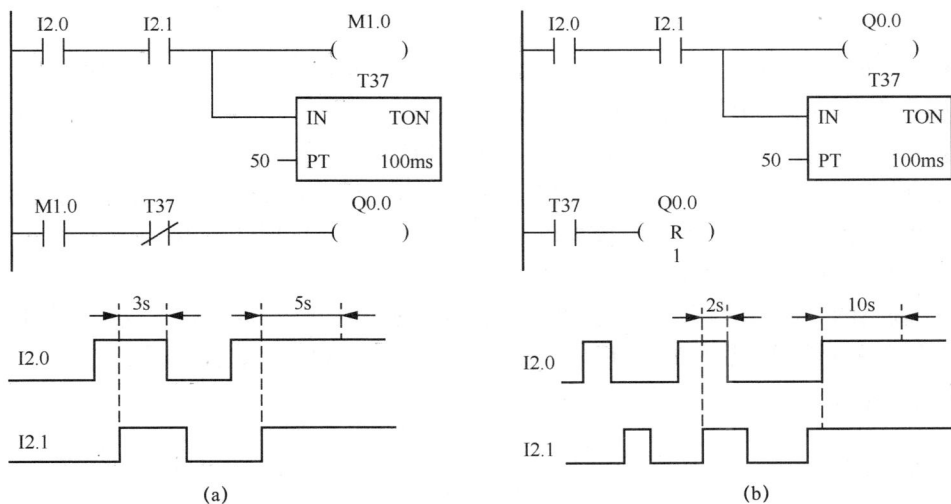

(a)　　　　　　　　　　　(b)

图 2-91　第 17 题图

18. 将图 2-91 中的 T37 改为 T5，重画 Q0.0 的波形图。

19. 设计一个监控系统，监控 3 台电动机的运转：如果两台或两台以上电动机运转，信号灯就持续点亮；如果只有一台电动机运转，信号灯就以 1Hz 的频率闪烁；如果 3 台电动机都不运转，信号灯就以 2Hz 的频率闪烁。

20. 设计一个汽车车库自动门控制系统。具体控制要求是：当汽车到达车库门前，超声波开关接收到来车的信号，门电动机正转，车库门上升；当车库门上升到顶点碰到上限位开关时，车库门停止上升；当汽车驶入车库后，光电开关发出信号，20s 后门电动机反转，车库门下降；当碰到限位开关后，门电动机停止运行。

21. 分别设计满足图 2-92（a）～图 2-92（c）所示波形图的梯形图程序。

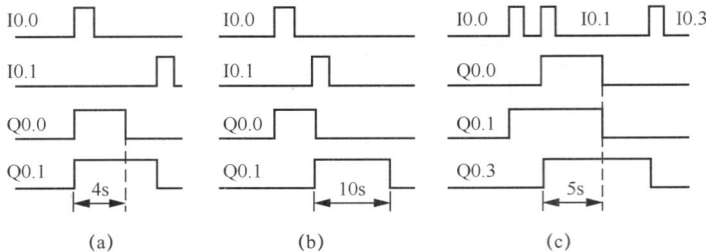

图 2-92　第 21 题图

22. 波形图如图 2-93 所示，按下按钮 I0.0 后，Q0.0 接通并自锁，T37 定时 7s 后，用 C0 对 I0.1 输入的脉冲计数，计满 4 个脉冲后 Q0.0 断开，同时 C0 和 T37 复位，在 PLC 刚开始执行用户程序时，C0 也复位。设计出梯形图程序。

23. 用经验设计法设计满足图 2-94 所示波形图的梯形图程序。

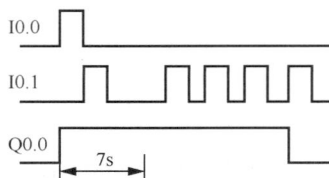

图 2-93　第 22 题图　　　　图 2-94　第 23 题图

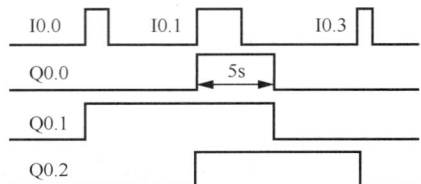

24. 设计一个用 PLC 基本逻辑指令控制的数码管显示程序，要求循环显示数字 0～9。具体要求：程序开始后显示 0，延时 1s；显示 1，延时 1s；显示 2，延时 1s；……；显示 9，延时 1s；显示 0，延时 1s；如此循环。按下停止按钮时，停止显示。

25. 设计一个电子时钟程序，要求有小时灯、分钟灯和秒灯 3 级显示（提示：分别用 Q0.2、Q0.1、Q0.0 控制 LED 进行模拟点亮显示，每次点亮的时间为 0.5s）。

26. 用 S/R 指令设计电动机正、反转控制程序。

27. 画出图 2-95（a）所示梯形图程序的波形图，将图 2-95（a）所示梯形图程序与图 2-95（b）所示梯形图程序进行比较，说明二者有何异同点。能否将图 2-95（a）中 T37 常闭触点移到与 T38 常闭触点串联的地方？为什么？

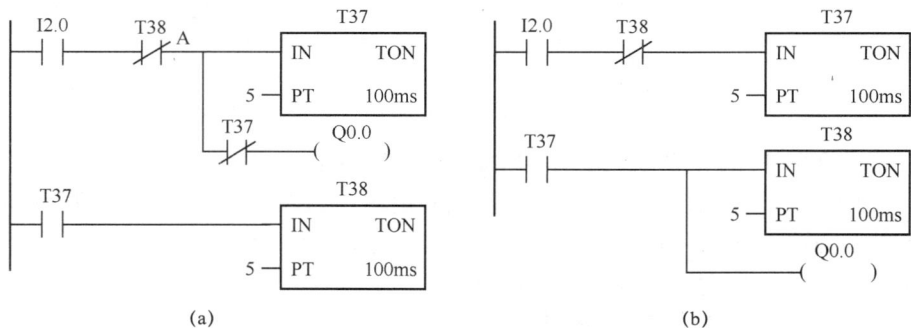

图 2-95　第 27 题图

28. 请设计控制程序，要求：用接在 I0.0 的光电开关检测传送带上是否有产品通过，有产品通过时 I0.0 接通。如果在 20s 内没有产品通过，接通 Q0.0 报警。

29. 工作台在位置 A 和位置 B 之间做往返运动，设计工作台自动往返系统，具体要求如下。

（1）按下左移按钮 SB1，工作台左移；按下右移按钮 SB2，工作台右移；按下停止按钮 SB3，系统停止工作。

（2）分别在位置 A 和位置 B 设置行程开关 SQ1、SQ2 控制工作台的行程位置。

（3）为了防止行程开关失灵造成事故，采用两个行程开关 SQ3、SQ4 进行终端保护。工作台碰到 SQ3 或 SQ4 时，系统停止工作。

（4）具有必要的短路保护和过载保护功能。

30. 设计正、反转电动机的星形-三角形（Y-△）降压启动控制系统，要求如下。

（1）按下正转或反转的启动按钮，电动机定子绕组接成星形（Y）连接降压启动，6s 后电动机断开电源，Y 启动结束。

（2）Y 启动结束 2s 后，电动机定子绕组接成三角形（△）全压运行。

（3）按下停止按钮，电动机停止运转。

【实战演练】3 人抢答控制设计

有 3 人参加抢答比赛，主持人按下开始按钮后方可进行抢答，最先获得抢答权者对应的信号灯点亮；若提前抢答则相应的信号灯以 1s 为周期闪烁，对此按违规处理。主持人按下复位按钮后方可进入下一轮抢答。

（1）若有多人提前抢答，均按违规处理。

（2）当某人违规抢答累计 2 次，取消其抢答权，相应的抢答操作不再有效。

项目三　PLC 步进顺控指令应用

【项目导读】

步进顺控设计法是 PLC 程序编制的重要方法。步进顺控设计法是将系统的工作过程分成若干阶段，这些阶段称为状态，也称为步。依据工作过程绘制各状态转移的顺序功能图。再依据顺序功能图设计步进梯形图程序及语句表程序，使程序设计工作变得思路清晰，不容易遗漏。本项目主要介绍西门子 S7-200 SMART 系列 PLC 的步进顺控编程思想、状态元件、顺序功能图的画法、步进顺控指令及单流程结构、并行分支结构、选择分支结构的编程方法。

【学习目标】

- 理解 PLC 步进顺控设计法的编程思想。
- 学习 PLC 状态元件，深刻理解并熟练掌握顺序功能图的绘制。
- 熟练掌握步进梯形图程序的绘制。
- 理解 PLC 步进顺控指令的编程应用。
- 会应用步进顺控设计法进行简单及中等复杂的 PLC 控制系统设计。

【素质目标】

- 培养辩证思维和分析、归纳能力。
- 培养团队协作意识、创新意识和严谨求实的科学态度。
- 培养自主学习新知识、新技能的主动性和意识。
- 培养工程意识（如安全生产意识、质量意识、经济意识和环保意识等）。
- 培养通过网络搜集资料、获取相关知识和信息的能力。
- 培养良好的职业道德和精益求精的工匠精神。

【思维导图】

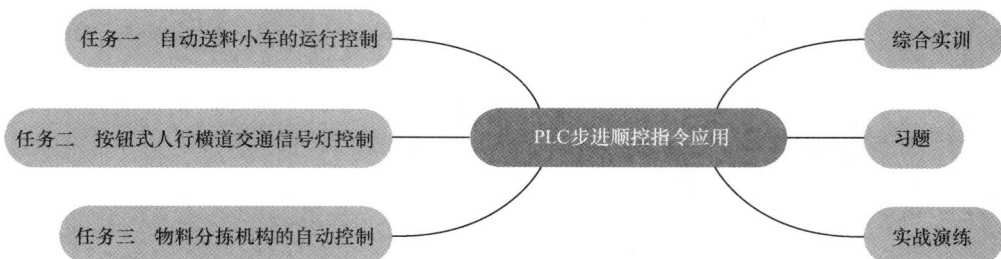

任务一　自动送料小车的运行控制

一、任务分析

某自动送料小车停在初始位置（即原位）时，限位开关 SQ1 被压下。启动按钮 SB 被按下，自动送料小车按照图 3-1 所示的顺序运动，完成一个工作周期。

（1）电动机正转，自动送料小车右行，碰到限位开关 SQ2 后电动机停止运转，自动送料小车停留在右端；

（2）停留 5s 后电动机反转，自动送料小车左行；

（3）碰到限位开关 SQ3 后，电动机又开始正转，自动送料小车右行至原位，压下限位开关 SQ1，停在原位。

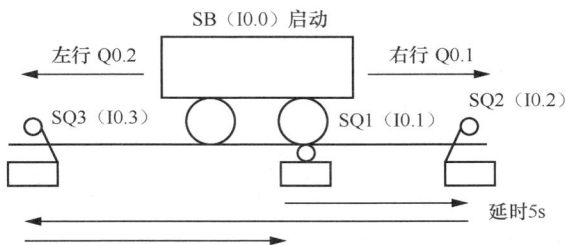

图 3-1　自动送料小车工作循环示意图

这是典型的顺序控制实例。自动送料小车的一个工作周期可以分为 4 个阶段，分别是启动右行、暂停等待、换向左行和右行至原位。这种类型的程序适合用步进顺控思想实现。

二、相关知识——PLC 状态元件及单流程结构的步进顺控设计法

1. 步进顺控概述

一个控制过程可以分为若干个阶段，每个阶段只执行一个或少量单一的动作，阶段又称为状态或者步。步与步之间由转移条件分隔。当相邻两步之间的转移条件得到满足时，就会发生状态转移。只有一种流向的状态转移称为单流程结构，也称单序列顺控结构。例如，自动送料小车的控制过程就是单序列顺控结构。

2. 顺序控制继电器

顺序控制继电器（S）又称为状态继电器，是 S7-200 SMART 系列 PLC 的状态元件，也是使用步进顺控指令编程时的重要编程元件。每一个顺序控制继电器位可以用来表示步进顺控中的一步。

顺序控制继电器采用字母 S、字节地址和位地址联合编址。S7-200 SMART 系列 PLC 的顺序控制继电器地址范围是 S0.0～S31.7。

顺序控制继电器不仅可以在步进顺控指令编程中使用，它也具有一般继电器的功能，可用于状态暂存、中间运算等。顺序控制继电器在结构上有线圈和触点，其常开触点和常闭触点可以无限次在程序中使用，但不能直接驱动外部负载。

3. 顺序功能图的结构及画法

顺序功能图（SFC）也称为功能表图，用于描述控制系统的控制过程，具有简单、直观的特点，是设计 PLC 顺控程序的有力工具。图 3-2 所示为顺序功能图的画法。各工作状态（工作步）用矩形表示，初始步用双矩形表示。用顺序控制继电器位或辅助继电器位作为各步的名称写在矩形内，例如用 S0.0 代表初始步，S0.1、S0.2 等依次代表各工作步。初始步也称为准备步，表示初始条件准备到位。

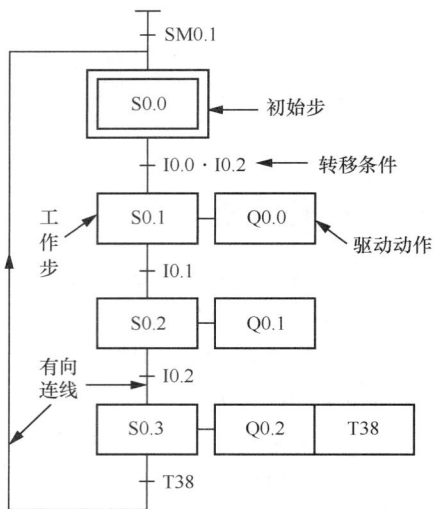

图 3-2　顺序功能图的画法

步与步之间的有向连线表明流程的方向，其中向下和向右的箭头可以省略。图 3-2 中流程方向始终向下，因而省略了箭头。有向连线上与有向连线垂直的短线和它旁边标注的文字符号表示转移条件，如 S0.1 步与 S0.2 步之间的 "I0.1" 就是这两步的转移条件，表示采用 I0.1 的常开触点作为转移条件。当 I0.1=1 时，其常开触点闭合就说明转移条件成立。若采用 I0.1 的常闭触点作为转移条件，则垂直短线旁边的文字符号应标注为 $\overline{I0.1}$（读作 I0.1 非）。各步右侧的矩形旁边的线圈符号是输出信号，称为驱动动作，如 S0.2 步的动作是驱动 Q0.1 线圈，S0.3 步的动作是同时驱动 Q0.2 线圈和 T38 线圈。

驱动动作、转移目标和转移条件称为顺序功能图的三要素。其中转移目标和转移条件是必不可少的，驱动动作则视具体情况而定，可能没有实际的动作。如图 3-2 所示，初始步 S0.0 没有驱动动作，S0.1 为其转移目标，I0.0、I0.2 为串联的两个转移条件；在 S0.1 步，Q0.0 为驱动动作，S0.2 为转移目标，I0.1 为转移条件。

不管控制系统多么复杂，在仔细分析控制要求的前提下，厘清思路后就能画出这样的顺序功能图。每一步要做什么（驱动动作），做到什么情况就结束（转移条件），结束后转去哪里（转移目标）接着做，就这样一步一步地依据控制过程顺序画出顺序功能图的各步。只要能正确画出顺序功能图，梯形图程序的编制就变得相当容易了。

4. 状态转移的实现

顺序功能图画好以后，就可以编制步进梯形图程序和语句表程序了。深刻理解状态转移的内涵对编制程序有很大的帮助。

流程开始执行时，必须用初始条件预先将初始步激活，使之成为活动步。若项目中没有明确的控制要求，可以使用 PLC 的特殊继电器 SM0.1 作为初始条件将初始步激活，如图 3-2 所示。SM0.1 在 PLC 从 STOP 模式转变为 RUN 模式的第一个扫描周期接通，之后一直断开，SM0.1 称为初始脉冲。

如图 3-2 所示，初始步 S0.0 被激活后，若流程中的转移条件（I0.0·I0.2）为 "1"，就向 S0.1 步转移。对这两步而言，S0.0 是前级步，S0.1 是后续步。要在它们之间实现转移，除了对应的转移条件（I0.0·I0.2）必须为 "1" 外，前级步 S0.0 必须首先被激活。也就是说，状态的转移必须一步一步地往下进行，不能跨越，所以称为步进顺序控制。值得注意的是，一旦后续步转移成为活动步，前级步就要立即复位成为非活动步，即当 S0.1 步被激活后，前级步 S0.0 就要复位成为非活动步。

上述理念要贯穿在后面的步进梯形图程序和语句表程序设计中，只有深刻理解状态转移的含义，才能正确编制程序。

这样，顺序功能图中的状态转移分析就变得条理清晰，无须考虑状态之间繁杂的联锁关系，可以理解为"只做自己需要做的事，无须考虑其他"。另外，这也方便了程序的阅读、理解，使程序的试运行、调试、故障检查与排除变得非常容易，这就是步进顺控设计法的优点。

5. 顺序控制继电器指令

S7-200 SMART系列PLC中的顺序控制继电器指令（SCR指令）专门用于编写步进顺控程序。它依据被控对象的顺序功能图进行编程，以步为单位进行逻辑分段，从而实现顺序控制。用SCR指令编制的步进顺控程序清晰明了、规范、可读性强，尤其适合初学者和不熟悉继电器-接触器控制系统的人员使用。

SCR指令包括顺序控制继电器装载指令（LSCR指令）、顺序控制继电器转移指令（SCRT指令）、顺序控制继电器结束指令（SCRE指令），分别表示步的开始、步的转移和步的结束。从LSCR指令开始到SCRE指令结束的所有指令组成一个SCR程序段。一个SCR程序段对应顺序功能图中的一个顺序步。SCR指令的功能如表3-1所示。需要特别注意的是，顺序控制继电器装载指令在梯形图中是用SCR（不是LSCR）功能框形式编程并直接连到左母线上的，在语句表中则用LSCR表示。

表3-1　　　　　　　　　　　　　　SCR指令的功能

指令名称	梯形图	语句表	功能
顺序控制继电器装载指令	S_bit ┤ SCR ├	LSCR S_bit	表示SCR程序段（步）的开始。当SCR程序段的S位置位时，该SCR程序段工作
顺序控制继电器转移指令	S_bit —(SCRT)	SCRT S_bit	表示SCR程序段的转移，这里的S_bit为将要启用的S位。当"能流"（即假想的电流）通过SCRT指令时，一方面使当前激活的SCR程序段的S位复位，使该SCR程序段停止工作；另一方面使下一个将要启用的SCR程序段S位置位，以便下一个SCR程序段工作
顺序控制继电器结束指令	┤—(SCRE)	SCRE	表示SCR程序段的结束，它使程序退出一个激活的SCR程序段。SCR程序段必须由SCRE指令结束

使用SCR指令时应注意如下几点。

① 每一个SCR程序段中一般包含三要素，即驱动动作、转移条件和转移目标，其中转移条件和转移目标是必不可少的。

② SCR指令的操作数只能是S位（如S0.2、S1.5等），但S位也具有一般继电器的功能，不仅可用在SCR指令中，还可用在LD、LDN、A、AN、O、ON、=、S、R等指令中。

③ SCRE指令与下一个LSCR指令之间的指令逻辑不影响下一个SCR程序段的执行。

④ 同一地址的S位不可用于不同的程序分区。例如，不可将S0.5同时用于主程序和子程序。

⑤ 在一个SCR程序段内，不允许使用JMP、LBL、FOR、NEXT和END指令。

⑥ 使用SCR指令时，S位的地址一般按顺序编排，但也可不按顺序编排。

⑦ 除用初始条件驱动初始步外，其他各步的转移要遵守"前级步是活动步，且满足相应的转移条件才能实现状态转移"这个规则。

⑧ 由于SCR指令的复位功能是在状态转移成功后的第二个扫描周期才会完成，因此相

邻两步的动作若不允许同时被驱动，就需要安排相互制约的联锁环节，如电动机的正、反转控制。但如果在 PLC 的 I/O 接线图中已经考虑了硬件联锁，则程序中无须再考虑联锁问题。

6. 步进梯形图和语句表编程

步进顺控程序被 SCR 指令划分为若干个 SCR 程序段，每一个 SCR 程序段对应顺序功能图中的一步。使用 SCR 指令编程的要求如下。

（1）用 LSCR 指令和 SCRE 指令表示 SCR 程序段的开始和结束。

（2）在 SCR 程序段中，输出线圈不能直接连在左母线上，可以用 SM0.0 或者对应顺序控制继电器的常开触点来驱动只在该步中需要驱动的输出线圈。用 SM0.0 驱动活动步输出时，只有活动步对应的 SCR 程序段的 SM0.0 的常开触点会闭合；非活动步的 SCR 程序段的 SM0.0 的常开触点会保持断开状态。

（3）SCR 程序段内的输出线圈还受到与它串联的触点的控制，有串联的触点则可以不用 SM0.0 的常开触点驱动动作。如图 3-3（a）所示，Q0.1 线圈还受到 I0.4 常闭触点的控制，在梯形图程序中直接用 I0.4 常闭触点驱动输出 Q0.1 即可。

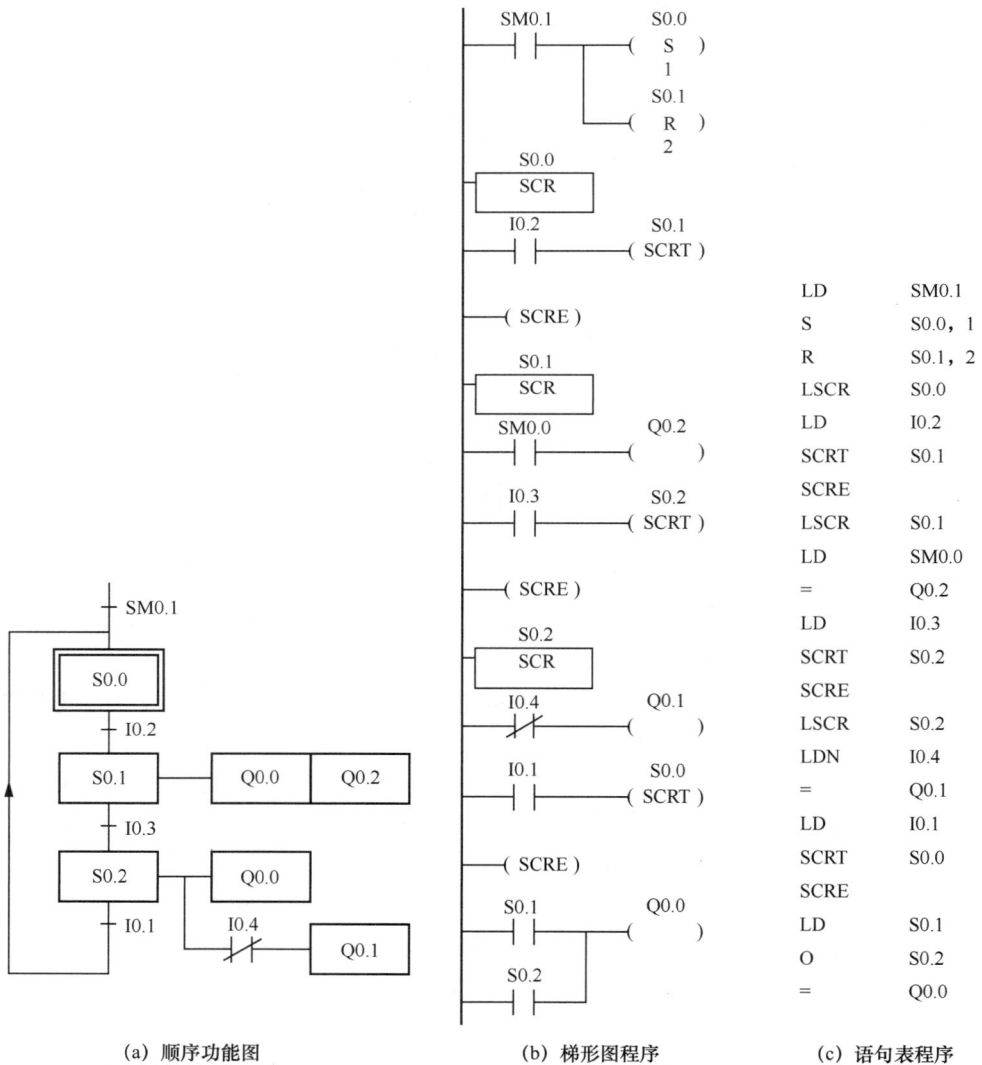

(a) 顺序功能图　　　　　　(b) 梯形图程序　　　　　　(c) 语句表程序

图 3-3　步进顺控程序（一）

（4）利用转移条件来驱动转移到后续步的 SCRT 指令。

使用 SCR 指令编程除要满足上述要求外，还需要在编程过程中遵循段的开始、段的动作、段的转移、段的结束，按顺序完成这 4 步。

以图 3-3（a）所示的顺序功能图为例，用顺序控制继电器指令编制的梯形图程序和语句表程序分别如图 3-3（b）和图 3-3（c）所示。

如图 3-3（b）所示，首次扫描时，SM0.1 的常开触点接通一个扫描周期，将顺序控制继电器 S0.0 置位，初始步变为活动步，S0.1～S0.2 被复位，只执行 S0.0 对应的 SCR 程序段。当转移条件 I0.2 接通时，指令"SCRT S0.1"使 S0.1 置位，同时复位前级步，即复位 S0.0，系统从初始步（S0.0 步）转移到 S0.1 步，只执行 S0.1 对应的 SCR 程序段。在该段中，用 SM0.0 驱动输出 Q0.2。S0.1 的常开触点闭合，使 Q0.0 的线圈得电。当转移条件 I0.3 接通时，转移到 S0.2 步，完成相应的驱动动作。之后转移条件 I0.1 接通，返回初始步。

要特别强调的是，程序中不能出现双线圈。如图 3-3（a）所示，S0.1 步和 S0.2 步都有驱动 Q0.0 的动作，为了避免出现双线圈，将这两步的常开触点并联后驱动 Q0.0。

若某一动作在连续的几步中都需要被驱动，可以采用 S/R 指令。如图 3-3（a）所示，在连续的 S0.1 步和 S0.2 步中都需要接通 Q0.0，因此，也可以在 S0.1 步用 S 指令将 Q0.0 置位，在 S0.0 步（S0.2 的后续步）用 R 指令将 Q0.0 复位，如图 3-4 所示。

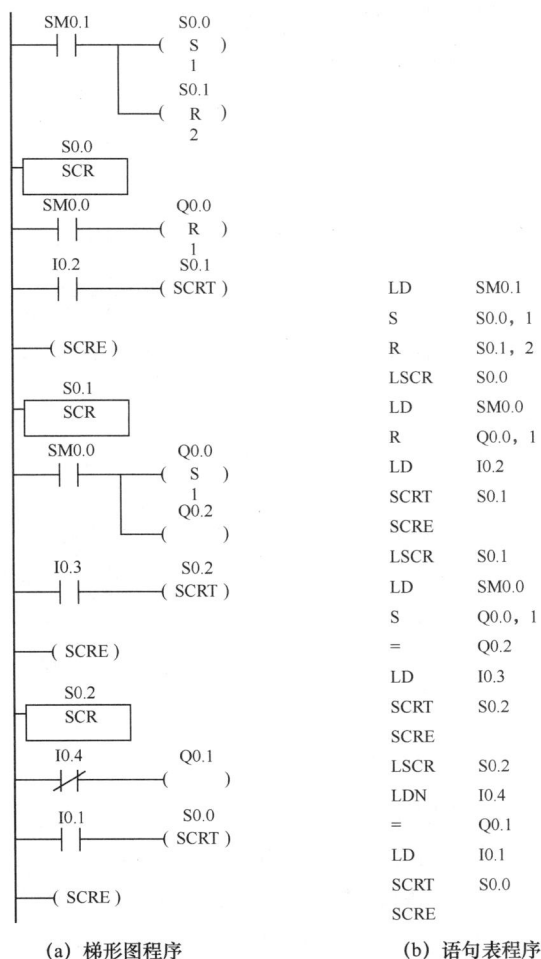

LD	SM0.1
S	S0.0, 1
R	S0.1, 2
LSCR	S0.0
LD	SM0.0
R	Q0.0, 1
LD	I0.2
SCRT	S0.1
SCRE	
LSCR	S0.1
LD	SM0.0
S	Q0.0, 1
=	Q0.2
LD	I0.3
SCRT	S0.2
SCRE	
LSCR	S0.2
LDN	I0.4
=	Q0.1
LD	I0.1
SCRT	S0.0
SCRE	

(a) 梯形图程序　　　　　　　(b) 语句表程序

图 3-4　步进顺控程序（二）

三、任务实施

1. 选择 I/O 设备，分配 I/O 地址，绘制 I/O 接线图

根据本任务的控制要求，自动送料小车启动
后，按照图 3-1 中箭头所示的路线运行一个工作
周期，然后停在原位，这种工作方式称为单周期
工作方式。在自动控制程序中，输入设备只需要
启动按钮，不需要停止按钮。如果考虑维修、调
整的需求，可以安排一个停止按钮用手动程序进
行控制。除此之外，还需要 3 个行程开关 SQ1、
SQ2 和 SQ3，分别安装在原位、右限位和左限位。
自动送料小车右行或左行是用电动机的正、反转

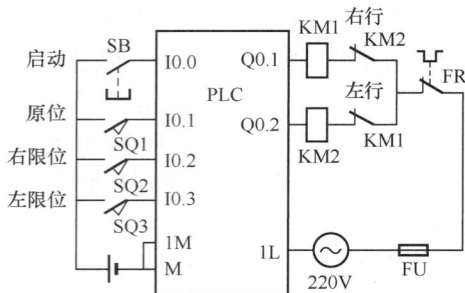

图 3-5　自动送料小车 I/O 接线图

来驱动的，因此本任务的输出设备就是电动机的正转接触器 KM1 和反转接触器 KM2。依
据图 3-1 中已分配好的 I/O 地址绘制自动送料小车 I/O 接线图，如图 3-5 所示。输出端用
KM1、KM2 的常闭触点进行硬件联锁是为了保证安全，即使在 KM1、KM2 线圈发生故障
的情况下，也能确保电动机的主电路不会短路。

2. 绘制自动送料小车工作状态的顺序功能图

根据自动送料小车的运行情况，将一个工作周期分为 4 个阶段，分别是启动右行、5s
停留、换向左行和右行至原位。据此绘制自动送料小车工作状态的顺序功能图如图 3-6
所示。

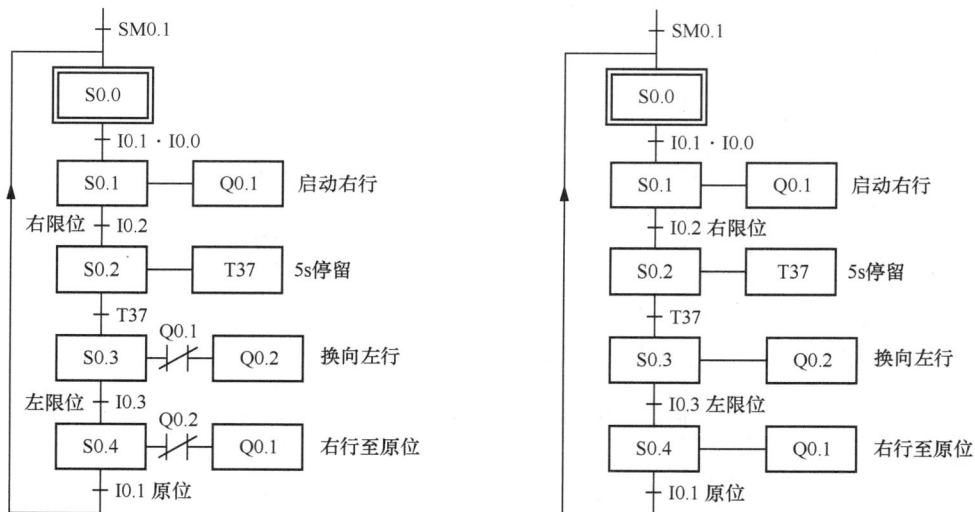

（a）前后步动作联锁（电气互锁）　　　　　　（b）去掉动作联锁（电气互锁）

图 3-6　自动送料小车工作状态的顺序功能图

需要说明的是，在由 S0.3 步转移到 S0.4 步时，小车由"换向左行"转移到"右行至
原位"。也就是说，在这里的前后步中，电动机要由反转直接换到正转。通过继电器-接触
器控制系统就知道，电动机的正转接触器 KM1、反转接触器 KM2 是不允许同时接通的，
否则主电路会短路。前面也介绍过，SCR 指令有自动将前级步复位的功能，但是在状态转
移成功的第二个扫描周期才会将前级步复位。也就是说，在由 S0.3 步刚刚转移到 S0.4 步

的那个扫描周期里，这两步会同时接通。为了确保这两步的动作 Q0.1 和 Q0.2 不同时接通，就必须在程序中用常闭触点进行电气互锁，如图 3-6（a）所示。如图 3-5 所示，在 I/O 接线中，已经在输出端用接触器的常闭触点进行了硬件联锁，所以在顺序功能图中无须再考虑联锁问题，如图 3-6（b）所示。

3．设计自动送料小车的步进梯形图程序和语句表程序

根据图 3-6 所示的顺序功能图，编制对应的步进梯形图程序和语句表程序，分别如图 3-7、图 3-8 所示。每一步都是先处理驱动动作，再用转移条件进行状态转移处理。

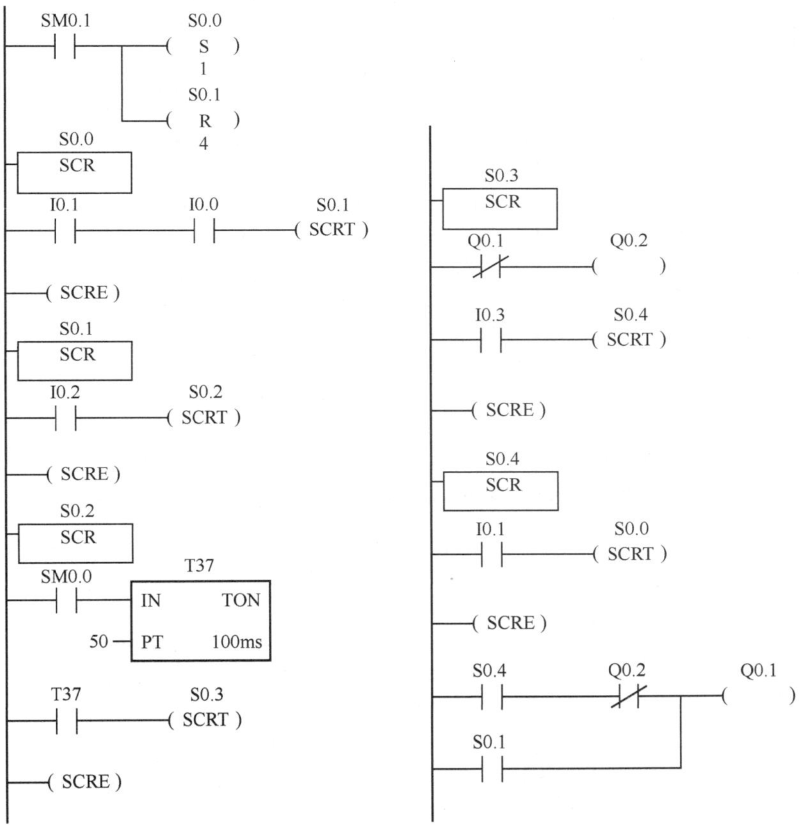

（a）步进梯形图程序

```
LD    SM0.1
S     S0.0, 1
R     S0.1, 4
LSCR  S0.0
LD    I0.1
A     I0.0
SCRT  S0.1
SCRE
LSCR  S0.1
LD    I0.2
SCRT  S0.2
SCRE
LSCR  S0.2
LD    SM0.0
TON   T37, 50
LD    T37
SCRT  S0.3
SCRE
LSCR  S0.3
LDN   Q0.1
=     Q0.2
LD    I0.3
SCRT  S0.4
SCRE
LSCR  S0.4
LD    I0.1
SCRT  S0.0
SCRE
LD    S0.4
AN    Q0.2
O     S0.1
=     Q0.1
```

（b）语句表程序

图 3-7　前后步动作联锁的步进梯形图程序和语句表程序

4．程序调试

按照 I/O 接线图接好各信号线、电源线等，输入程序，进行程序调试并观察结果。

5．任务延伸

如果自动送料小车运行一个工作周期后自动进入下一个工作周期运行，直至停止按钮被按下才停止运行，则这种工作方式称为连续运行方式。本任务中，若要求自动送料小车采用连续运行方式工作，可以借助辅助继电器 M0.0，用启保停电路把启动按钮的短信号变成 M0.0 的长信号，再用 M0.0 作为初始步 S0.0 向工作步 S0.1 转移的条件，如图 3-9（a）所示。需要停止运行时，按下停止按钮，I1.0 动作切断 M0.0，自动送料小车完成当前运行周期后停止在初始步 S0.0（此时 M0.0 已断开，转移条件不成立）。这种停止方式称为原位

停止，实际生产中有很多设备都被要求原位停止。

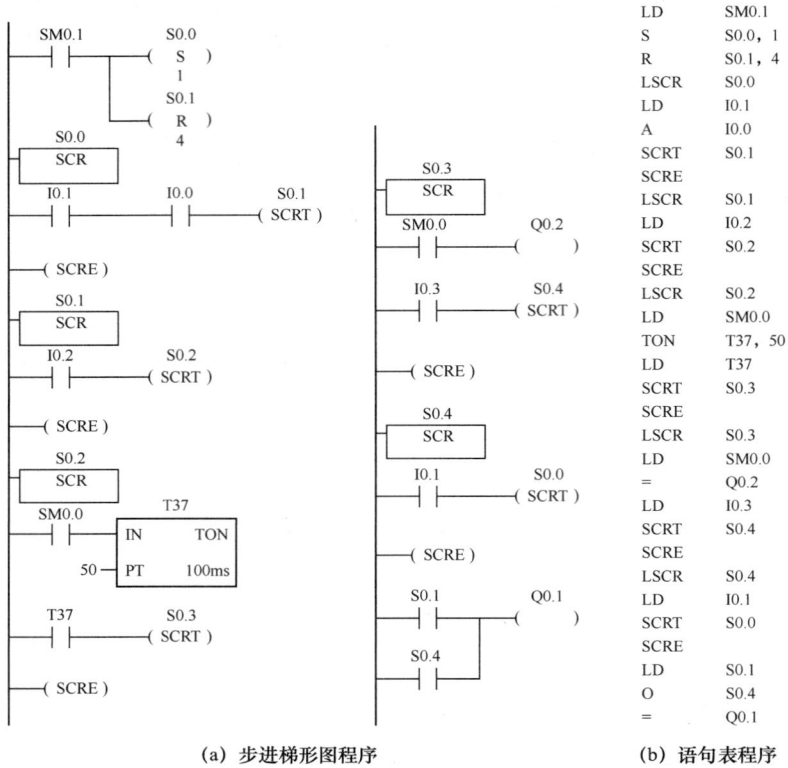

(a) 步进梯形图程序　　　　(b) 语句表程序

图 3-8　去掉动作联锁的步进梯形图程序和语句表程序

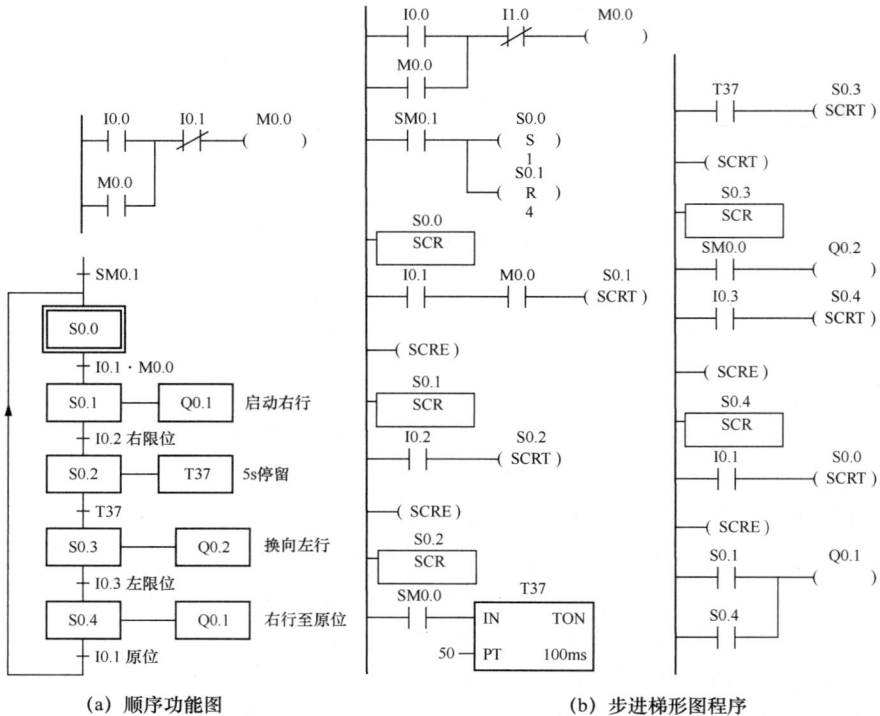

(a) 顺序功能图　　　　(b) 步进梯形图程序

图 3-9　自动送料小车采用连续工作方式时的顺序功能图与步进梯形图程序

需要说明的是，启保停电路不属于状态转移成分，不要画到图 3-9（a）所示的顺序功能图中，只需单独画在顺序功能图附近作为一种补充表示即可，以方便使用者阅读和分析程序。编制梯形图程序时可以将其单独编写在步进梯形图程序的最前面，如图 3-9（b）所示；也可以将其编写在步进梯形图程序的最后面。

四、知识拓展——步进顺控程序的其他编制方式

有些厂家的 PLC 没有专用的步进触点驱动指令，我们需要采用其他方式进行程序编制，如启保停方式、置位/复位方式等，常用的是置位/复位方式，如图 3-10 所示。这种方式既可以用顺序控制继电器 S 的位表示步的名称，也可以用辅助继电器 M 的位表示步的名

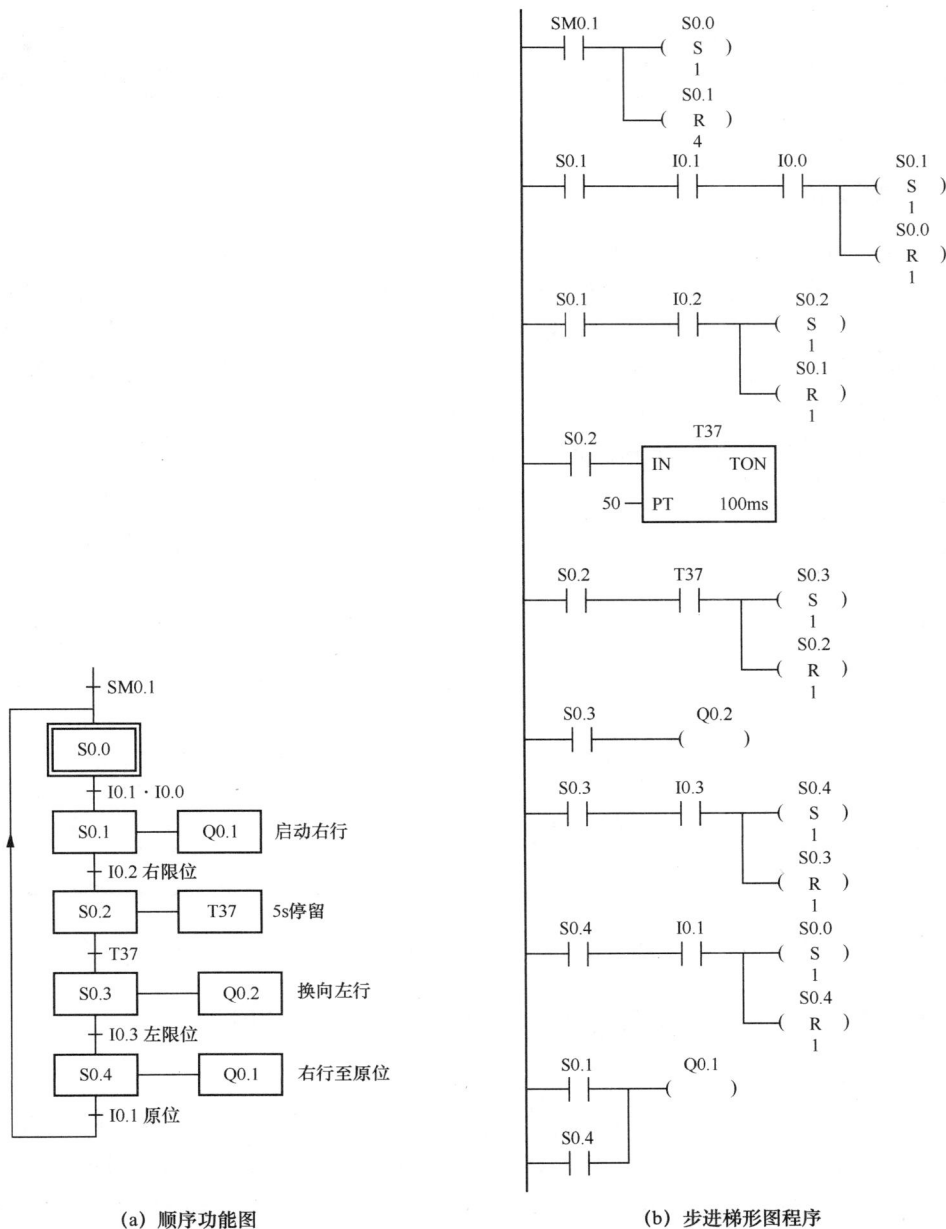

(a) 顺序功能图   (b) 步进梯形图程序

图 3-10 采用置位/复位方式编制的自动送料小车步进顺控程序

称。要注意的是，采用这种方式编制程序时一定要处理好前级步的复位问题，因为只有 SCRE 指令才能自动将前级步复位，其他指令没有这个功能。

在采用置位/复位方式编制步进顺控程序时，步被激活后需要处理 3 件事：复位前级步、驱动动作、接通后续步。如图 3-10（b）所示，其中每一步都是先处理动作，用前级步的常开触点串联对应的转移条件将后续步置位，同时将前级步复位，所以称为置位/复位方式。S0.1 步和 S0.4 步都需要驱动 Q0.1，为了不出现双线圈，将这两步的常开触点并联后驱动 Q0.1。

五、任务拓展——多个传送带的自动控制

详情见学习任务工单 7。

任务二　按钮式人行横道交通信号灯控制

一、任务分析

在交通路口，除了要考虑车道交通信号灯的控制，也需要考虑人行横道交通信号灯的控制问题。人行横道交通信号灯通常用按钮启动，交通路口情况如图 3-11 所示。正常情况下，车道上有车辆行驶，如果行人要通过交通路口，要先按下按钮，等到人行横道交通信号灯绿灯亮时方可通过，此时车道上红灯已经点亮。延迟一段时间后，人行横道的红灯恢复点亮，车道上的绿灯恢复点亮。各段时间分配如图 3-12 所示。要同时控制车道和人行横道交通信号灯，这种结构称为并行分支结构。

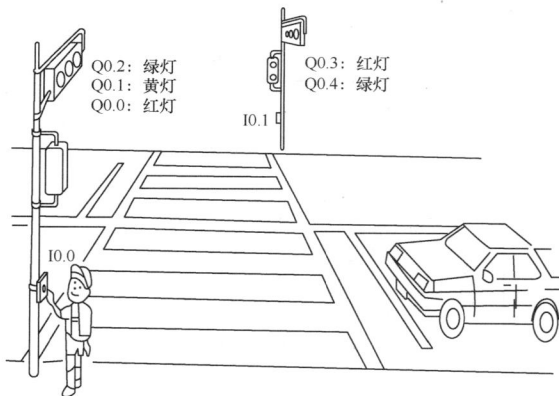

图 3-11　交通路口情况

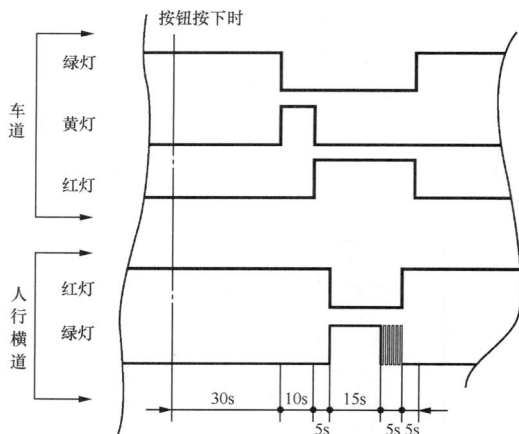

图 3-12　各段时间分配

二、相关知识——并行分支结构的步进顺控设计法

1. 并行分支结构

并行分支结构是指转换条件实现时导致几个步同时被激活的结构。图 3-13 所示为并行分支结构的顺序功能图。S1.0 步为分支开始状态，当 S1.0 步被激活成为活动步后，若转移条件 I0.0 成立就同时执行左、中、右 3 支程序。S4.0 步为进入汇合状态，由 S1.2、S2.2、S3.2 这 3 步共同驱动，当这 3 步都成为活动步且转移条件 I0.4 成立时，才能将 S4.0 步激活。

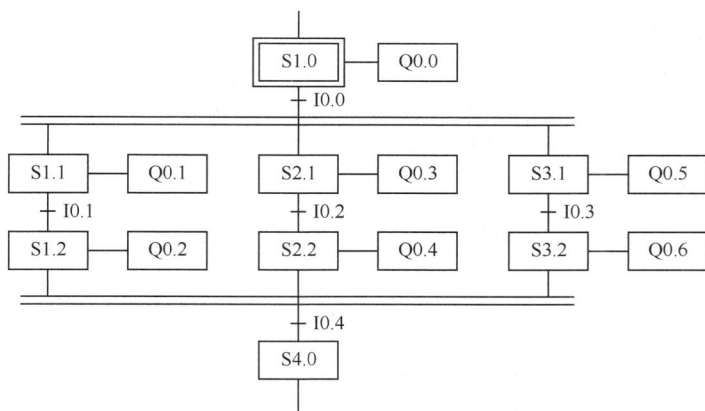

图 3-13　并行分支结构的顺序功能图

2. 并行分支结构的编程

并行分支结构的编程原则是先集中处理分支转移情况，然后按顺序进行各分支程序处理，最后集中进行汇合后的程序处理。在并行序列的汇合处，实际上局部地使用了置位/复位方式的编程方法。并行分支结构的步进梯形图程序如图 3-14 所示。根据步进梯形图程序可以写出对应的语句表程序。

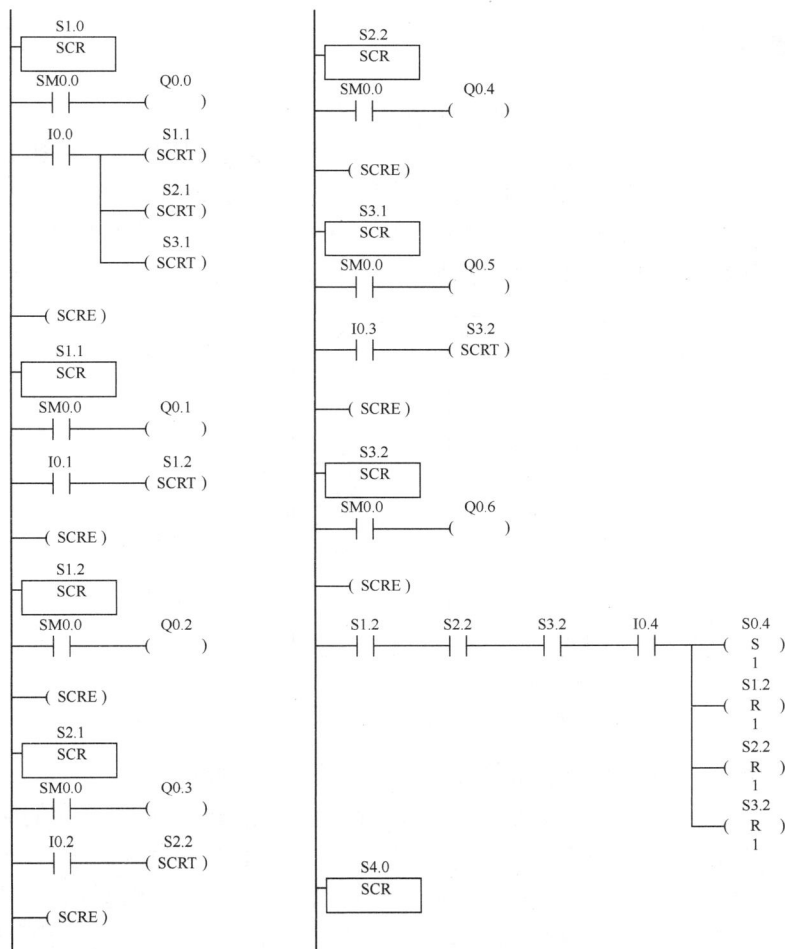

图 3-14　并行分支结构的步进梯形图程序

3. 并行分支结构编程的注意事项

（1）并行分支结构最多能实现 8 个分支的汇合。

（2）在并行分支开始、汇合处不允许有图 3-15（a）所示的转移条件，而必须将其转化为图 3-15（b）所示的结构后再进行编程。

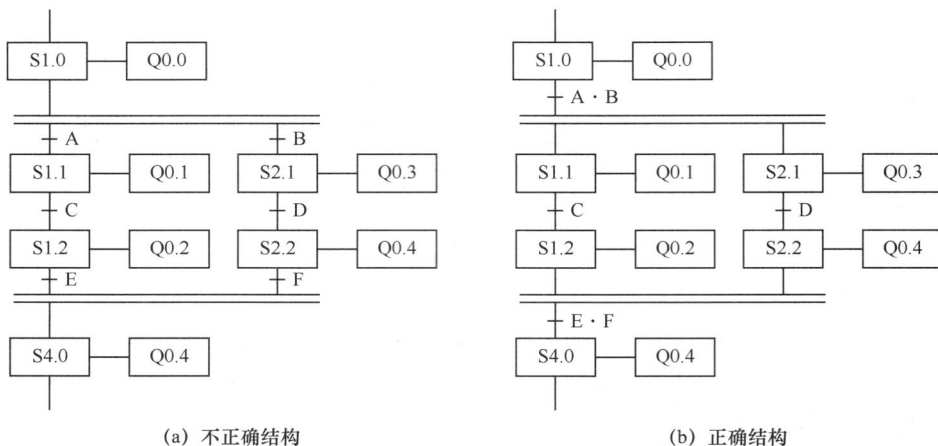

（a）不正确结构 　　　（b）正确结构

图 3-15　并行分支开始、汇合处的编程

三、任务实施

1. 选择 I/O 设备，分配 I/O 地址，绘制 I/O 接线图

本任务的 I/O 设备比较简单。输入设备是两个人行横道交通信号灯按钮 SB1 和 SB2，I0.0 接 SB1，I0.1 接 SB2；输出设备是彩色交通信号灯，Q0.0 接 LD0（车道红灯），Q0.1 接 LD1（车道黄灯），Q0.2 接 LD2（车道绿灯），Q0.3 接 LD3（人行横道红灯），Q0.4 接 LD4（人行横道绿灯）。根据分配的 I/O 地址，绘制 I/O 接线图，如图 3-16 所示。

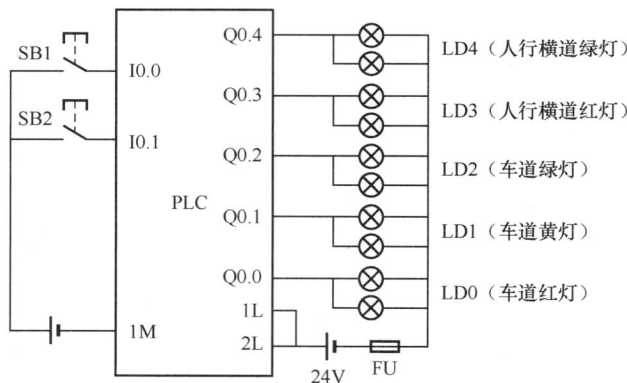

图 3-16　按钮式人行横道交通信号灯控制系统的 I/O 接线图

2. 绘制按钮式人行横道交通信号灯控制系统的顺序功能图

根据本任务的控制要求，绘制的按钮式人行横道交通信号灯控制系统的顺序功能图如图 3-17 所示。初始状态是车道绿灯、人行横道红灯。按下人行横道交通信号灯按钮（I0.0 或 I0.1）后系统进入并行运行状态：首先维持初始状态 30s，然后车道绿灯变为黄灯，再过 10s 后变为红灯。车道红灯亮 5s 后人行横道红灯变为绿灯，15s 后人行横道绿灯开始闪烁，闪烁 5s 后人行横道绿灯变为红灯，再过 5s 后返回初始状态。

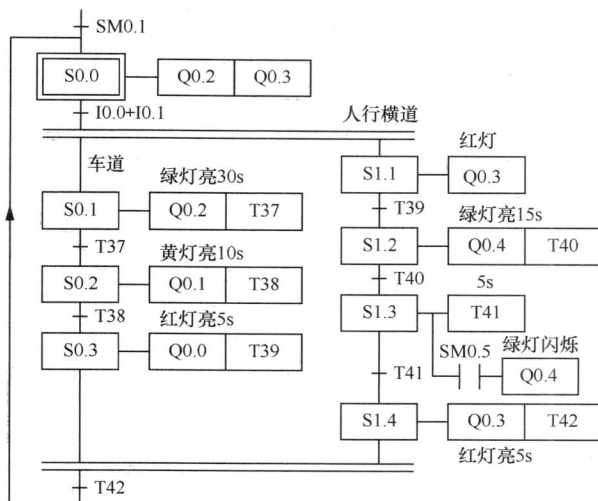

图 3-17 按钮式人行横道交通信号灯控制系统的顺序功能图

3. 编制按钮式人行横道交通信号灯控制系统的 PLC 程序

根据上述顺序功能图，编制的步进梯形图程序和语句表程序分别如图 3-18 和图 3-19 所示。

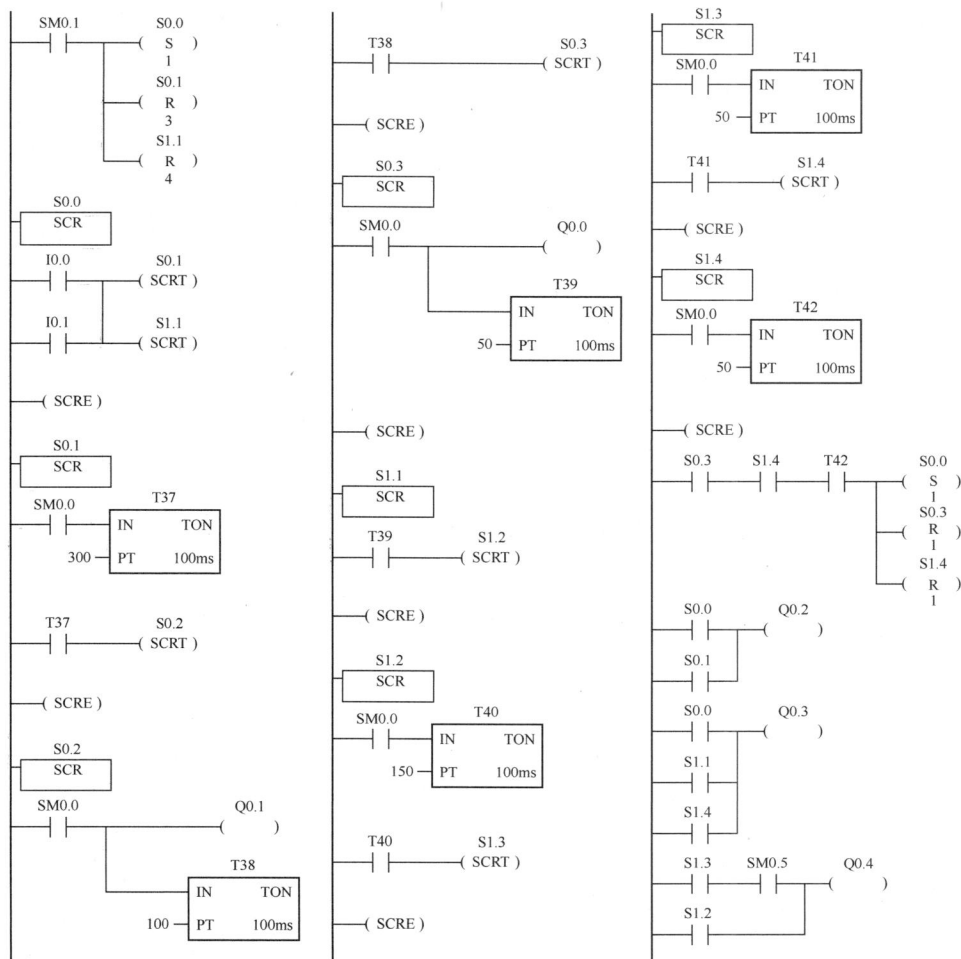

图 3-18 按钮式人行横道交通信号灯控制系统的步进梯形图程序

```
LD    SM0.1        SCRE                LSCR   S1.4
S     S0.0, 1      LSCR   S0.3         LD     SM0.0
R     S0.1, 3      LD     SM0.0        TON    T42, 50
R     S1.1, 4      =      Q0.0         SCRE
LSCR  S0.0         TON    T39, 50      LD     S0.3
LD    I0.0         SCRE                A      S1.4
O     I0.1         LSCR   S1.1         A      T42
SCRT  S0.1         LD     T39          S      S0.0, 1
SCRT  S1.1         SCRT   S1.2         R      S0.3, 1
SCRE               SCRE                R      S1.4, 1
LSCR  S0.1         LSCR   S1.2         LD     S0.0
LD    SM0.0        LD     SM0.0        O      S0.1
TON   T37, 300     TON    T40, 150     =      Q0.2
LD    T37          LD     T40          LD     S0.0
SCRT  S0.2         SCRT   S1.3         O      S1.1
SCRE               SCRE                O      S1.4
LSCR  S0.2         LSCR   S1.3         =      Q0.3
LD    SM0.0        LD     SM0.0        LD     S1.3
=     Q0.1         TON    T41, 50      A      SM0.5
TON   T38, 100     LD     T41          O      S1.3
LD    T38          SCRT   S1.4         =      Q0.4
SCRT  S0.3         SCRE
```

图 3-19　按钮式人行横道交通信号灯控制系统的语句表程序

程序中的"人行横道绿灯闪烁 5s"，可以用 T41 定时器串联特殊继电器 SM0.5 实现，也可以采用定时器振荡电路进行 1s 闪烁控制，用计数器计数 5 次，共同完成绿灯的闪烁任务。如图 3-20 所示，绿灯每亮 0.5s，灭 0.5s，计数器计数一次，当计数满 5 次时其触点动作，实现状态转移，人行横道绿灯变为红灯。

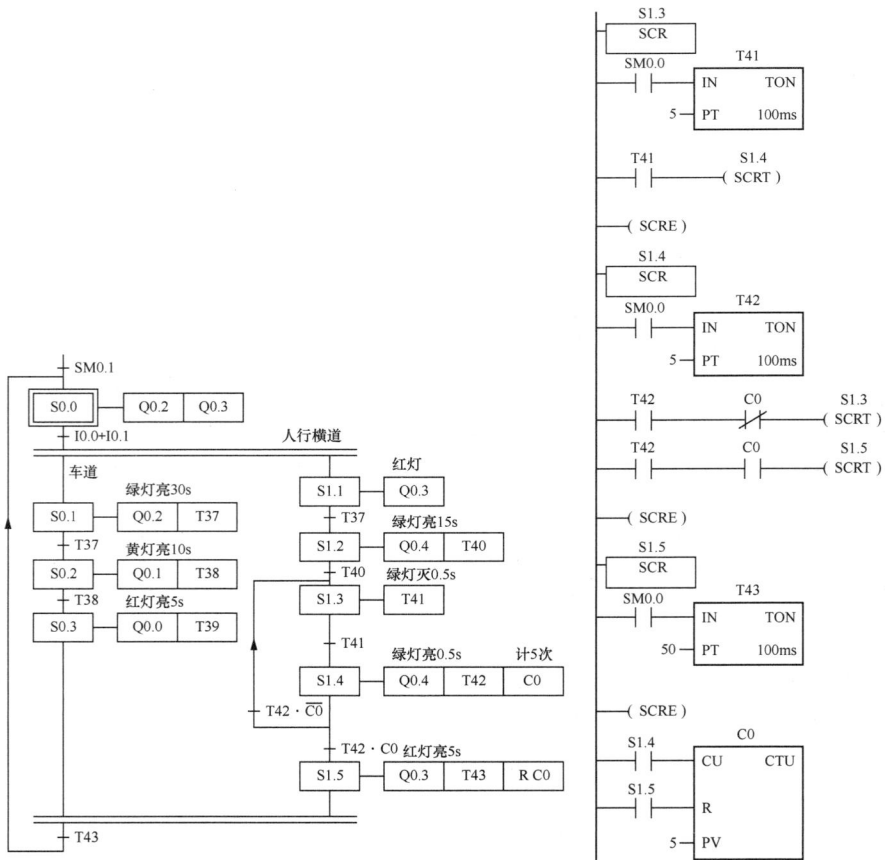

图 3-20　人行横道绿灯闪烁 5 次的顺序功能图和步进梯形图程序（部分）

4. 程序调试

按照 I/O 接线图接好外部各线，输入程序，调试并观察结果。

任务三　物料分拣机构的自动控制

一、任务分析

图 3-21 所示为大、小球分拣系统示意图。左上部为原点位置，机械臂处于原点时才允许进入自动工作循环。启动开关 PS0 合上后，机械臂的动作顺序是：下降→吸住球→上升→右移→下降→释放球→上升→左移至左上部（原点位置），吸住球和释放球的时间均为 1s。机械臂在上、下、左、右各处均设置有限位开关 SQ，各处地址已分配好，如图 3-21 所示。

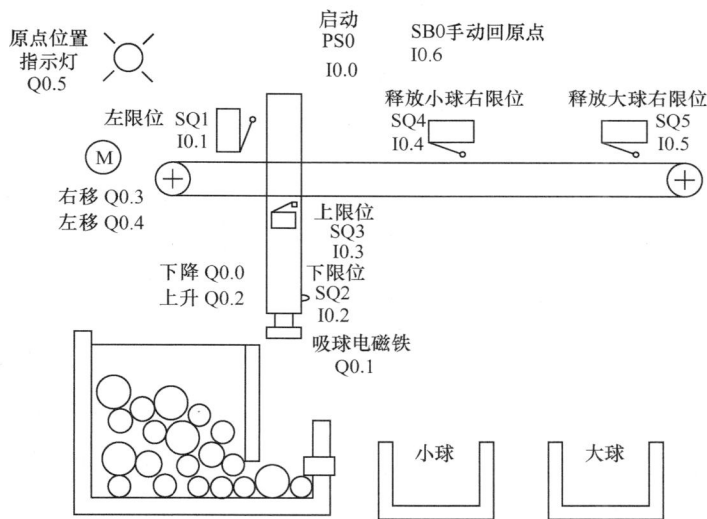

图 3-21　大、小球分拣系统示意图

当机械臂下降时，若电磁铁吸着的是大球，下限位开关 SQ2 断开，若吸着的是小球则 SQ2 接通（以此判断是大球还是小球）。这是选择分支结构的流程。

二、相关知识——选择分支结构的步进顺控设计法

1. 选择分支结构

从多个分支流程中选择执行某一个单支流程，称为选择分支结构。图 3-22 所示为选择分支结构的顺序功能图，S1.0 步为分支开始状态，该顺序功能图在 S1.0 步之后形成了 3 个分支，供选择执行。

当 S1.0 步被激活成为活动步后，若转移条件 I1.1 成立就执行左边的程序，若 I2.1 成立就执行中间的程序，若 I3.1 成立就执行右边的程序，转移条件 I1.1、I2.1 及 I3.1 不能同时成立。

S4.0 步为进入汇合状态，可通过 S1.2、S2.2、S3.2 中的任意一步驱动。

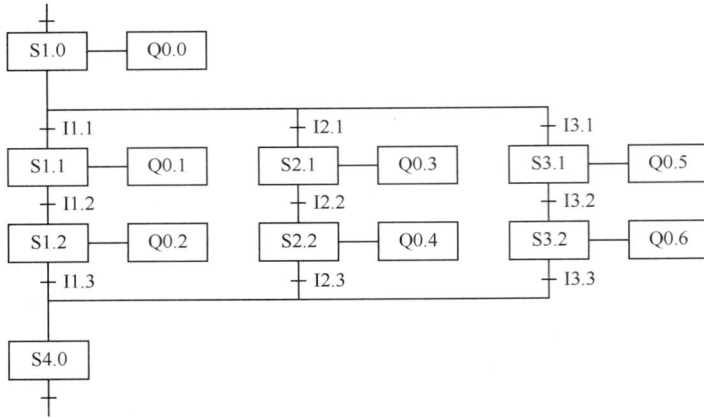

图 3-22 选择分支结构的顺序功能图

2. 选择分支结构的编程

选择分支结构的编程原则是先集中处理分支转移情况，然后按顺序进行各分支程序处理和汇合状态，如图 3-23 所示。图 3-20 中也含有选择分支结构。图 3-20 所示的顺序功能图中，S1.4 步之后就形成了两个分支。在 S1.4 步被激活以后，T42 定时到，C0 计数满 5 次才能转移到 S1.5 步；若 C0 计数不满 5 次，只能跳回到 S1.3 步，继而转移到 S1.4 步，重新执行绿灯闪烁。

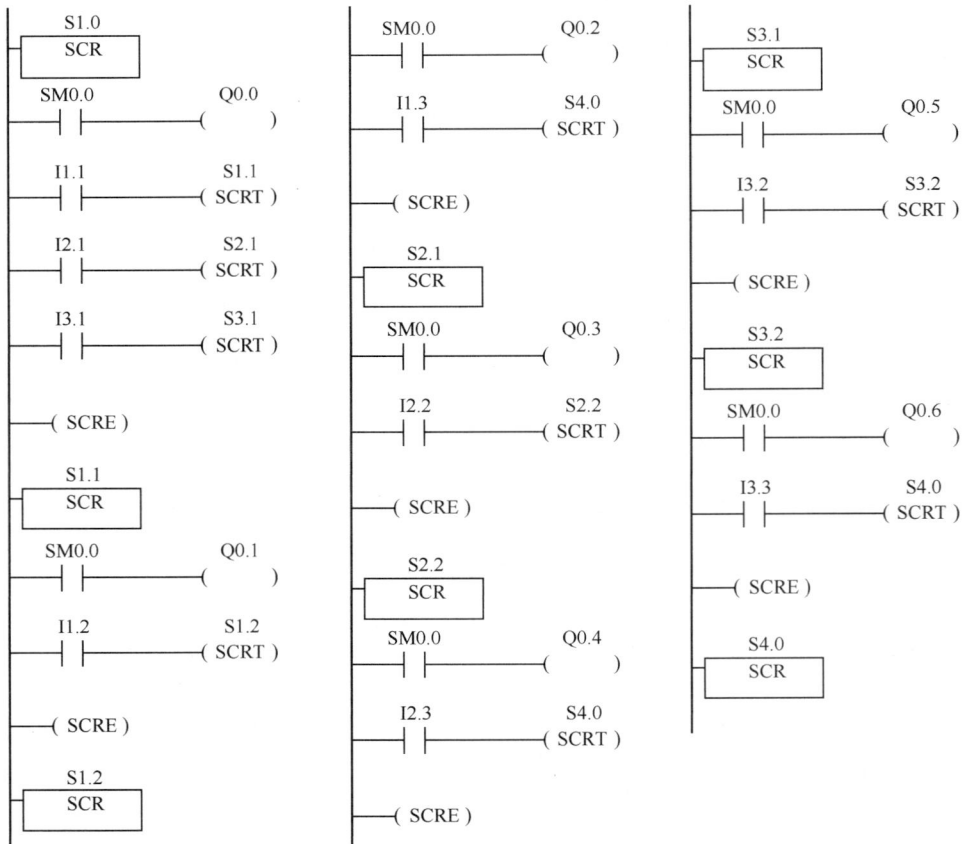

图 3-23 选择分支结构的步进梯形图程序

三、任务实施

1. 选择 I/O 设备，分配 I/O 地址，绘制 I/O 接线图

本任务的 I/O 设备及 I/O 地址已确定，如图 3-21 所示。

输入设备：I0.1——左限位开关；

I0.2——下限位开关（小球动作、大球不动作）；

I0.3——上限位开关；

I0.4——释放小球的右限位开关；

I0.5——释放大球的右限位开关；

I0.0——启动开关；

I0.6——机械臂手动回原点按钮。

输出设备：Q0.0——机械臂下降；

Q0.2——机械臂上升；

Q0.1——吸球电磁铁；

Q0.3——机械臂右移；

Q0.4——机械臂左移；

Q0.5——机械臂在原点位置的指示灯。

根据上述地址，绘制大、小球分拣系统的 I/O 接线图，如图 3-24 所示。

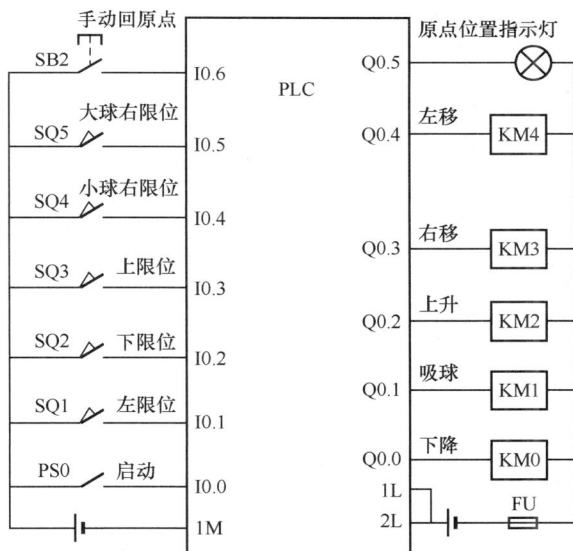

图 3-24　大、小球分拣系统的 I/O 接线图

2. 绘制大、小球分拣系统的顺序功能图

根据本任务的控制要求绘制大、小球分拣系统的顺序功能图，如图 3-25 所示。本任务要求机械臂在原点时才能进入自动工作循环。因此，在初始步（S0.0 步）要检查机械臂是否在原点。当机械臂在原点时，左限位 I0.1 和上限位 I0.3 有效，Q0.5 指示灯被点亮。此时合上启动开关 PS0（I0.0 端子），S0.1 步被激活，机械臂下降吸球，系统开始进入选择分支。若吸着的是大球（下限位开关 SQ2 断开），则执行右边的分支程序；若吸着的是小球（SQ2 接通），则执行左边的分支程序。在机械臂碰到小球/大球右限位开关时结束分支结构进入

汇合状态（S0.5 步），之后就进入单流程结构，系统在完成机械臂的下降、释放（大、小球）、上升及左移回原点的操作后回到 S0.0 步。此时若启动开关 PS0（I0.0 端子）有效，系统自动进入下一轮工作。断开 PS0 时，系统继续完成本周期的工作以后停留在初始步。

在 S0.1 步，机械臂下降（Q0.0 接通），根据下限位开关 SQ2（I0.2 端子）是否接通来判断其吸到的是大球还是小球。顺序功能图中采用定时器 T37 定时 2s，其目的是避免机械臂还没下降到位，系统就误认为接触到大球了（SQ2 断开），2s 是否合适必须经现场调试确认。

实际工程中通常要求执行件在原点位置才能进入自动工作程序。如图 3-25 所示，在 S0.0 步设置了回原点的操作。若开始时机械臂不在原点，可以用 I0.6 手动控制其回到原点，使 Q0.5 指示灯被点亮，满足原点启动的要求。

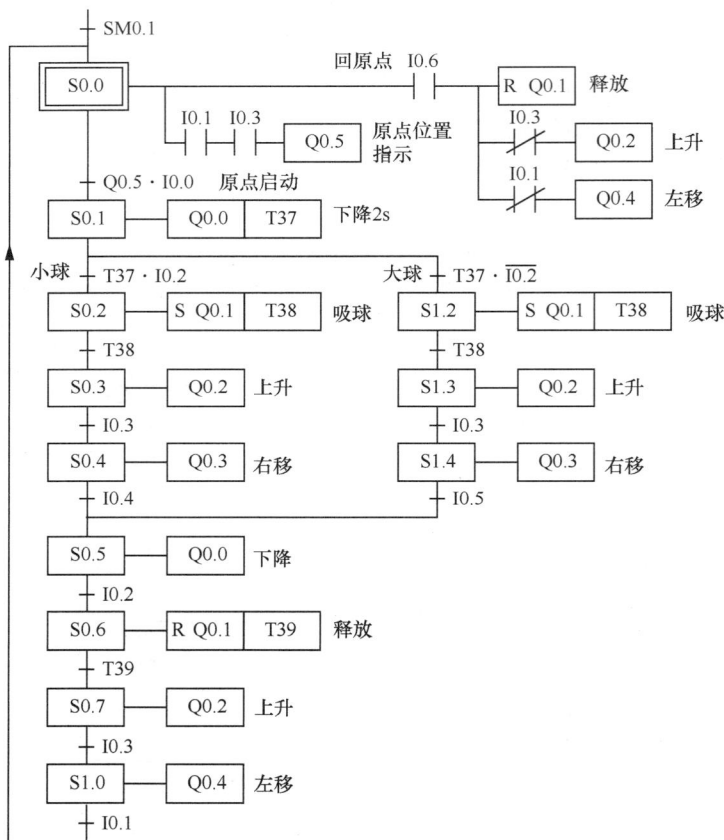

图 3-25　大、小球分拣系统的顺序功能图

3. 设计大、小球分拣系统的步进梯形图程序和语句表程序

根据图 3-25 所示的顺序功能图，可以很容易地编制大、小球分拣系统的步进梯形图程序，写出其对应的语句表程序，如图 3-26 和图 3-27 所示。

4. 程序调试

按照图 3-24 所示的接线图接好各信号线，输入图 3-26 所示的梯形图程序，调试并观察结果，直至满足控制要求。

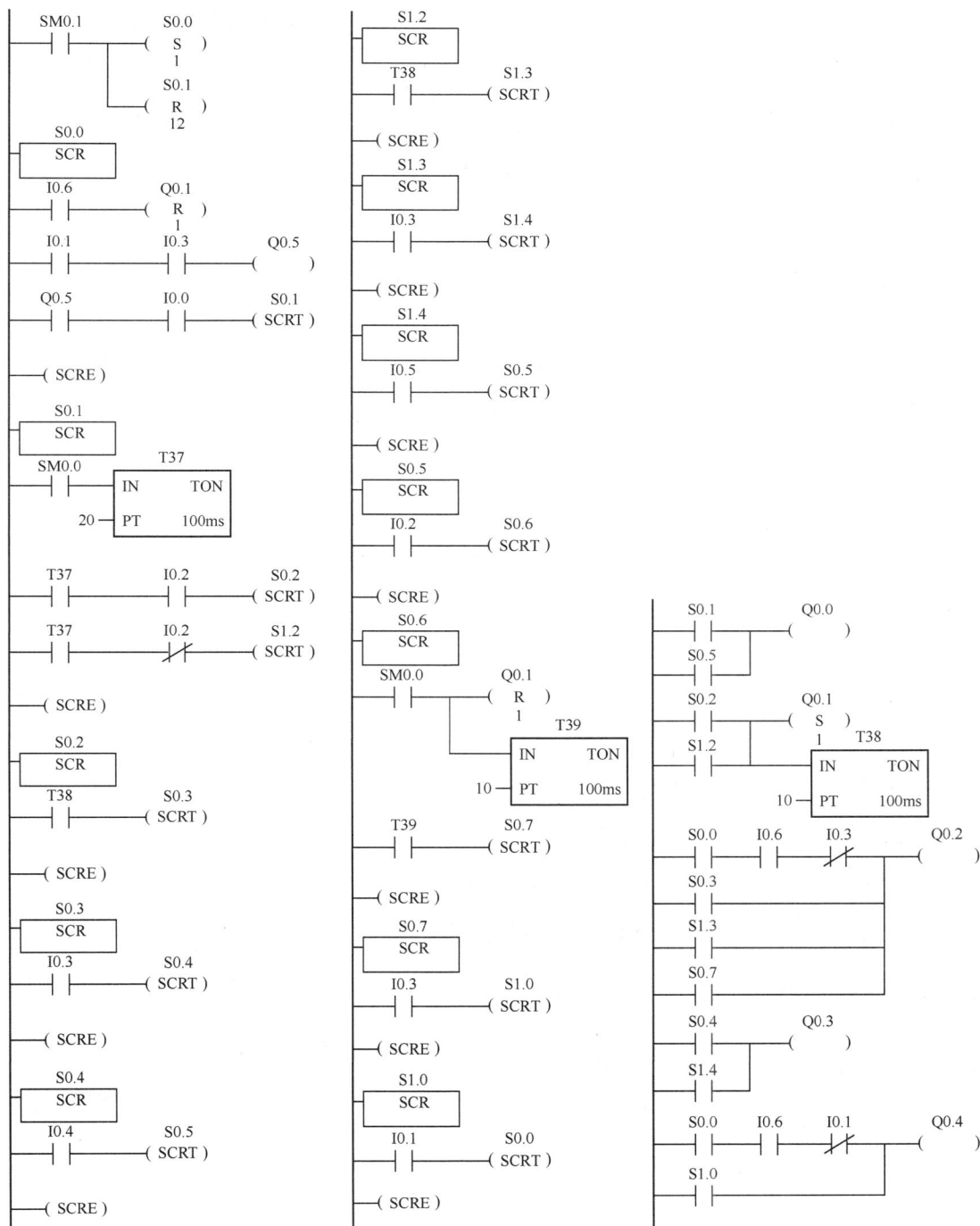

图 3-26　大、小球分拣系统的步进梯形图程序

5. 任务延伸

　　一般情况下，我们在实践工程中都会考虑紧急情况下的安全停机问题，此时需要增加一个"急停"按钮 SB（I1.0 端子），并增加图 3-28 所示的"急停"程序。如果自动运行过程中出现意外事故，按下"急停"按钮 SB 使 I1.0 接通，将顺序功能图中的工作步（S0.1～S1.4）和动作（Q0.0～Q0.4）全部复位，将 S0.0 步置位，系统立即停止运行并回到初始步等待。

待排除故障且机械臂重新回到原点后，再次合上启动开关，系统就可以重新运行。

LD	SM0.1	SCRE		SCRT	S1.0
S	S0.0, 1	LSCR	S0.4	SCRE	
R	S0.1, 12	LD	I0.4	LSCR	S1.0
LSCR	S0.0	SCRT	S0.5	LD	I0.1
LD	I0.6	SCRE		SCRT	S0.0
R	Q0.1, 1	LSCR	S1.2	SCRE	
LD	I0.1	LD	T38	LD	S0.1
A	I0.3	SCRT	S1.3	O	S0.5
=	Q0.5	SCRE		=	Q0.0
LD	Q0.5	LSCR	S1.3	LD	S0.2
A	I0.0	LD	I0.3	O	S1.2
SCRT	S0.1	SCRT	S1.4	S	Q0.1, 1
SCRE		SCRE		TON	T38, 10
LSCR	S0.1	LSCR	S1.4	LD	S0.0
LD	SM0.0	LD	I0.5	A	I0.6
TON	T37, 20	SCRT	S0.5	AN	I0.3
LD	T37	SCRE		O	S0.3
A	I0.2	LSCR	S0.5	O	S1.3
SCRT	S0.2	LD	I0.2	O	S0.7
LD	T37	SCRT	S0.6	=	Q0.2
AN	I0.2	SCRE		LD	S0.4
SCRT	S1.2	LSCR	S0.6	O	S1.4
SCRE		LD	SM0.0	=	Q0.3
LSCR	S0.2	R	Q0.1, 1	LD	S0.0
LD	T38	TON	T39, 10	A	I0.6
SCRT	S0.3	LD	T39	AN	I0.1
SCRE		SCRT	S0.7	O	S1.0
LSCR	S0.3	SCRE		=	Q0.4
LD	I0.3	LSCR	S0.7		
SCRT	S0.4	LD	I0.3		

图 3-27 大、小球分拣系统的语句表程序

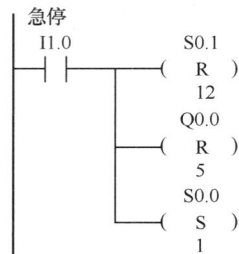

图 3-28 大、小球分拣系统的"急停"程序

编制步进梯形图程序时，可以将"急停"程序编制在步进梯形图程序的最前面或者最后面，不要混杂在 LSCR 指令和 SCRE 指令之间。

四、任务拓展——剪板机的自动控制

详情见学习任务工单 8。

综合实训　十字路口交通信号灯的控制

详情见学习任务工单 9。

习　题

1. 什么是顺序功能图的三要素？顺序功能图上的有向连线有什么含义？

2. S7-200 SMART 系列 PLC 中步进顺控指令有哪几条？如何使用？

3. 编写用 2 个按钮实现 3 台电动机的顺序启停控制程序，控制要求：按下启动按钮，M1 启动 10s 后 M2 自行启动，再过 5s 后 M3 自行启动；按下停止按钮，M3 停止 6s 后 M2

停止，再过 3s 后 M1 停止。

4. 图 3-29 所示的顺序功能图属于何种结构？编制对应的步进梯形图程序和语句表程序。

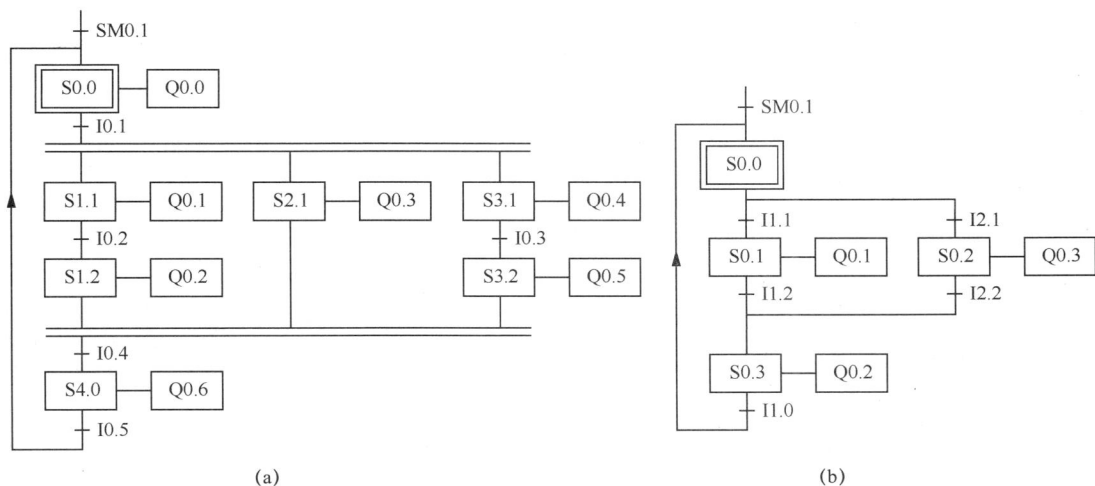

图 3-29　第 4 题顺序功能图

5. 有 5 只彩灯，依次点亮 1s，循环往复。设计其顺序功能图和步进梯形图程序。

6. 一组彩灯组成"欢迎您" 3 个字的图案，要求 3 个字依次各亮 3s，全熄 1s 后全亮 3s，再全熄 1s，重复上述过程。用步进顺控设计法编制控制程序。

7. 设计正、反转电动机Υ-△降压启动的顺序功能图和步进梯形图程序。

8. 电动葫芦提升机构的动负荷试验控制要求：自动运行时，上升 5s 后停止 7s，然后下降 5s 再停止 7s，反复运行 0.5h，最后发出声光报警信号，并停止运行。用步进顺控设计法编制该系统的控制程序。

9. 设计一个用 PLC 控制的工业洗衣机控制系统，其控制要求：洗衣机启动后进水，高水位开关动作时开始洗涤。洗涤方式有标准方式和轻柔方式两种，分别如下。

（1）标准方式：正转洗涤 3s 后停止 1s，再反转洗涤 3s 后停止 1s，如此循环 3 次，洗涤结束；然后排水至低水位时脱水 5s（同时排水），这样就完成从进水到脱水的循环。经过 3 次循环后，洗衣机报警，2s 后自动停机。

（2）轻柔方式：正转洗涤 3s 后停止 1s，循环 3 次，洗涤结束；然后排水至低水位时脱水 5s（同时排水），这样就完成从进水到脱水的循环。经过 2 次循环后，洗衣机报警，2s 后自动停机。

10. 设计一个用 PLC 控制的双头钻床控制系统。

（1）用双头钻床来加工圆盘状工件上均匀分布的 6 个孔，如图 3-30 所示。操作人员将工件放好后，按下启动按钮，工件被夹紧，夹紧后压力继电器接通，此时两个钻头同时开始向下进给加工。大钻头钻到设定的深度（SQ1）时，钻头上升，升到设定的起始位置（SQ2）时，停止上升；小钻头钻到设定的深度（SQ3）时，钻头上升，升到设定的起始位置（SQ4）时，停止上升。两个钻头都到位后工件旋转 120°，旋转到位时 SQ5 接通，然后开始钻第 2 对孔。3 对孔都钻完后松开工件，夹具松开到位后 SQ6 接通，系统返回初始位置。

（2）要求系统具有紧急停止功能。

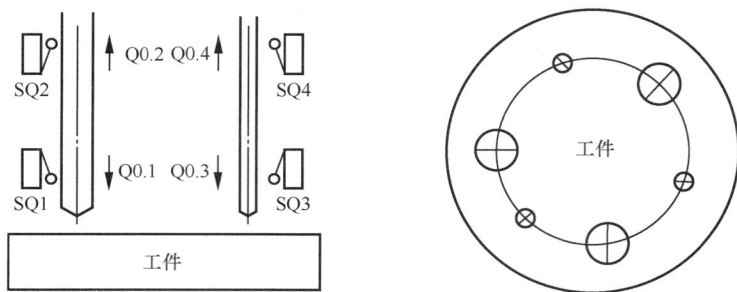

图 3-30　第 10 题双头钻床的工作示意

11. 使用置位/复位方式编制本项目任务二的步进梯形图程序。

【实战演练】设计一个用 PLC 控制的液体搅拌装置控制系统

图 3-31 所示为液体搅拌装置的结构示意图，有单周期和连续两种工作方式。初始状态下，各电磁阀关闭，低液位指示灯 L1 点亮。按下启动按钮 SB，电磁阀 1 打开，注入液体 A。液面到达中液位 I 时，电磁阀 1 关闭，电磁阀 2 打开，注入液体 B。液面到达高液位 H 时，电磁阀 2 关闭，搅拌电动机 M 工作。3s 后搅拌结束，电磁阀 3 打开，混合液体往外排出，液面下降，到达低液位 L 时，低液位指示灯 L1 点亮，2s 后液体排空，关闭电磁阀 3，一个工作周期结束。若采用单周期工作方式，则系统返回到初始状态停止；若采用连续工作方式，则电磁阀 1 打开，继续工作。

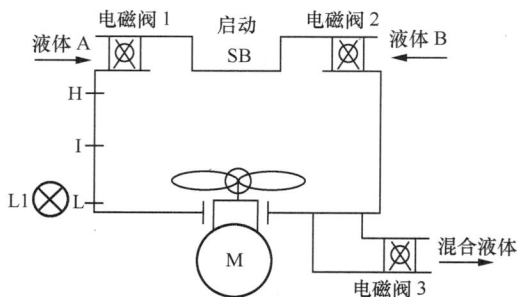

图 3-31　液体搅拌装置的结构示意图

项目四　PLC 功能指令应用

【项目导读】

    PLC 的基本逻辑指令主要用于逻辑功能处理，步进顺控指令用于顺序逻辑控制系统。但在工业自动化控制领域中，许多场合需要数据运算和特殊处理。因此，现代 PLC 中引入了功能指令（或称为应用指令）。功能指令主要用于数据的传送、运算、变换及程序控制等。本项目主要介绍西门子 S7-200 SMART 系列 PLC 的数据类型、寻址方式、功能指令的表达形式，以及常用的传送指令、比较指令、运算指令、数据转换指令及程序控制指令等。

【学习目标】

- 认识和理解 PLC 的数据类型和寻址方式。
- 深刻理解功能指令的表达形式。
- 掌握 PLC 常用功能指令的编程应用。
- 综合应用基本逻辑指令和常用功能指令进行 PLC 控制系统设计，并完成调试。

【素质目标】

- 培养辩证思维和大局观。
- 培养团队协作意识、创新意识和严谨求实的科学态度。
- 培养自主学习新知识、新技能的主动性和意识。
- 培养工程意识（如安全生产意识、质量意识、经济意识和环保意识等）。
- 培养通过网络搜集资料、获取相关知识和信息的能力。
- 培养良好的职业道德和精益求精的工匠精神。

【思维导图】

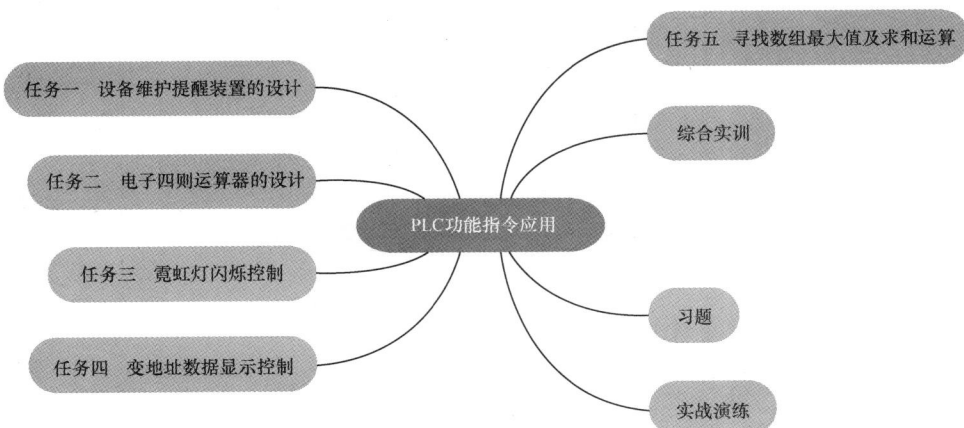

任务五　寻找数组最大值及求和运算

综合实训

任务一　设备维护提醒装置的设计

任务二　电子四则运算器的设计

PLC功能指令应用

任务三　霓虹灯闪烁控制

习题

任务四　变地址数据显示控制

实战演练

任务一　设备维护提醒装置的设计

一、任务分析

对现代设备进行维护管理都需要规范操作。现有 5 台设备要进行维护管理，需设计一个设备维护提醒装置。要求：5 台设备同时启停工作，每使用一次，设备维护提醒装置记录一次。当使用次数大于或等于 80 时，点亮黄色指示灯（黄灯），提醒已到维护时间；当使用次数等于 100 时，点亮红色指示灯（红灯），表明已到使用极限。

本任务只需用一对启停按钮控制 5 台设备的启停运行，然后用计数器记录设备使用次数，计满 80 次或 100 次时进行相应的输出控制即可。用基本逻辑指令编写的设备维护提醒装置控制程序如图 4-1 所示。按下启动按钮后，Q0.0～Q0.4 同时启动，输出指令就要一个一个地编制，这很烦琐。有没有使程序更简单的方法呢？当然有，那就是运用功能指令。

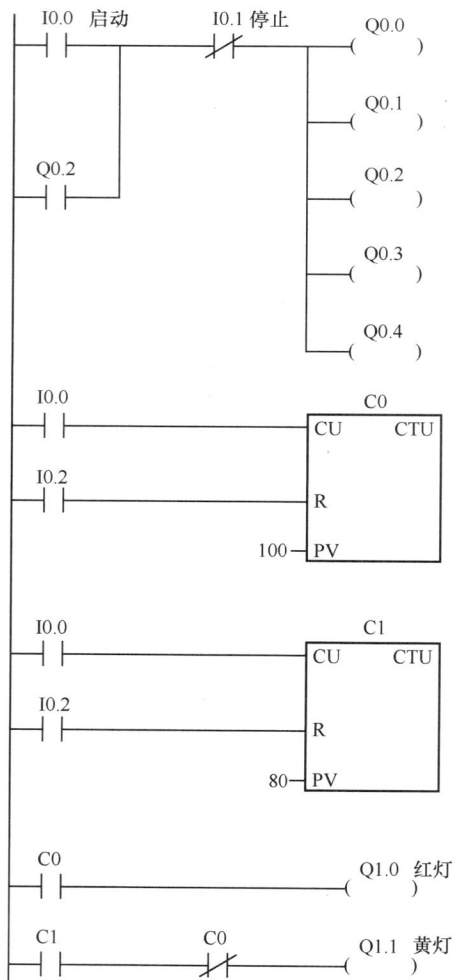

图 4-1　用基本逻辑指令编写的设备维护提醒装置控制程序

二、相关知识——数据类型、变量存储器、累加器、功能指令的表达形式、传送指令、比较指令

基本逻辑指令的操作对象都是位元件，如 Q0.0、M0.0 等，主要用于开关量信息的处理，因此编程时需要一个一个地表示。功能指令的操作对象则是多个位元件的组合，就是将相同类别的相邻位元件组合在一起，分别以字节、字或双字为存储单位。因此，与基本逻辑指令相比，使用功能指令编制的程序更简单，并且功能更强大。

1. S7-200 SMART 系列 PLC 的数据类型

在 PLC 中，各指令的操作对象统称为数据。数据可以常数的形式给出，称为立即数据，也可以存储器地址的形式给出，称为地址数据。地址数据在存储器中的存取方式称为 CPU 寻址方式，包括：（二进制）位寻址、字节寻址、字寻址和双字寻址。数据类型定义了数据的长度和表示方式，S7-200 SMART 系列 PLC 的指令对操作对象的数据类型有严格的要求。

（1）常数

CPU 以二进制方式存储常数。在 S7-200 SMART 系列 PLC 中，常数也可以用十进制数、十六进制数或实数（如 23.0）的形式来表示。如：2#1010 表示多位二进制数，对应的十进制数为 $1\times2^3 + 0\times2^2 + 1\times2^1 + 0\times2^0 = 10$；16#2F 表示十六进制数，对应的十进制数为 $2\times16^1 + 15\times16^0 = 47$。在 PLC 内部，CPU 自动将各种常数转换成二进制数。

（2）位

位（bit）数据为布尔型（BOOL）数据，其值为二进制编码"1"和二进制编码"0"。BOOL 变量也称为逻辑变量，其地址由字节地址和位地址组成，如 Q0.0、M0.0 等。在正逻辑中，若某一位元件为"1"则表示相应元件的线圈得电；若位元件为"0"则表示相应元件的线圈失电。位元件用于基本逻辑指令的编程。CPU 按位存取数据称为位寻址。

（3）字节

将相邻的 8 个位组合在一起就构成 1 个字节（Byte，B），即 1B=8bit。如图 4-2 所示，QB10=Q10.7～Q10.0，最高位（Most Significant Bit，MSB）是第 7 位 Q10.7，最低位（Least Significant Bit，LSB）是第 0 位 Q10.0。其中，Q 是存储器区域标识符，B 表示字节，10 表示字节地址。CPU 按字节存取数据称为字节寻址。

（4）字和双字

将相邻的 2 个字节组合在一起就构成 1 个字（Word，W），即 1W = 2B = 16bit。如图 4-2 所示，QW10=QB10+QB11=Q10.7～Q11.0，QB10 是高位字节，QB11 是低位字节，最高位是第 15 位 Q10.7，最低位是第 0 位 Q11.0。其中，W 表示字，10 表示高位字节地址。CPU 按字存取数据称为字寻址。

将相邻的 4 个字节（也就是相邻的 2 个字）组合在一起就构成 1 个双字（Double Word，DW），即 1DW=2W=4B=32bit。如图 4-2 所示，QD10=QW10+QW12=QB10+QB11+QB12+QB13，最高位是 Q10.7，最低位是 Q13.0。其中，DW 表示双字，10 表示最高位字节地址。CPU 按双字存取数据称为双字寻址。

字和双字都是无符号数，用十六进制数来表示。字的取值范围为 16#0000～16#FFFF，双字的取值范围为 16#00000000～16#FFFFFFFF。

（5）整数和双整数

整数（I，也称字整数）和双整数（D，也称双字整数）都是有符号数，分别占用一个

字（16 位）、一个双字（32 位）。最高位为符号位，最高位为 0 时为正数，最高位为 1 时为负数。整数的取值范围为 −32768～32767，采用字寻址；双整数的取值范围为 −2147483648～2147483647，采用双字寻址。

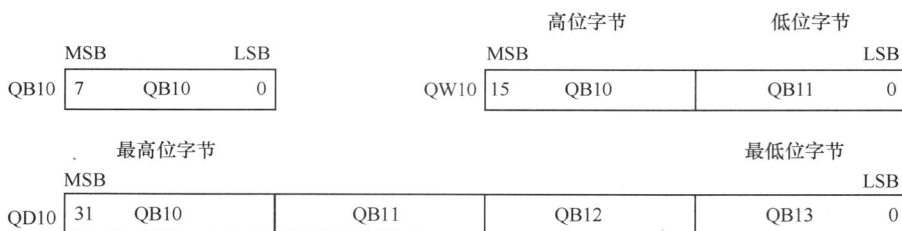

图 4-2　字节、字与双字结构示意

（6）实数

实数（Real, R）又称浮点数。在编程软件中输入带小数点的数被认为是实数（如 50.0），输入不带小数点的数则被认为是整数（如 50）。实数占用一个双字（32 位），采用双字寻址，取值范围为 $\pm 1.175495 \times 10^{-38}$～$\pm 3.402823 \times 10^{38}$。

（7）BCD 码

BCD 码是各位按二进制编码的十进制数。每位十进制数用 4 位二进制编码来表示，0～9 对应的二进制数为 0000~1001，例如十进制数 23 对应的 BCD 码为 0010 0011。BCD 码常用于 I/O 设备，例如拨码开关输入的是 BCD 码，送给 7 段数码管显示的数字也是 BCD 码。

2. 变量存储器

变量存储器（V）的作用与辅助继电器的作用类似，主要用于保存在程序执行过程中的中间结果，或者用于保存与工序或任务有关的其他数据。因为辅助继电器的数量有限（只有 32 个字节），所以其一般用于基本逻辑指令编程。功能指令要处理大量的数据信息，因此使用数量较多的变量存储器。不同型号的 S7-200 SMART 系列 PLC 的变量存储器的数量不同，紧凑型 CPU 的变量存储器最少，有 8191 个字节。变量存储器可以按位、字节、字或双字存取数据，如 V10.1、VB20、VW100、VD200 等。

3. 累加器

累加器（AC）是一种特殊的存储单元，是在 PLC 的数据信息处理中使用非常灵活的一类元件。S7-200 SMART 系列 PLC 有 4 个 32 位的累加器（AC0～AC3），它们可以像存储器一样进行读写操作。

在西门子 PLC 中，数据格式和指令类型要求严格匹配，字节数据、字数据或双字数据只能对应使用字节指令、字指令或双字指令，只有常数和累加器除外。

累加器（AC0～AC3）可以按字节、字和双字来存取数据。用字节指令、字指令操作时只能存取累加器的低 8 位或低 16 位，用双字指令操作时则能存取全部的 32 位，存取的数据长度由指令决定。

4. 功能指令的表达形式

功能指令类似于一个子程序，用助记符表达指令的功能。在梯形图中用方框表示功能指令，如图 4-3 所示。在西门子指令系统中，这些方框称为"功能块"或"盒子"。

如图 4-3 所示，I2.4 常开触点称为执行条件。当执行条件满足（即 I2.4 = 1）时，从左母线有一股能流流进功能块的使能输入端 EN，使功能块 SQRT（求实数平方根）被执行。

如果执行无错误，则通过使能输出端 ENO 将能流传给下一个功能块 MOV_B。将几个功能块串联在一行时，只有前一个功能块被正确执行，后面的功能块才能被执行。需要特别注意的是，功能块不能直接连接到左母线上。如果需要无条件地执行这些指令，可以用一直闭合的 SM0.0 的常开触点作为执行条件。

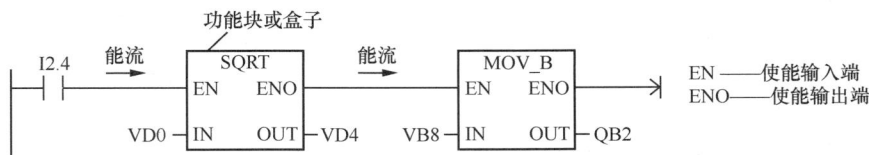

图 4-3　功能指令格式

在编程软件中，将光标定位在编程界面的某个功能块上，或定位在左边指令树的某个功能块上，按 F1 键，即可调出该指令的帮助菜单，方便使用者阅读、理解。

5. 传送指令

S7-200 SMART 系列 PLC 的数据传送（MOV）指令共有 4 条，如图 4-4 所示。数据块传送指令将在本任务的知识拓展中讲述。指令助记符最后的 B、W、DW 和 R 分别表示操作对象是字节、字、双字和实数。在使用中应注意使指令类型与 IN 和 OUT 端指定的数据类型一致。梯形图中的指令助记符与语句表中的指令助记符有较大的差别，数据及数据块传送指令如表 4-1 所示。

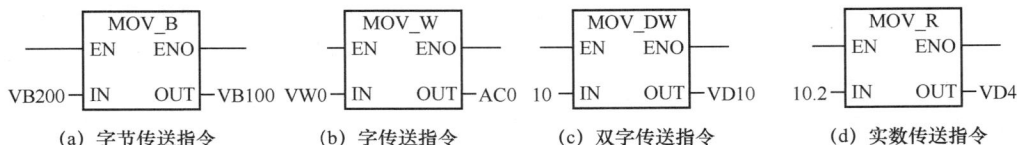

图 4-4　数据传送指令

表 4-1　数据及数据块传送指令

梯形图标识	功能描述	语句表	梯形图标识	功能描述	语句表
MOV_B	字节传送	MOVB IN, OUT	BLKMOV_B	字节块传送	BMB IN, OUT, N
MOV_W	字传送	MOVW IN, OUT	BLKMOV_W	字块传送	BMW IN, OUT, N
MOV_DW	双字传送	MOVD IN, OUT	BLKMOV_D	双字块传送	BMD IN, OUT, N
MOV_R	实数传送	MOVR IN, OUT	SWAP	交换	SWAP IN

传送指令的功能是将 IN 指定的源操作数中的数据传送到 OUT 指定的目标操作数中，源操作数中的数据不改变。如图 4-5 所示，当 I2.0 接通（I2.0=1）时，源操作数 VB0 中的数据被传送到目标操作数 VB4 中。当 I2.0 断开时，指令不执行，数据保持不变。

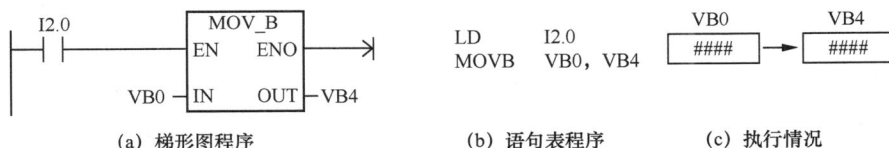

图 4-5　字节传送指令

应用实例 1

图 4-6 所示为传送指令的应用实例。如图 4-6（a）所示，当 I2.0=1 时，将计数器 C0 的当前值读出并送到变量存储器 VW0 中；如图 4-6（b）所示，当 I3.0=1 时，将十进制常数 100 通过变量存储器 VW10 写入定时器 T33 的设定值寄存器中。因为定时器、计数器的设定值寄存器和当前值寄存器都是 16 位的，所以要使用字传送指令 MOV_W 和字地址 VW。

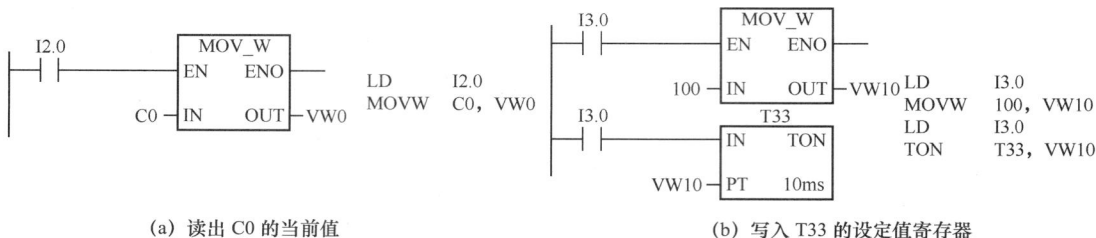

(a) 读出 C0 的当前值　　　　　　　　　　(b) 写入 T33 的设定值寄存器

图 4-6　传送指令的应用实例

应用实例 2

三相异步交流电动机 Y/△ 降压启动控制电路如图 4-7 所示，用传送指令设计的电动机 Y/△ 降压启动控制程序如图 4-8 所示。按下启动按钮 SB2（I0.2），传送十进制常数 7（2#0111）给 QB0，即 Q0.2、Q0.1 和 Q0.0 都得电，电动机 Y 连接启动，同时 T37 开始定时。10s 后，传送 3（2#0011）给 QB0，即 Q0.2 表示的 Y 连接断开，1s 后传送 10（2#1010）给 QB0，即电动机 △ 连接运行，同时启动指示灯（Q0.0）熄灭。若运行中电动机过载（I0.0）断开，则电动机自动停止并且 Q0.0 点亮指示灯报警。

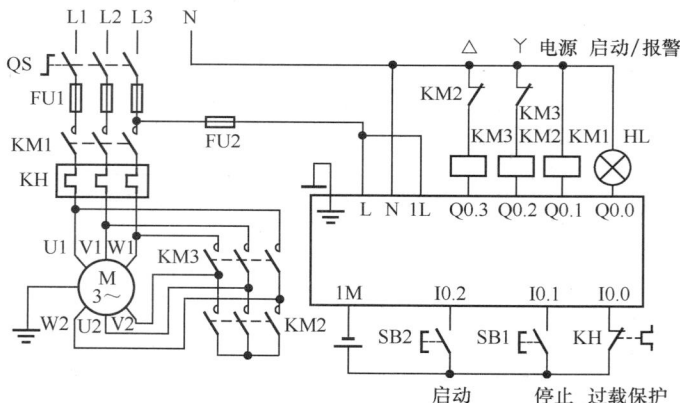

图 4-7　三相异步交流电动机 Y/△ 降压启动控制电路

6. 比较指令

比较指令用来比较两个源操作数 IN1 和 IN2 的大小。S7-200 SMART 系列 PLC 的比较指令分为 5 类，除字符串比较指令只有 =（等于）、<>（不等于）2 个比较条件外，其他几类比较指令都有 =、<>、>=（大于或等于）、<=（小于或等于）、>（大于）和<（小于）6 个比较条件，如图 4-9（a）所示。在梯形图中，比较指令用触点的形式表示，满足比较条件时，触点接通，如图 4-9（b）所示。

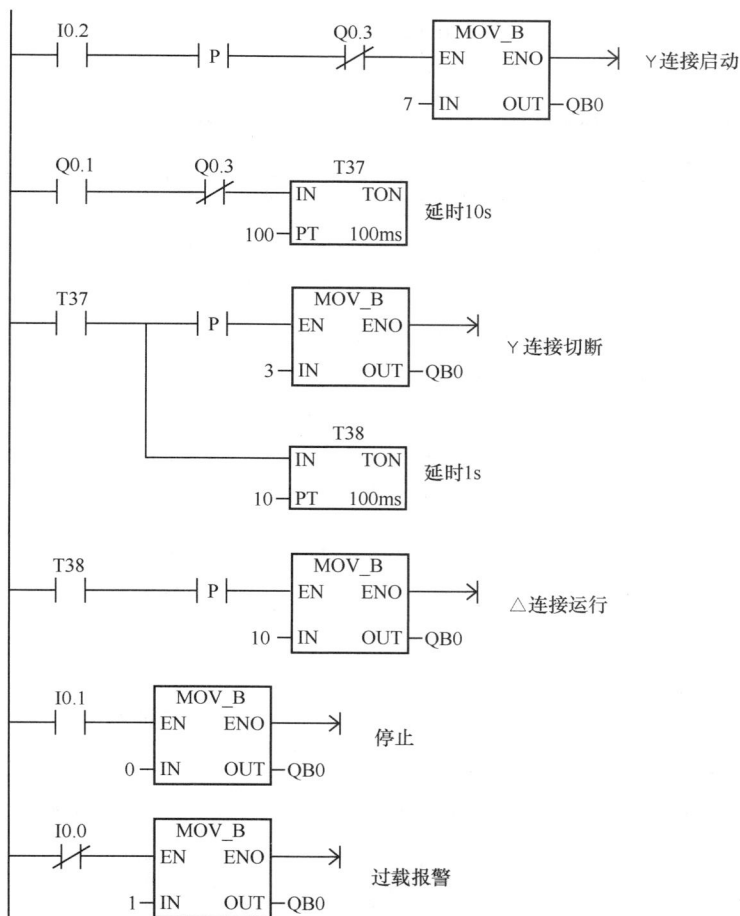

图 4-8　用传送指令设计的电动机 Y/△降压启动控制程序

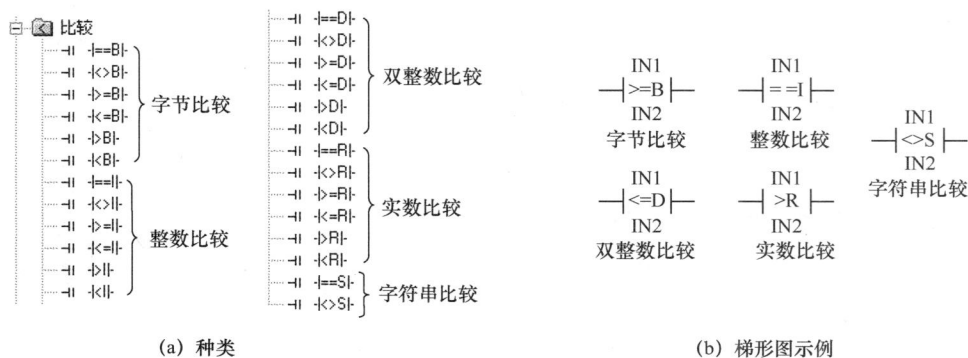

(a) 种类　　　　　　　　　　　　　　　(b) 梯形图示例

图 4-9　比较指令种类

如表 4-2 所示，语句表中的 LD、A、O 分别表示梯形图程序中的起始比较触点、串联比较触点和并联比较触点；×表示比较条件，可取 =、<>、>=、<=、> 和 <（字符串比较指令只有 = 和 <>）。梯形图中的 B、I、D、R、S 分别表示对字节、整数、双整数、实数和字符串进行比较，如图 4-9（b）所示。

表 4-2　　　　　　　　　　　　　　　　　比较触点的语句表

触点类型	字节比较	整数比较	双整数比较	实数比较	字符串比较
起始比较触点	LDB× IN1, IN2	LDW× IN1, IN2	LDD× IN1, IN2	LDR× IN1, IN2	LDS× IN1, IN2
串联比较触点	AB× IN1, IN2	AW× IN1, IN2	AD× IN1, IN2	AR× IN1, IN2	AS× IN1, IN2
并联比较触点	OB× IN1, IN2	OW× IN1, IN2	OD× IN1, IN2	OR× IN1, IN2	OS× IN1, IN2

在图 4-10（a）所示的梯形图程序中，当 VW3 中的数据大于或等于 VW5 中的数据，且 VB8 中的数据等于 VB24 中的数据时，Q1.1 接通。与图 4-10（a）所示梯形图程序对应的语句表程序如图 4-10（b）所示。

说明　字节比较指令用来比较两个无符号字节的大小。整数、双整数和实数的比较都是带符号的比较，如 16#7FFF>16#8000。

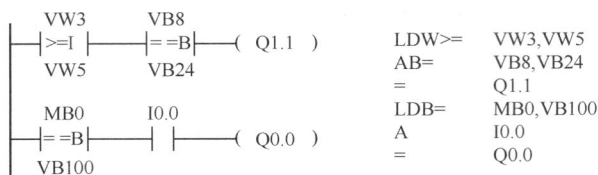

（a）梯形图程序　　　　（b）语句表程序

图 4-10　比较指令应用实例

应用实例 1　图 4-11（a）所示是用接通延时定时器和比较指令编写的占空比可调的脉冲发生器的梯形图程序。程序中 M0.0 和 10ms 定时器 T33 组成了 1s 自复位电路，使 T33 的当前值按图 4-11（b）所示的波形变化。当 T33 的当前值大于或等于 40（即 0.4s）时 Q0.0 接通。Q0.0 接通 0.6s 后 T33 自复位（当前值清零）使 Q0.0 断开。比较指令用来产生脉冲宽度可调的方波，Q0.0 为 0 的时间取决于比较指令中第二个操作数的值。图 4-11（c）所示是对应的语句表程序。

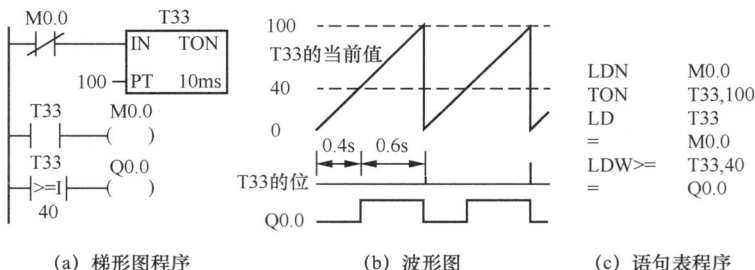

（a）梯形图程序　　　　（b）波形图　　　　（c）语句表程序

图 4-11　占空比可调的脉冲发生器

应用实例 2　有一高性能密码锁，由两组密码数据锁定。开锁时只有输入两组正确的密码才能打开密码锁。密码锁打开后，经过 5s 再重新锁定。

图 4-12 所示为高性能密码锁的梯形图程序。程序运行时用初始脉冲 SM0.1 预先设定好密码（两个十六进制数 16#5A 和 16#6C），开锁时需要两次输入数据，分别与事先设定

好的密码进行比较。因为每组密码设定为两个十六进制数，所以只需要输入 8 位二进制数（IB0）即可。在两次比较中，只有从输入点 IB0 送来的二进制数恰好等于所设定的 16#5A 和 16#6C 时，才能打开密码锁。

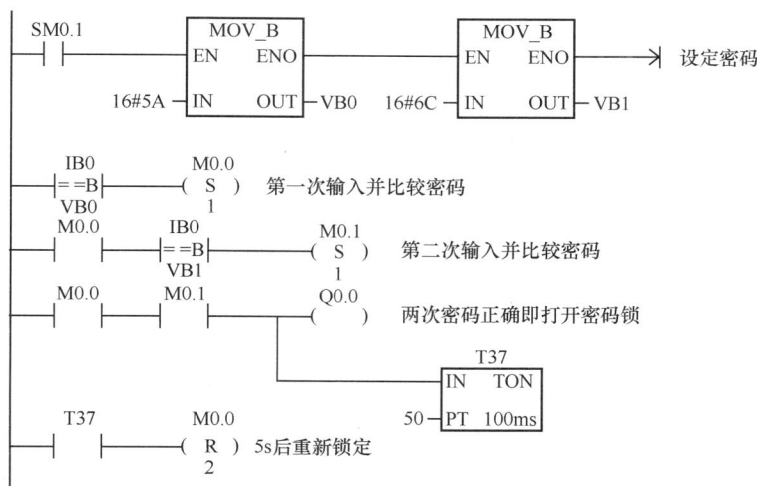

图 4-12 高性能密码锁的梯形图程序

本程序中需要对输入点 IB0 输入数据进行两次比较。在进行第二次比较时，第一次的比较指令结果已不成立。梯形图程序中使用了中间变量 M0.0 和 M0.1，将两次比较的结果保存下来。若第一次输入的密码正确，则将 M0.0 置位。在第一次输入的密码正确的前提下，若第二次输入的密码也正确，则将 M0.1 也置位。最后用 M0.0 和 M0.1 的常开触点串联以后驱动 Q0.0（打开密码锁）。5s 后重新锁定时将中间变量 M0.0 和 M0.1 复位。若第一次输入的密码不正确，则后面的密码即便正确也不能打开密码锁。

三、任务实施

1. 选择 I/O 设备，分配 I/O 地址，绘制 I/O 接线图

根据本任务的控制要求，输入设备是启停 5 台电动机的操作按钮和系统复位按钮，输出设备是红色和黄色的指示灯、启动 5 台电动机的接触器。I/O 地址分配如下。

输入设备：电动机启动按钮——I0.0；
　　　　　电动机停止按钮——I0.1；
　　　　　系统复位按钮——I0.2。
输出设备：黄灯——Q1.0；
　　　　　红灯——Q1.1；
　　　　　电动机的接触器 KM1～KM5——Q0.0～Q0.4。

绘制的设备维护提醒装置的 I/O 接线图如图 4-13 所示。

2. 设计 PLC 控制程序

使用功能指令编制的设备维护提醒装置控制程序如图 4-14 所示。按下启动按钮，传送十六进制数 16#1F（或 2#00011111）到 QB0，使 Q0.0～Q0.4 接通（Q0.0～Q0.4 都为 1），启动 5 台电动机，且 C1 的当前值加 1。当 C1 的当前值小于 80 时，两个比较指令的条件均不成立，触点不闭合，红、黄两灯都不点亮；当 C1 的当前值大于或等于 80 时，第一个比较指令的条件成立，使黄灯（Q1.0）点亮，提醒已到维护时间。当记录到第 100 次时，

第二个比较指令的条件成立，使红灯（Q1.1）点亮，表明已到使用极限。

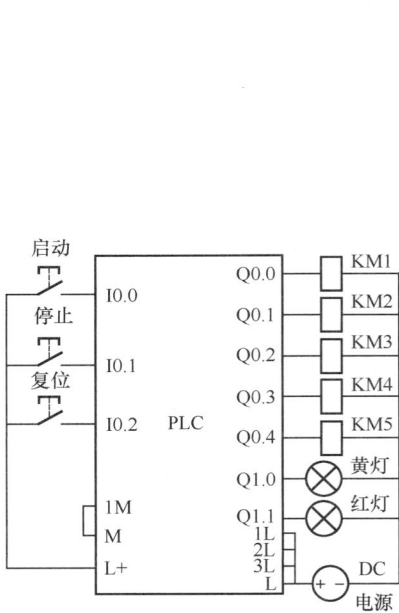

图 4-13 设备维护提醒装置的 I/O 接线图

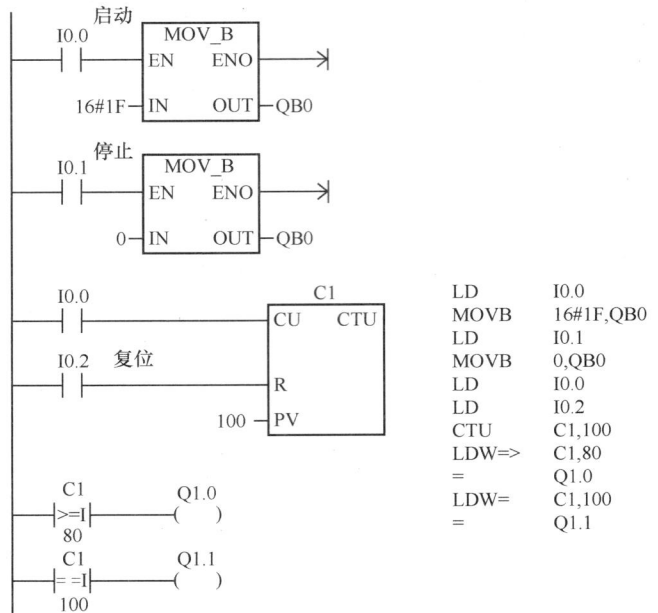

(a) 梯形图程序   (b) 语句表程序

图 4-14 设备维护提醒装置控制程序

其中，C1 的设定值可以等于 100，也可以大于 100。当设备维护完毕后需用复位按钮（I0.2）将计数器 C1 复位，之后设备才能重新投入使用。

值得注意的是，用功能指令设计程序时不存在双线圈。按照从上到下的顺序，后面指令执行的结果会覆盖前面的数据。因此，在图 4-14 所示的程序中，停止按钮 I0.1 的常开触点接通时执行"MOVB 0,QB0"指令，将数据"0"传送到 QB0，即 QB0 的各位均被复位，这样，电动机全部停止运行。

3. 程序调试

按照 I/O 接线图接好各信号线、电源线等，输入程序，调试并观察结果。

四、知识拓展——数据块传送指令、交换指令、存储器字填充指令

1. 数据块传送指令

图 4-15 所示为数据块传送（BLKMOV）指令，共有 3 条，分别是字节块传送指令、字块传送指令和双字块传送指令。图 4-16 所示为字块传送指令的应用实例。当 I2.1 = 1 时，从 IN 指定的字地址（VW20）开始的连续 N（4）个数据传送到 OUT 指定的字地址（VW30）开始的连续 N（4）个字地址中。数据块传送的语句表如表 4-1 所示。

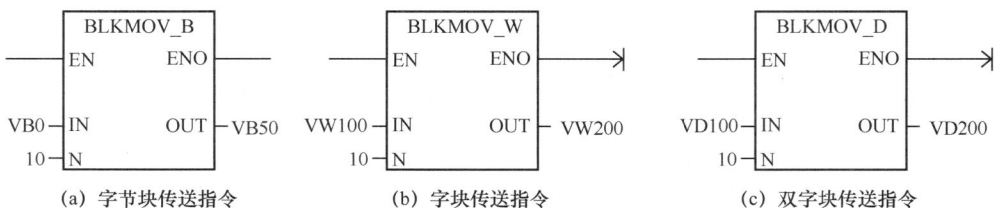

(a) 字节块传送指令   (b) 字块传送指令   (c) 双字块传送指令

图 4-15 数据块传送指令

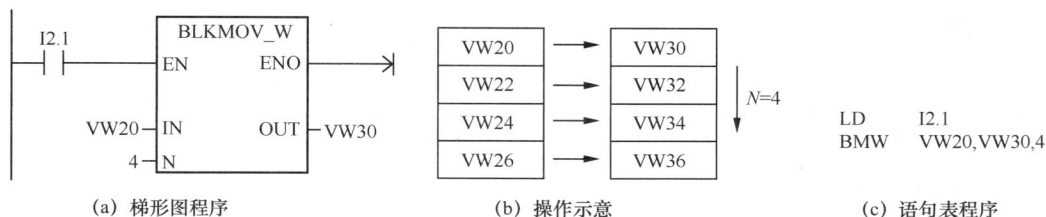

图 4-16　字块传送指令的应用实例

2. 交换指令

交换指令只有一条，即 SWAP，它的功能是将数据类型为字的源操作数 IN 指定的数据进行高低字节的交换。如图 4-17 所示，源操作数 VW50 中的数据是 16#D6C3，执行交换指令后变成了 16#C3D6。

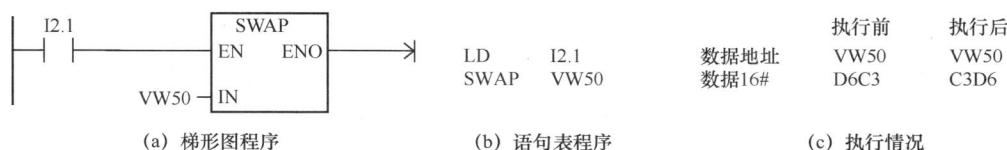

图 4-17　交换指令

3. 存储器字填充指令

存储器字填充指令（FILL）归属于表操作类指令。它的功能是将源操作数 IN 指定的数据填充到以目标操作数 OUT 指定的字单元开始的连续 N 个字地址中。其中 N 为字节型参数，范围是 1~255，IN 和 OUT 的数据类型为整数，IN 可以是常数，也可以是字地址，OUT 只能是字地址。如图 4-18 所示，当 I2.1=1 时，将数据"0"填充到以 VW200 开始的10 个字地址中，即将 VW200~VW218 共 10 个字地址的内容全部清零。FILL 指令常用于初始化程序或复位程序。

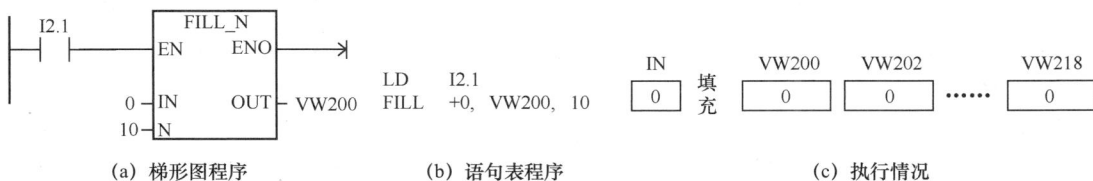

图 4-18　存储器字填充指令

任务二　电子四则运算器的设计

一、任务分析

现要求设计一个电子四则运算器，完成运算式 $Y = 20X/35-8$ 的运算，当结果 $Y=0$ 时，点亮红灯，否则点亮绿灯。

运算式中的 X 和 Y 是两位数（变量），X 是自变量，可选用 IB 输入，Y 是因变量，由 QB 输出。从运算式可以看出，因变量 Y 与自变量 X 相关，X 的变化范围（位数）决定了 Y

的变化范围（位数）。注意：IB 与 QB 表示的都是二进制数。本任务需要用到 PLC 的四则运算指令。

二、相关知识——四则运算指令、数据转换指令

PLC 的加、减、乘、除四则运算指令分为整数四则运算指令、双整数四则运算指令和实数四则运算指令，要求参与运算的数据必须分别是整数、双整数和实数。

S7-200 SMART 系列 PLC 提供的整数、双整数及实数的四则运算指令如表 4-3 所示，其中没有字节的四则运算指令。在梯形图程序中，整数、双整数以及实数的四则运算指令分别执行下列运算：

IN1+IN2=OUT，IN1−IN2=OUT，IN1*IN2=OUT，IN1 / IN2=OUT

在语句表程序中，整数、双整数与实数的四则运算指令分别执行下列运算：

IN1+ OUT =OUT，OUT−IN1=OUT，IN1* OUT =OUT，OUT / IN1= OUT

这些指令都是代数运算指令，运算的结果影响标志位 SM1.0（运算结果为 0）、SM1.1（有溢出、生成非法值或非法输入）、SM1.2（运算结果为负数）及 SM1.3（除数为 0）。

表 4-3　　　　　　　　　　整数、双整数及实数的四则运算指令

梯形图标识	功能描述	语句表	梯形图标识	功能描述	语句表	梯形图标识	功能描述	语句表
ADD_I	整数相加	+I IN1,OUT	MUL_I	整数相乘得整数	*I IN1,OUT	ADD_R	实数相加	+R IN1,OUT
ADD_DI	双整数相加	+D IN1,OUT	MUL_DI	双整数相乘	*D IN1,OUT	SUB_R	实数相减	−R IN1,OUT
SUB_I	整数相减	−I IN1,OUT	DIV	整数相除得余数、商	DIV INI,OUT	MUL_R	实数相乘	*R IN1,OUT
SUB_DI	双整数相减	−D INI,OUT	DIV_I	整数相除得整数	/I IN1,OUT	DIV_R	实数相除	/R IN1,OUT
MUL	整数相乘得双整数	MUL IN1,OUT	DIV_DI	双整数相除	/D IN1,OUT			

1. 整数、双整数的加减法指令

整数、双整数的加减法（ADD/SUB）指令各有一条，如表 4-3 所示。图 4-19（a）所示为整数加减法指令的应用举例，当执行条件 I1.0 的上升沿到来时，将 AC1 中的数据与 AC0 中的数据相加后送到 AC0 中，VW100 中的数据与十进制数 80 相减后送到 VW100 中。这两条指令使用的都是整数指令，所以加法指令的数据来自累加器 AC0、AC1 中的低 16 位，其运算结果又送回到 AC0 的低 16 位存放。对应的语句表程序如图 4-19（b）所示。由于加法运算的语句表程序中只有 IN1 和 OUT 两个参数，OUT 既是加数的地址又是和的地址，因此将图 4-19（c）所示的梯形图程序转成语句表程序时，需要增加一条数据传送指令，如图 4-19（d）所示。

在图 4-19（a）所示的梯形图程序中，输出 OUT 与其中一个输入采用相同地址，若执行条件只用 I1.0 的常开触点，则当 I1.0 闭合的每个扫描周期都执行加法和减法操作，形成累加和累减的效果。因为无法准确界定扫描周期的长短，所以无法精确衡量 I1.0 闭合的时

间段里指令到底执行了几次，会引起计算结果的不确定性。因此，需要在程序中对执行条件进行边沿化处理，如图 4-19（a）所示，取 I1.0 的上升沿脉冲作为执行条件。

在图 4-19（c）所示的梯形图程序中，输出 OUT 与两个输入的地址均不同，当 AC3 和 VD0 中的数据是定值时，执行条件是否边沿化均不影响计算结果。

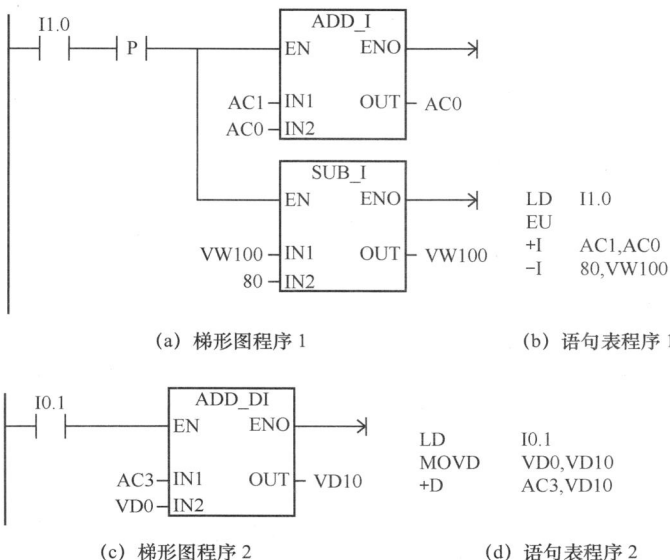

(a) 梯形图程序 1　　　　　　　　　　(b) 语句表程序 1

(c) 梯形图程序 2　　　　　　　　　　(d) 语句表程序 2

图 4-19　整数、双整数加减法指令应用实例

加减法指令有 3 个常用标志位。分别是零标志位 SM1.0、溢出标志位 SM1.1、负结果标志位 SM1.2。如果运算结果为 0，则 SM1.0 自动置 1；如果运算结果超过 32767（16 位）或 2147483647（32 位），则 SM1.1 自动置 1；如果运算结果为负数，则 SM1.2 自动置 1。

2. 整数、双整数的乘除法指令

整数、双整数的乘除法（MUL/DIV）指令共有 6 条，如表 4-3 所示。整数乘法有两种情况，一种是两个 16 位的整数相乘，结果仍然为 16 位的整数，用 MUL_I 指令；另一种是两个 16 位的整数相乘，结果为 32 位的双整数，用 MUL 指令。双整数乘法指令 MUL_DI 的功能是计算两个 32 位的双整数相乘的积，乘积依然为 32 位的双整数。

整数除法也有两种情况，一种是两个 16 位的整数相除，结果为 16 位的整数，用 DIV_I 指令；另一种是两个 16 位的整数相除，产生一个 32 位的结果，其中低 16 位为商，高 16 位为余数，用 DIV 指令。双整数除法指令 DIV_DI 的功能是两个 32 位的双整数相除，其结果依然为 32 位的双整数。

图 4-20 所示为整数的乘除法指令应用实例。当 I0.0 的上升沿脉冲到来时，AC1 中的 16 位数据与 VW10 中的数据相乘，得到的 32 位积存入 VD100 中；VW20 中的数据除以 VW10 中的数据，得到的 16 位商存入 VW202 中，16 位的余数存入 VW200 中。当 I0.1 的上升沿脉冲到来时，VW0 中的数据乘 VW10 中的数据，得到的 16 位积存入 VW20 中。

乘法指令也有 3 个标志位，即 SM1.0、SM1.1、SM1.2，其用法与加减法指令的用法相同。除法指令除了这 3 个标志位外，还有一个除数为 0 的标志位 SM1.3，当除数为 0 时，SM1.3 会自动置 1。

从以上内容可以看出，西门子 PLC 的指令对操作数的数据类型有严格的匹配要求，使用之前需正确估算结果大小，以免超过范围引起溢出错误；还要根据需要弄清是否保留余数等，以免错用指令不能满足控制要求。

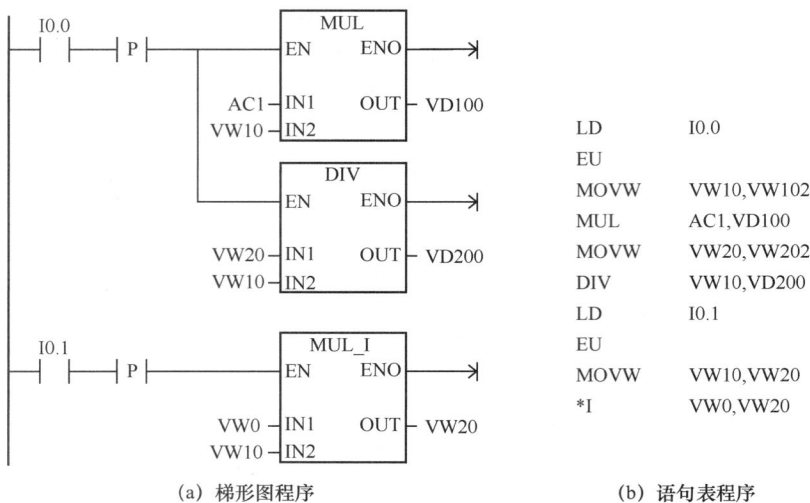

```
LD        I0.0
EU
MOVW      VW10,VW102
MUL       AC1,VD100
MOVW      VW20,VW202
DIV       VW10,VD200
LD        I0.1
EU
MOVW      VW10,VW20
*I        VW0,VW20
```

(a) 梯形图程序　　　　　　　　　　(b) 语句表程序

图 4-20　整数的乘除法指令应用实例

3. 实数的四则运算指令

实数的四则运算指令各有一条，如表 4-3 所示。图 4-21 所示为实数的四则运算指令应用实例。当 I0.0 的上升沿脉冲到来时，执行实数的加法、乘法和除法运算。实数需要使用 32 位的双字地址，因此程序中的 AC1、AC0 为 32 位数据。实数运算的标志位与整数运算的标志位相同。

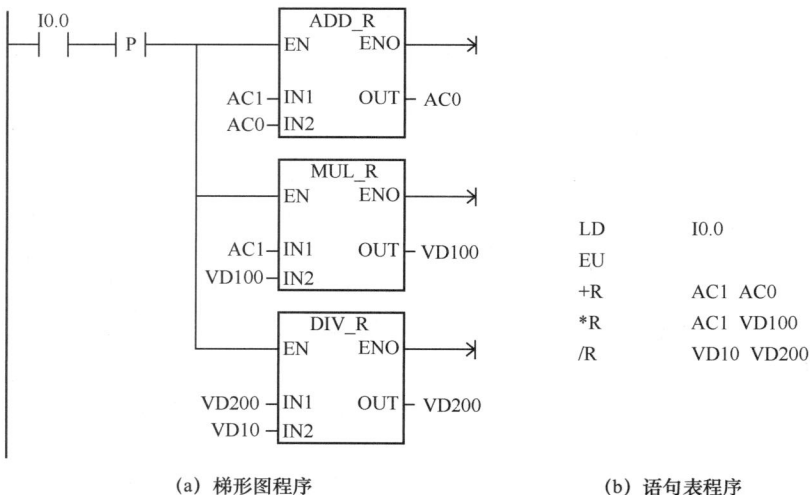

```
LD        I0.0
EU
+R        AC1 AC0
*R        AC1 VD100
/R        VD10 VD200
```

(a) 梯形图程序　　　　　　　　　　(b) 语句表程序

图 4-21　实数的四则运算指令应用实例

【乘除法指令拓展应用】

四则运算指令除了能进行基本的加、减、乘、除运算之外，还能实现某些特定的控制关系。图 4-22 所示为运用乘除法指令实现灯组移位循环的实例。有一组灯，共 8 盏，接于 Q0.7～Q0.0。当 QB0×2 时，相当于将其二进制数左移一位。所以执行乘以 2 运算，可实现 Q0.0→Q0.7 的正序变化。同理，执行除以 2 的运算，可实现 Q0.7→Q0.0 的反序变化。程序中 T37 和 SM0.5 配合，使两条运算指令轮流执行。先从 Q0.0→Q0.7，每隔 1s 左移一位，再从 Q0.7→Q0.0，每隔 1s 右移一位，并循环，效果图如图 4-22（b）所示。

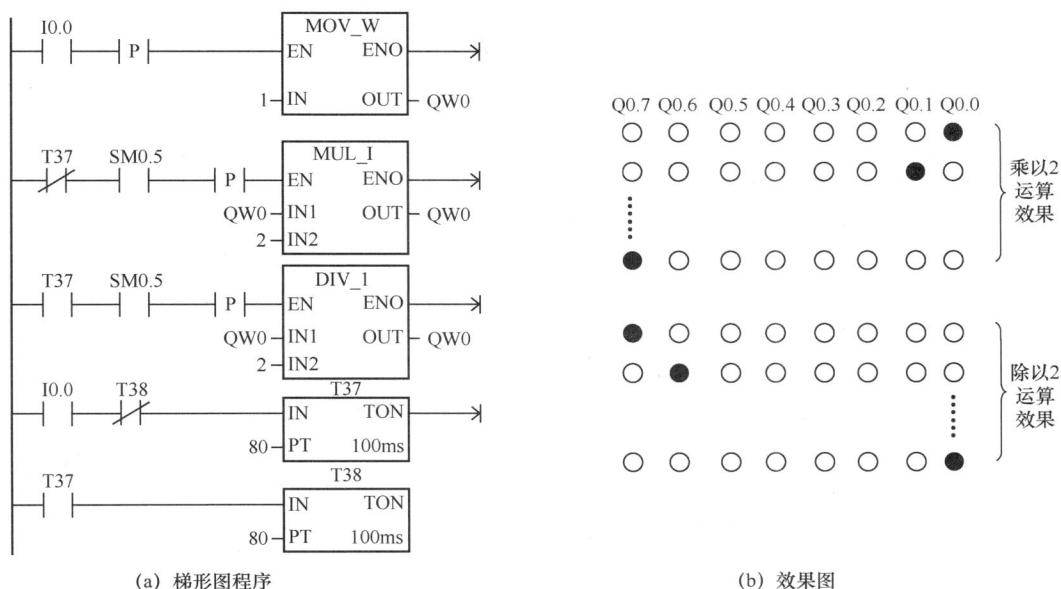

(a) 梯形图程序　　　　　　　　　　　　　(b) 效果图

图 4-22　运用乘除法指令实现灯组移位循环的实例

4. 数据转换指令

西门子 PLC 的指令有非常严格的使用要求，各指令要求数据类型严格匹配，比如字节数据就只能使用字节指令。而有些操作，如对于字节数据，没有字节指令，这时就需要使用数据转换指令将源数据转换成与指令相匹配的数据类型。整数操作与实数操作之间也需要进行数据转换。

数据转换指令如表 4-4 所示。图 4-23 所示为部分数据转换指令梯形图。数据转换只能逐级进行，即字节只能转换为整数，整数转换为双整数，双整数才能转换为实数，反之，实数只能转换成双整数，双整数转换成整数，整数才能转换成字节。整数转换为双整数时，符号位被扩展到高字地址中。字节是无符号的，转换为整数时没有符号位的扩展问题，即高位字节恒为 0。

表 4-4　　　　　　　　　　　　　　　　数据转换指令

梯形图标识	功能描述	语句表	梯形图标识	功能描述	语句表
B_I	字节转整数	BTI　IN，OUT	BCD_I	BCD 码转整数	BCDI　OUT（IN 和 OUT 参数地址相同）
I_B	整数转字节	ITB　IN，OUT	I_BCD	整数转 BCD 码	IBCD　OUT（IN 和 OUT 参数地址相同）
I_DI	整数转双整数	ITD　IN，OUT	SEG	段码	SEG　IN，OUT
DI_I	双整数转整数	DTI　IN，OUT	DECO	译码	DECO　IN，OUT
DI_R	双整数转实数	DTR　IN，OUT	ENCO	编码	ENCO　IN，OUT
ROUND	实数四舍五入转双整数	ROUND　IN，OUT			
TRUNC	实数舍去小数转双整数	TRUNC　IN，OUT			

图 4-23　部分数据转换指令梯形图

应用实例

　　图 4-24 所示为数据转换指令的应用实例。计数器 C10 对长度计数，每增加 1 英寸其当前值加 1，要求将英寸长度换算成厘米长度。1 英寸等于 2.54 厘米，而 2.54 是实数，所以在图 4-24（a）所示的梯形图程序中，首先将 C10 的当前值（16 位的整数）转换成双整数，再转换成实数，才能与常数 2.54（存放在 VD4 中）相乘。最后将计算结果四舍五入地转成双整数，得到用厘米单位表示的长度。其对应的语句表程序如图 4-24（b）所示，执行过程如图 4-24（c）所示。

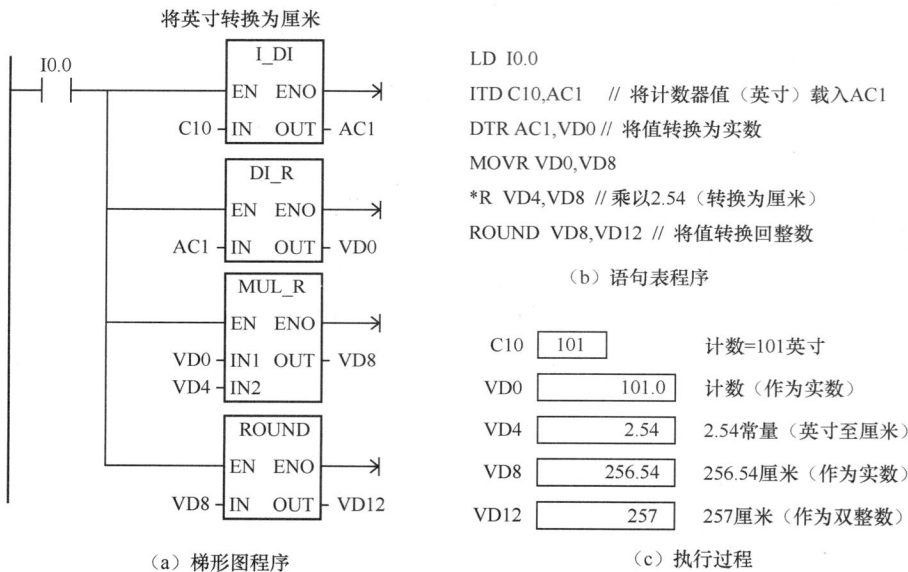

将英寸转换为厘米

```
LD  I0.0
ITD C10,AC1    // 将计数器值（英寸）载入AC1
DTR AC1,VD0 // 将值转换为实数
MOVR VD0,VD8
*R  VD4,VD8 // 乘以2.54（转换为厘米）
ROUND VD8,VD12 // 将值转换回整数
```

（b）语句表程序

C10	101	计数=101英寸
VD0	101.0	计数（作为实数）
VD4	2.54	2.54常量（英寸至厘米）
VD8	256.54	256.54厘米（作为实数）
VD12	257	257厘米（作为双整数）

数据转换指令的
应用实例

（a）梯形图程序　　　　　　　　　　　（c）执行过程

图 4-24　数据转换指令的应用实例

三、任务实施

1. 选择 I/O 设备，分配 I/O 地址，绘制 I/O 接线图

　　根据本任务的前述分析，选定 IB0 作为自变量输入，QB0 作为因变量输出结果。表 4-5 所示为 I/O 地址分配，电子四则运算器的 I/O 接线图如图 4-25 所示。

表 4-5　　　　　　　　　　　　　　　　I/O 地址分配

输入		功能说明	输出		功能说明
IB0	I0.0～I0.7	二进制数输入	QB0	Q0.0～Q0.7	二进制数输出
	I2.0	启动		Q1.0	绿灯
				Q1.1	红灯

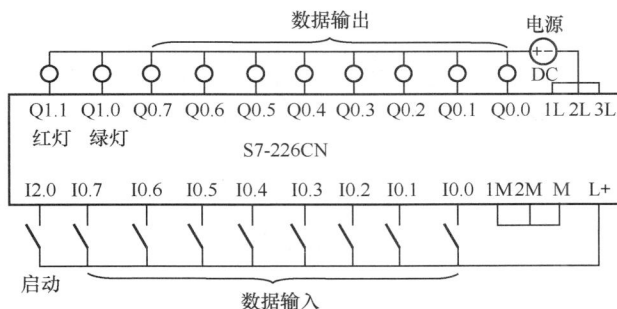

图 4-25 电子四则运算器的 I/O 接线图

2. 设计 PLC 控制程序

图 4-26 所示为电子四则运算器的梯形图程序。图 4-26（a）所示是用整数运算指令设计的控制程序。当 I2.0=1 时，从 IB0 输入的变量存入 VB0。因为没有字节的四则运算指令，所以将输入变量转换成整数后与常数 20 相乘，其积存入 VW12，再除以常数 35 后减去 8，最后需转换成字节数据才能送到 QB0 输出。当 QB0=0 时，标志位 SM1.0=1，点亮红灯 Q1.1，否则点亮绿灯 Q1.0。从 IB0 输入的整数（<+255）与常数 20 相乘其积不超过 5100，所以只需使用 16 位的整数乘法指令 MUL_I 即可。因为本任务的控制要求中没有强调余数问题，所以程序中使用了整数除法指令 DIV_I，没有考虑余数。

如果实际工程中对计算结果的精确度要求较高，可考虑使用带余数的整数除法指令 DIV 或直接使用实数运算指令。图 4-26（b）所示是用实数运算指令设计的控制程序。当 I2.0=1 时，将从 IB0 输入的变量逐步转换成实数后存入 VD14 中，再使用实数的四则运算指令进行计算。注意这时的常数要写成小数的形式，如 20.0。全部计算完毕后将实数转换成双整数，再逐步转成字节数据送到 QB0。

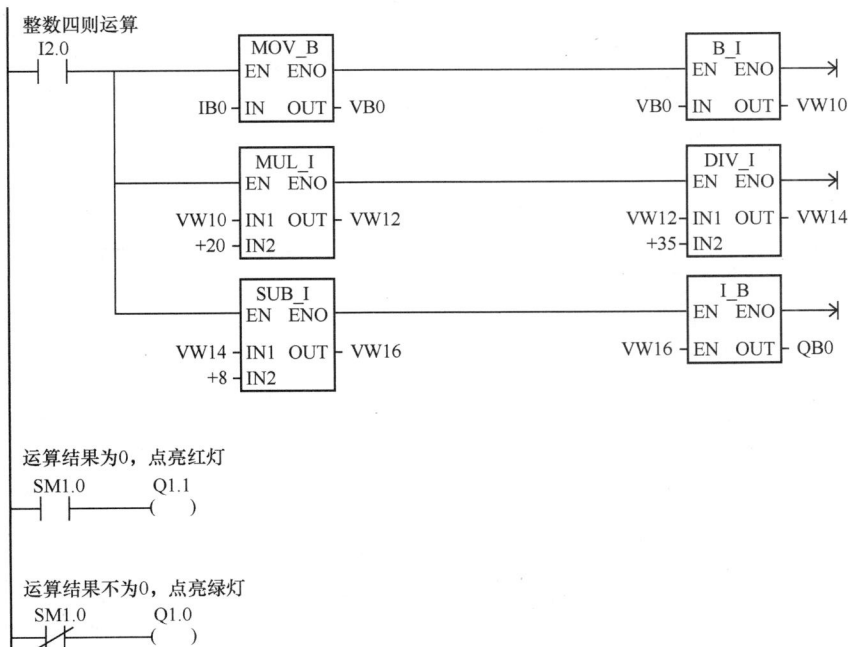

(a) 用整数运算指令设计的梯形图程序

图 4-26 电子四则运算器的梯形图程序

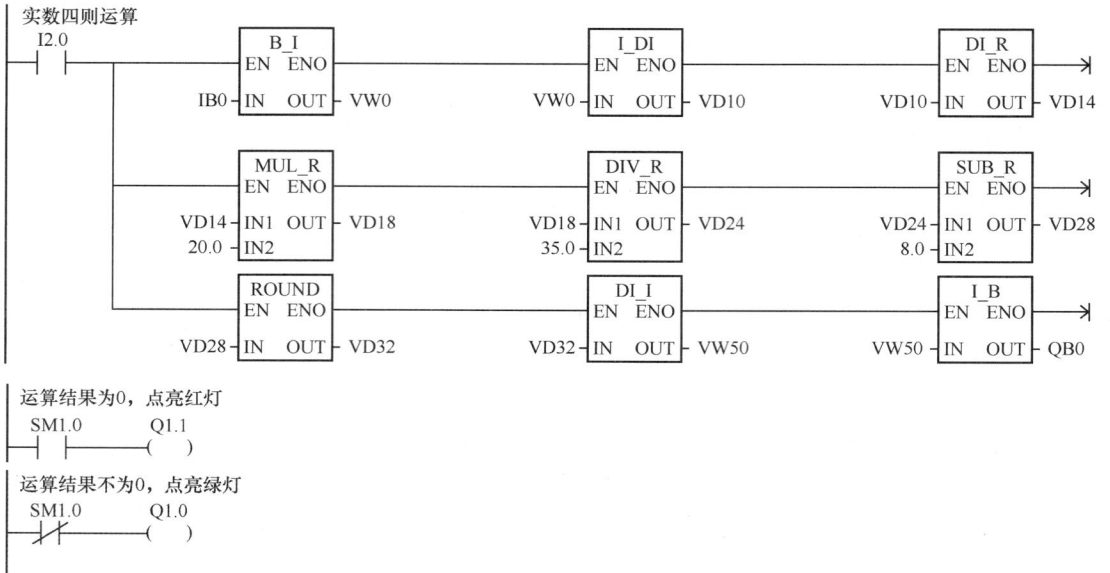

（b）用实数运算指令设计的梯形图程序

图 4-26　电子四则运算器的梯形图程序（续）

3. 程序调试

按照 I/O 接线图接好外部各线，输入程序，调试并观察结果。

四、知识拓展——加 1 指令和减 1 指令、逻辑运算指令、实数函数运算指令

1. 加 1 指令和减 1 指令

S7-200 SMART 系列 PLC 的字节、字和双字均有加 1 指令（INC 指令）和减 1 指令（DEC 指令），如表 4-6 所示。图 4-27 所示是 INC 指令、DEC 指令应用实例，当 I4.0 由 OFF 变为 ON 时，AC0 中的数加 1、VD100 中的数减 1。

表 4-6　　　　　　　　　　加 1 指令和减 1 指令

梯形图标识	功能描述	语句表	梯形图标识	功能描述	语句表
INC_B	字节加 1	INCB IN	DEC_B	字节减 1	DECB IN
INC_W	字加 1	INCW IN	DEC_W	字减 1	DECW IN
INC_DW	双字加 1	INCD IN	DEC_DW	双字减 1	DECD IN

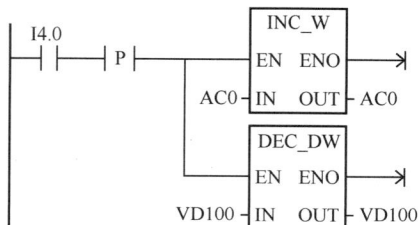

（a）梯形图程序　　　　　　　（b）语句表程序　　　　　　　（c）执行效果

图 4-27　INC 指令、DEC 指令应用实例

INC 指令、DEC 指令一般用于产生递增或递减效果，所以梯形图程序中的 IN 和 OUT 使用同样的地址，并且需要采用跳变触点指令。

INC 指令、DEC 指令的运算结果同样会影响标志位 SM1.0、SM1.1 和 SM1.2。

2. 逻辑运算指令

逻辑运算指令如表 4-7 所示，部分指令应用实例如图 4-28 所示。

表 4-7   逻辑运算指令

梯形图标识	功能描述	语句表	梯形图标识	功能描述	语句表
INV_B	字节取反	INVB OUT	WOR_B	字节或	ORB IN，OUT
INV_W	字取反	INVW OUT	WOR_W	字或	ORW IN，OUT
INV_DW	双字取反	INVD OUT	WOR_DW	双字或	ORD IN，OUT
WAND_B	字节与	ANDB IN，OUT	WXOR_B	字节异或	XORB IN，OUT
WAND_W	字与	ANDW IN，OUT	WXOR_W	字异或	XORW IN，OUT
WAND_DW	双字与	ANDD IN，OUT	WXOR_DW	双字异或	XORD IN，OUT

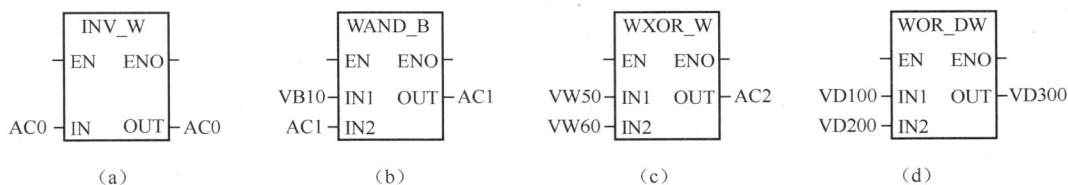

图 4-28 部分逻辑运算指令应用实例

取反（求反码）（INV）指令的功能是将输入 IN 中的二进制数逐位取反，即二进制数的各位由 0 变为 1，由 1 变为 0，如图 4-29（c）所示，并将运算结果送入 OUT 指定的地址。取反指令影响零标志位 SM1.0。

字节、字、双字的逻辑与、逻辑或、逻辑异或指令的功能是对两个输入 IN1 和 IN2 逐位进行逻辑运算，并将结果送到 OUT 指定的地址，如图 4-29（d）、图 4-29（e）、图 4-29（f）所示。

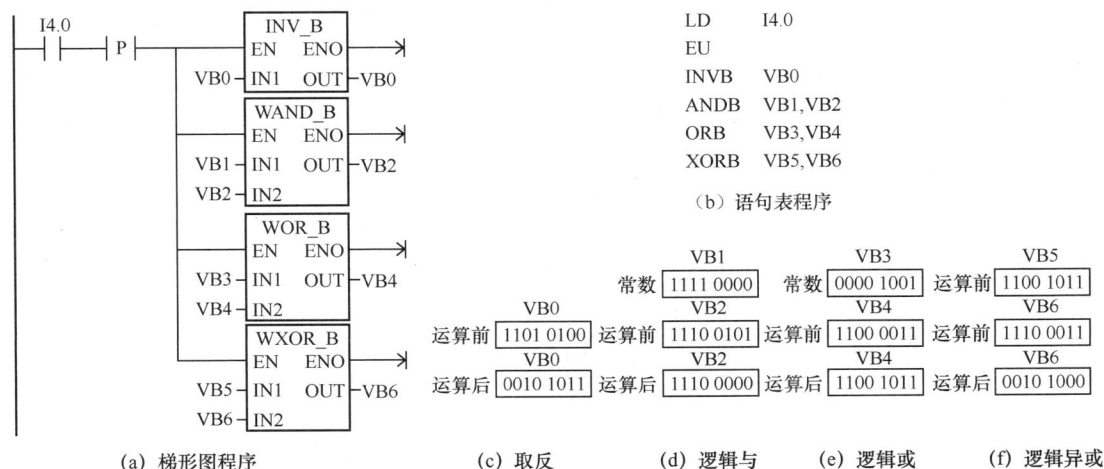

图 4-29 逻辑运算指令应用实例

进行逻辑与运算时，如果两个操作数的同一位均为 1，则运算结果的对应位为 1，否则为 0，如图 4-29（d）所示。进行逻辑或运算时，如果两个操作数的同一位均为 0，则运算结果的对应位为 0，否则为 1，如图 4-29（e）所示。进行逻辑异或运算时，如果两个操作数的同一位不相同，则运算结果的对应位为 1，否则为 0，如图 4-29（f）所示。这些指令影响零标志位 SM1.0。

> **应用实例**
>
> （1）利用逻辑与运算将字节或字中的某些位清零
>
> 如图 4-29（d）所示，变量存储器 VB2 的各位与 VB1 中的二进制常数 2#11110000 相与，因为 2#11110000 的低 4 位为 0，所以运算结束后 VB2 的低 4 位均被清零，高 4 位不变。
>
> （2）利用逻辑或运算将字节或字中的某些位置 1
>
> 如图 4-29（e）所示，变量存储器 VB4 的各位与 VB3 中的二进制常数 2#00001001 相或，因为 2#00001001 的第 3 位和第 0 位为 1，不论 VB4 的这两位为 0 还是为 1，运算结束后 VB4 的这两位都被置 1，其他位不变。
>
> （3）利用逻辑异或运算判断有哪些位发生了变化
>
> 两个相同的字节异或运算后结果的各位均为 0。如图 4-29（f）所示，假定 VB5 和 VB6 中是前后两次采集的 8 位数字量的状态，它们进行异或运算后的结果如果不是全 0，说明有的位的状态发生了变化。图 4-29（f）中两次采集数字量的第 3 位和第 5 位发生了变化。

3. 实数函数运算指令

实数函数运算指令如表 4-8 所示，部分指令应用实例如图 4-30 所示，其输入变量 IN 与输出变量 OUT 均为实数。这类指令影响零标志位 SM1.0、溢出标志位 SM1.1 和负数标志位 SM1.2。SM1.1 用于表示溢出错误和非法数值。如果 SM1.1 被置 1，则 SM1.0 和 SM1.2 的状态无效，原始输入操作数不变。如果 SM1.1 未被置 1，则说明数学计算已经完成，结果有效，且 SM1.0 和 SM1.2 的状态有效。

表 4-8　　　　　　　　　　　　　实数函数运算指令

梯形图标识	功能描述	语句表	梯形图标识	功能描述	语句表
SIN	正弦	SIN　IN, OUT	SQRT	平方根	SQRT　IN, OUT
COS	余弦	COS　IN, OUT	LN	自然对数	LN　IN, OUT
TAN	正切	TAN　IN, OUT	EXP	自然指数	EXP　IN, OUT

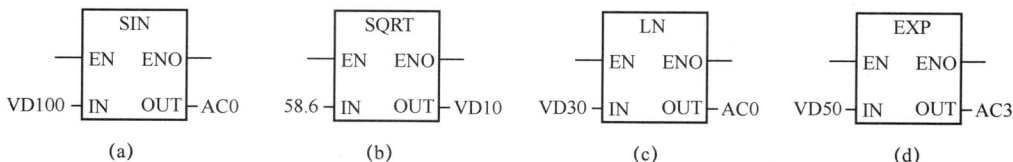

图 4-30　部分实数函数运算指令应用实例

（1）三角函数指令

正弦函数（SIN）、余弦函数（COS）和正切函数（TAN）指令用于计算角度输入值 IN 的三角函数值，并将结果放入 OUT 指定的地址。角度输入值规定以弧度为单位。求三角函数前应先将角度值乘 π/180（约为 1.745329×10^{-2}），将其转换为弧度值。

（2）自然对数和自然指数指令

自然对数（LN）指令用于计算输入值 IN 的自然对数，并将结果存放在 OUT 指定的地址，即 ln(IN)=OUT。求以 10 为底的对数时，需将自然对数值除以 10 的自然对数值（约为 2.302585）。

自然指数（EXP）指令用于计算输入值 IN 的以 e（约为 2.7182818）为底的指数，并将结果放在 OUT 指定的地址。该指令与自然对数指令配合使用，可以实现以任意实数为底、任意实数为指数（包括分数指数）的运算。如：5^3=EXP(3*LN(5))=125；$5^{3/2}$=EXP((3/2)*LN(5))=11.18033…。

（3）平方根函数指令

平方根函数（SQRT）指令用于将 32 位正实数输入 IN 开平方，得到的 32 位实数结果放在 OUT 指定的地址。

图 4-31 所示为实数函数运算应用实例，其功能是求 45° 正弦值。先将角度值 45° 转换成弧度值，再用 SIN 指令进行计算。读者可自行分析。

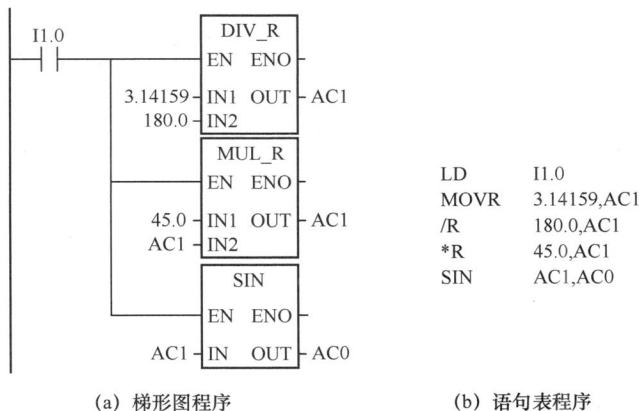

(a) 梯形图程序　　　　　　　　　(b) 语句表程序

图 4-31　实数函数运算应用实例

任务三　霓虹灯闪烁控制

一、任务分析

某广场需安装 6 盏霓虹灯 L0~L5，要求 L0~L5 以正序每隔 1s 轮流点亮，然后保持全亮 5s，再循环。

将霓虹灯 L0~L5 接于 Q0.0~Q0.5，除了可以用乘 2、除以 2 的方法实现控制功能外，还可以用移位指令、编码及解码指令编程来满足控制要求。

二、相关知识——移位指令、循环移位指令、移位寄存器位指令

S7-200 SMART 系列 PLC 的移位指令与循环移位指令分为 3 类，共 13 条，如表 4-9 所示。

表 4-9　　　　　　　　　　　　　　移位指令与循环移位指令

梯形图标识	功能描述	语句表	梯形图标识	功能描述	语句表
SHL_B	字节左移位	SLB　OUT，N	ROL_B	字节循环左移位	RLB　IN，OUT
SHL_W	字左移位	SLW　OUT，N	ROL_W	字循环左移位	RLW　IN，OUT
SHL_DW	双字左移位	SLD　OUT，N	ROL_DW	双字循环左移位	RLD　IN，OUT
SHR_B	字节右移位	SRB　OUT，N	ROR_B	字节循环右移位	RRB　IN，OUT
SHR_W	字右移位	SRW　OUT，N	ROR_W	字循环右移位	RRW　IN，OUT
SHR_DW	双字右移位	SRD　OUT，N	ROR_DW	双字循环右移位	RRD　IN，OUT
			SHRB	移位寄存器位	SHRB　DATA，S_BIT，N

1．移位指令

移位指令分为左移位（SHL）指令和右移位（SHR）指令，每个方向又有字节移位指令、字移位指令和双字移位指令。其功能是将 IN 中的各位数据向左或向右移动 N 位后，送给 OUT 指定的地址，移出后的空位补 0，最后一次被移出位的数值存入溢出标志位 SM1.1 中。如图 4-32（a）所示，当 I4.0 的上升沿脉冲到来时，VW200 中的各位数据向左移动（SHL_W）3 位（N=3）后再存入 VW200 中，右边的 3 个空位补 0，左边最后一次被移出的数值是 1，所以移位结束后 SM1.1=1，如图 4-32（c）所示。右移位指令的规则与此相同，只是移位方向与左移位指令的移位方向相反。

移位指令与
循环移位指令
应用示例

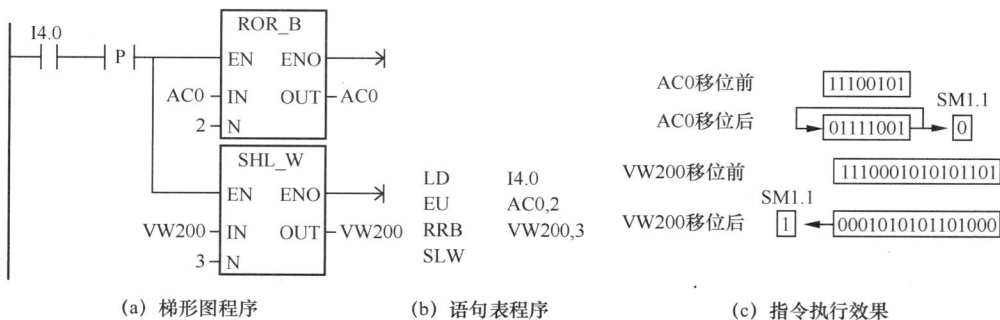

（a）梯形图程序　　　　　　（b）语句表程序　　　　　　（c）指令执行效果

图 4-32　移位指令与循环移位指令应用示例

如果移位结果为 0，则零标志位 SM1.0 被置 1。

字节的移位操作是无符号的，对有符号的字和双字移位时，符号位也被移位。

2．循环移位指令

循环移位是一种环形移动，循环移位指令也分为左循环移位（ROL）指令和右循环移位（ROR）指令，每个方向也有字节循环移位指令、字循环移位指令和双字循环移位指令。其功能是将 IN 中的各位数据向左或向右移动 N 位后，送给 OUT 指定的地址，移出的各位数据循环回补到空位，最后一次移出位的数值存入溢出标志位 SM1.1 中。如图 4-32（a）所示，当 I4.0 的上升沿脉冲到来时，AC0（低 8 位）中的各位数据向右移动（ROR_B）2 位（N=2）后再存入 AC0 中，最低 2 位移出的数据循环回补到空出的高位，最后一次移出的是 0，所以移位结束后 SM1.1=0，如图 4-32（c）所示。左循环移位指令的规则与此相同，只是移位方向与右循环移位指令的移位方向相反。

如果移位结果为 0，则零标志位 SM1.0 被置 1。

字节的循环移位操作是无符号的，对有符号的字和双字循环移位时，符号位也被移位。

在图 4-32（a）所示的程序中，IN 和 OUT 指定的地址相同，可以产生连续移位的效果。

> **应用实例**　某彩灯组共有 14 盏彩灯，从右至左依次接于 Q0.0～Q1.5 上，要求彩灯组以 0.1s 间隔正、反序轮流点亮。

图 4-33 所示为彩灯组正、反序轮流点亮的控制程序。I0.0、I0.1 分别为启动按钮和停止按钮。按下启动按钮时首先赋初值 1 给 QB0。当最右侧彩灯（Q0.0）点亮时，置位左移标志位 M0.1，复位右移标志位 M0.2，每隔 0.1s 循环左移 1 位，形成正序点亮。当最左侧彩灯（Q1.5）点亮时，置位右移标志位 M0.2，复位左移标志位 M0.1，每隔 0.1s 循环右移 1 位，形成反序点亮。反序到 Q0.0 接通后又进入正序点亮，依次循环。

3．移位寄存器位指令

如图 4-34（a）所示，移位寄存器位（SHRB）指令的功能是将 DATA 中输入的位数值移入移位寄存器中。S_BIT 指定移位寄存器的最低位地址。字节型数据 N 指定移位寄存器的长度和移位方向，N 为正代表左移位，N 为负代表右移位。SHRB 指令移出的位被传送到溢出标志位 SM1.1 中。

在图 4-34（a）所示的程序中，指定的移位寄存器以 V100.0 为最低位、长度为 4 位。当 I0.2 的第一个上升沿脉冲到来时，V100.3～V100.0 中的各位数据向左（N 为正）移 1 位，V100.3 位的数值 0 存入 SM1.1 中，I0.3 的数值 1 移入 V100.0

图 4-33　彩灯组正、反序轮流点亮的控制程序

中；当 I0.2 的第二个上升沿脉冲到来时，V100.3～V100.0 中的各位数据又向左移 1 位，V100.3 位的数值 1 存入 SM1.1 中，I0.3 的数值 0 移入 V100.0 中，如图 4-34（d）所示。DATA（I0.3）的数值由图 4-34（c）所示的波形图确定。

SHRB 指令的使用非常灵活。首先，移位寄存器的长度可以依据需要灵活选取，不像前两类指令只能是 8 位（字节）、16 位（字）或者 32 位（双字），图 4-34 所示的移位寄存器就只有 4 位。其次，移位寄存器每次移位时的空位由 DATA 控制（图 4-34 中由 I0.3 控制），想要移位后在 S_BIT 中得到什么数值，就在移位前让 DATA 变成什么状态即可。如图 4-34（c）所示，从波形图可以看出，第一次移位时 I0.3=1，所以移位后 V100.0=1；第二次移位时 I0.3=0，所以移位后 V100.0=0。而移位指令和循环移位指令就有些局限，移位时的空位只能补 0（移位指令）或者循环回补（循环移位指令）。

使用 SHRB 指令时需注意一点，就是每次只能移 1 位。

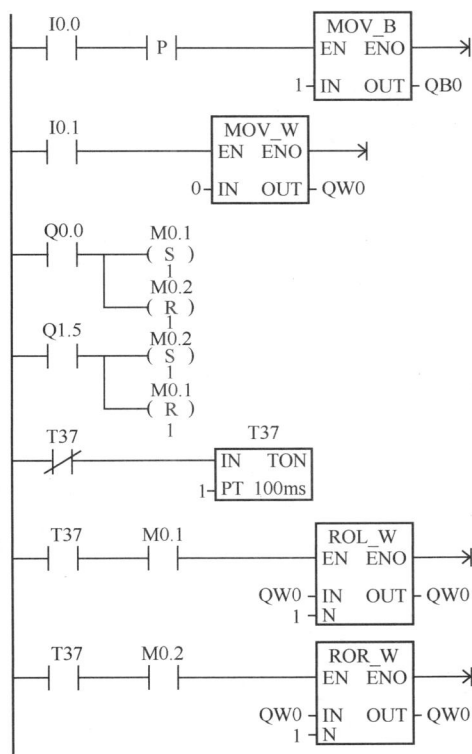

```
LD  I0.2
EU
SHRB  I0.3,V100.0,+4
```
（b）语句表程序

（a）梯形图程序　　　　　（c）波形图　　　　　　　（d）指令执行效果

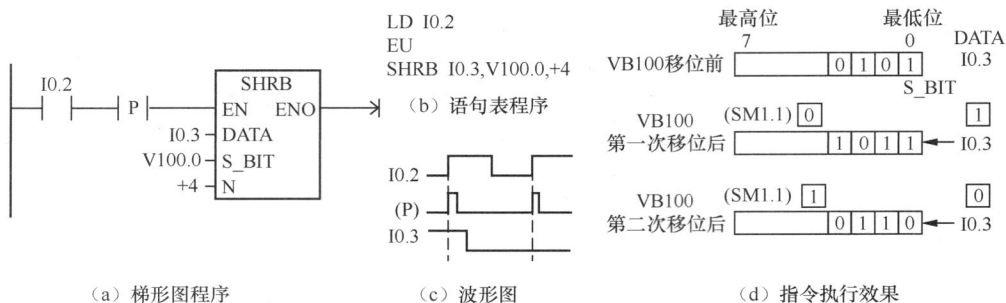

图 4-34　移位寄存器位指令应用示例

> **应用实例**
>
> 　　现有 5 行 3 列 15 盏彩灯组成的点阵，自行编号。按照中文"王"字的书写顺序一灯接一灯地以 1s 间隔点亮，形成"王"字，保持 3s 后熄灭，再循环。

　　为方便编程，可按照书写顺序进行地址编号，如图 4-35（a）所示。共有 11 个输出点，按书写顺序依次为 Q0.0~Q1.2，用 I0.0 作为启动按钮，设计的梯形图程序如图 4-35（b）所示。当 I0.0=1 时，每隔 1s，SHRB 指令将 1（SM0.0）移入 Q0.0 中，Q0.0~Q1.2 中的数据依次左移。当"王"字"书写"完毕，即 Q1.2=1 时，T38 定时 3s，随后将 QW0 清零，灯全部熄灭，进入下一轮循环。

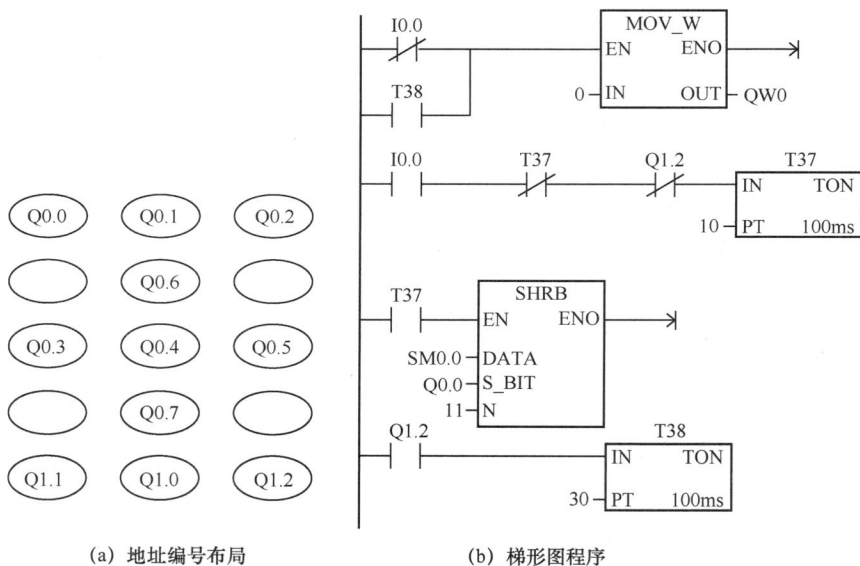

（a）地址编号布局　　　　　　（b）梯形图程序

图 4-35　中文"王"字的"书写"（一灯接一灯地点亮）

三、任务实施

1. 选择 I/O 设备，分配 I/O 地址，绘制 I/O 接线图

　　根据本任务的控制要求，选定 I0.0 接启动按钮，I0.1 接停止按钮，霓虹灯 L0~L5 接于 Q0.0~Q0.5，绘制 I/O 接线图，如图 4-36 所示。

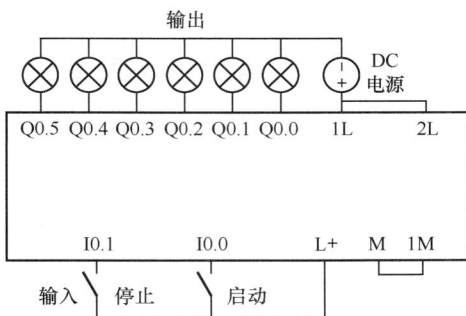

图 4-36 I/O 接线图

2. 设计 PLC 控制程序

本任务的梯形图程序是用基本逻辑指令和移位指令设计的，如图 4-37 所示。用 I0.0 作为启动按钮，I0.0 接通时，赋初值 1 给 QB0，然后用 T37 定时，每隔 1s QB0 向左移 1 位，直至 Q0.5 接通 1s，移位至 Q0.6，霓虹灯就一个接一个地被点亮。当 Q0.6 接通时给 Q0.6～Q0.0 都传 1，全部霓虹灯点亮，用 T38 定时控制全亮状态时间 5s，同时用 Q0.6 的常闭触点将移位电路断开。5s 后 T38 的常开触点再次将 1 传送给 QB0，进入下一次循环。断开 I0.0，传送 0 至 QB0，所有的霓虹灯都熄灭。

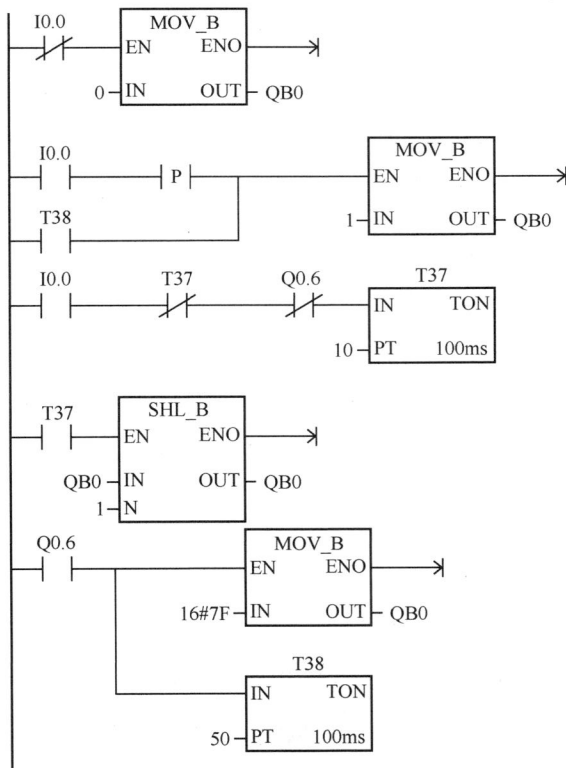

图 4-37 霓虹灯闪烁控制程序（一）

要特别注意的是，在图 4-37 所示的程序中，当 Q0.6 接通时必须传送 16#7F 给 QB0 才能保证全部霓虹灯被点亮并保持 5s。

字节移位指令、字移位指令、双字移位指令分别要占用 8 个、16 个或者 32 个位地址

作为目的地址，本程序中目的地址对应为 8 个输出端子，即 QB0。当输出端子不富余时，可以考虑用辅助继电器 M 作为移位的目的地址，再将辅助继电器信号转移到实际要用的输出地址上，如图 4-38 所示。

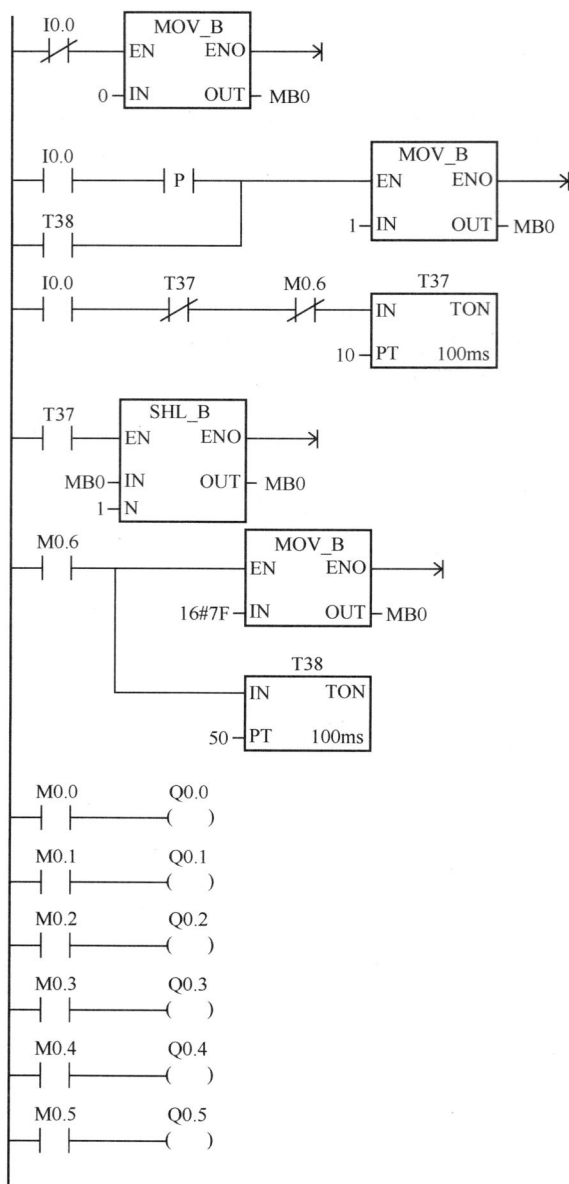

图 4-38　霓虹灯闪烁控制程序（二）

功能指令也可以采用步进顺控的思想编程。根据图 4-39（a）所示的顺序功能图，用顺序控制指令和移位指令编制的步进梯形图程序如图 4-39（b）所示。在 S0.1 步中，给 QB0 赋初值 1。在 S0.2 步中，用左移位指令每隔 1s 向左移动 1 位，实现霓虹灯一个接一个地被点亮。在 S0.3 步中，将霓虹灯全部点亮并保持 5s。然后就在这 3 步中轮流接通，形成循环。按下停止按钮 I0.1，将工作步 S0.1～S0.3 全部复位，初始步 S0.0 置位，并传送 0 至 QB0，将全部霓虹灯熄灭，系统返回初始步等待下一次启动。用步进顺控的思想编程很简洁，思路也很清晰，便于初学者掌握。

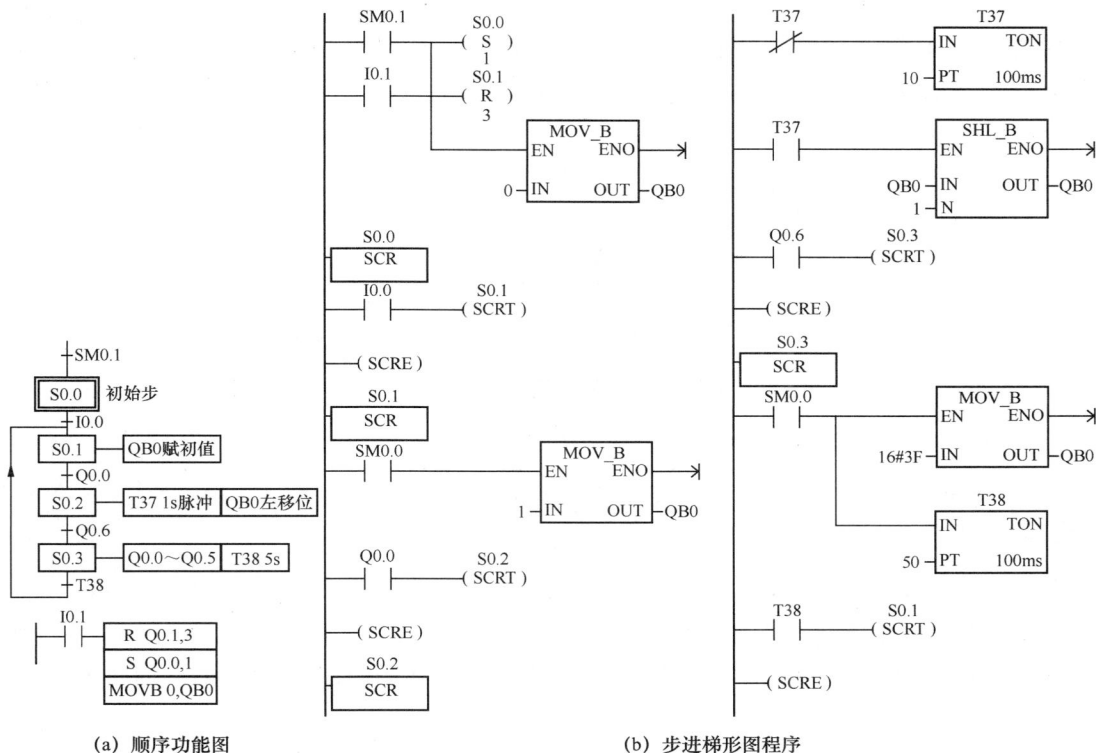

(a) 顺序功能图　　　　　　　　　(b) 步进梯形图程序

图 4-39　霓虹灯闪烁控制程序（三）

3. 程序调试

按照 I/O 接线图接好各信号线，输入程序，调试并观察结果。

四、知识拓展——译码指令、编码指令

1. 译码（解码）指令

译码（DECO）指令的功能是：根据输入字节 IN 的最低 4 位表示的位号（0～15），将输出字 OUT 对应位置 1，其他位均为 0。如图 4-40 所示，输入字节 MB0 中的低 4 位（2#0010）表示的位号为 2，当 I1.0＝1 时，将输出字 MW10 中的第 2 位置 1，其他 15 位均为 0，则 MW10＝2#0000000000000100。

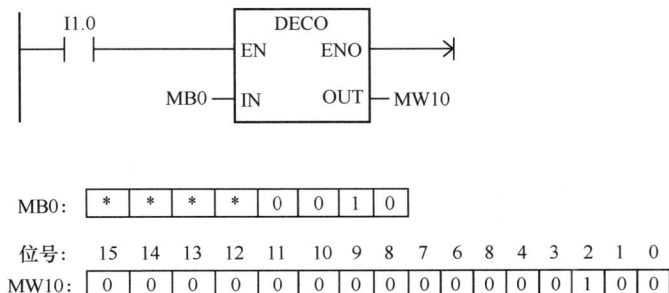

图 4-40　译码指令功能说明

2. 编码指令

与译码指令相反，编码（ENCO）指令的功能是：将输入字 IN 中的最低有效位（有效位的值为 1）的位号写入输出字节 OUT 的低 4 位。如图 4-41 所示，输入字 VW10 中最低有效位的位号为 9，当 I1.0=1 时，将 9（即 2#1001）送入输出字节 VB20 的低 4 位中，VB20 的高 4 位保持不变。

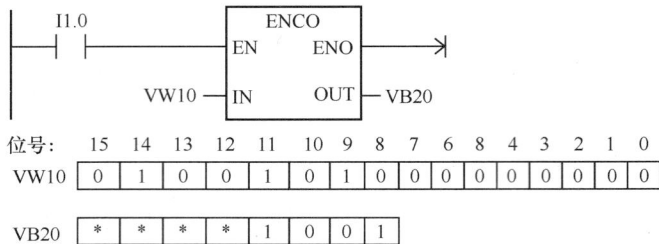

位号:	15	14	13	12	11	10	9	8	7	6	8	4	3	2	1	0
VW10	0	1	0	0	1	0	1	0	0	0	0	0	0	0	0	0

VB20	*	*	*	*	1	0	0	1

图 4-41　编码指令功能说明

> **应用实例** 用一个开关实现 5 台电动机的启停控制。要求：合上开关时，5 台电动机（M1.1～M1.5）按顺序间隔一定的时间启动；断开开关时，5 台电动机同时停止运行。

单开关控制 5 台电动机启停的梯形图程序如图 4-42 所示。合上开关，I0.0 = 1，执行加 1 操作使 MB2=1，此时 M2.0=1，经 DECO 指令译码后将第一台电动机 M1.1 启动（Q0.0

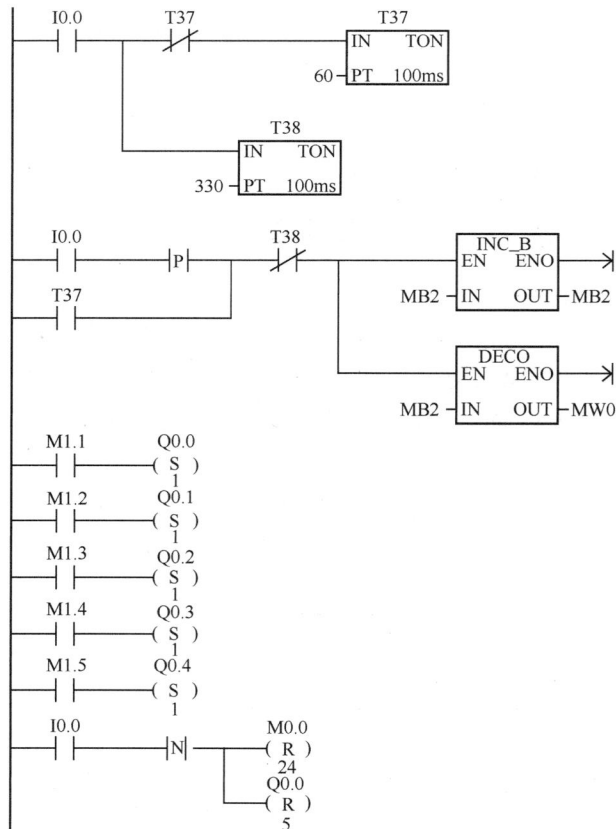

图 4-42　单开关控制 5 台电动机启停的梯形图程序

置位）。间隔 6s 后 T37 接通，再次执行加 1、译码等操作使第二台电动机 M1.2 启动（Q0.1
置位），如此继续，将 5 台电动机全部启动。断开 I0.0，负跳变触点指令将辅助继电器和
Q0.0~Q0.4 复位，5 台电动机全部停止运行。

> 试试看　　能否用译码指令设计霓虹灯闪烁控制程序？参考答案
> 请扫描二维码观看。

五、任务拓展——广告字牌的灯光闪烁控制

详情见学习任务工单 10。

任务四　变地址数据显示控制

一、任务分析

变量存储器区域地址从 VW1000 开始，按钮 I0.1 每被按一次，地址号就加 2，即地址
号依次是 VW1000、VW1002、VW1004、VW1006……其内容也从 1000 开始，依次为 1000、
1001、1002、1003……

本任务要显示不同地址单元中的内容。这涉及 PLC 的间接寻址。

本任务要显示的内容是 4 位 BCD 码，需要用 4 个 LED 数码管，分别显示寄存器数据
的千位、百位、十位和个位。

二、相关知识——寻址方式、BCD 码转换指令、七段译码指令

1. S7-200 SMART 系列 PLC 的寻址方式

PLC 通过地址访问数据，访问数据的过程称为"寻址"。S7-200 SMART 系列 PLC 的
寻址方式有直接寻址和间接寻址两种。直接指定操作数地址的寻址方式称为直接寻址，例
如位寻址 I0.0、字节寻址 QB1、字寻址 VW100、双字寻址 VD16 等。在指令中不直接给出
操作数的值或地址，而是给出存放操作数地址的存储单元的地址，这种寻址方式称为间接
寻址，这个存储单元的地址称为指针。

可以使用指针进行间接寻址的存储器区域有 I、Q、V、M、S、T（仅当前值）和 C（仅
当前值）。间接寻址不可以访问单个位地址、高速计数器、局部存储器和累加器。

使用间接寻址存取数据的步骤如下。

（1）建立指针

使用间接寻址之前，应先建立指针。指针为双字存储单元，用来存放要访问的存储器
的地址，可作为指针的存储区域有 V、L 或累加器（AC0 除外）。建立指针时，必须使用双
字传送指令，将存储器所要访问单元的地址移入另一存储器或累加器中作为指针。如图 4-43
所示，当 I0.0 接通时，将 VB100 的地址送入 AC1 建立指针，"&"为取地址符，"&VB100"
表示取 VB100 的地址，而不是取 VB100 的内容。

（2）使用指针来存取数据

使用指针访问数据时，操作数前加"*"，表示该操作数为一个指针，并依据指针中的

内容值作为地址存取数据。如图 4-43 所示，AC1 为指针，指向存储单元 VB100，*AC1 是 AC1 所指的地址中的数据。由于指令 MOV_W 的标识符是 "W"，操作数的数据类型为字，即把 VW100（VB100、VB101）中的数据传送到 AC0 的低 16 位。

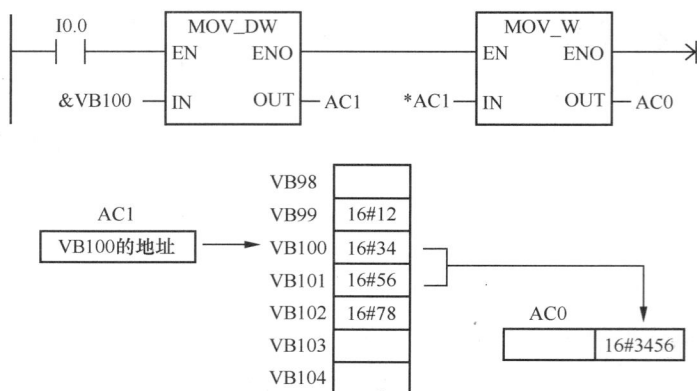

图 4-43　指针与间接寻址

（3）修改指针

存取连续地址的存储单元中的数据时，通过修改指针可以非常方便地存取数据。

在 S7-200 SMART 系列 PLC 中，指针的内容不会自动改变，可用自增或自减等指令修改指针值。这样就可连续地存取存储单元中的数据。指针中的内容为双字数据，应使用双字指令来修改指针值。修改时应根据存取的数据长度进行调整：若对字节进行存取，指针值加 1（或减 1）；若对字进行存取，或对定时器、计数器的当前值进行存取，指针值加 2（或减 2）；若对双字进行存取，指针值加 4（或减 4）。

2. 整数与 BCD 码的转换指令

（1）BCD 码转换为整数（BCD_I）指令

BCD_I 指令用于将源操作数 IN 中的 BCD 码（16#0～16#9999）转换为整数，并将结果存入目标操作数 OUT 指定的地址中。

如图 4-44 所示，当 I0.0 = 1 时，将 BCD 码 16#1234 转换为整数 1234 并存入 VW10 中。

（2）整数转换为 BCD 码（I_BCD）指令

I_BCD 指令用于将源操作数 IN 指定的整数转换为 BCD 码，并将结果存入目标操作数 OUT 指定的地址中。输入为 0～9999 的整数。

如图 4-45 所示，当 I0.0 = 1 时，将整数 1234 转换为 BCD 码 16#1234 并存入 VW20 中。

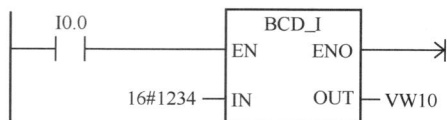

图 4-44　BCD_I 指令说明　　　　　　图 4-45　I_BCD 指令说明

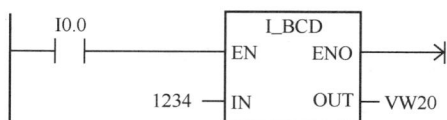

BCD 码只能和整数进行转换，输入的允许范围是 0～9999。转换指令会影响特殊继电器 SM1.6（非法 BCD 码）。

> **说明**　　I_BCD 指令可用于将 PLC 的二进制数变为七段数码管显示所需的 BCD 码（可直接用带译码器的七段数码管显示，如图 4-46 所示）。

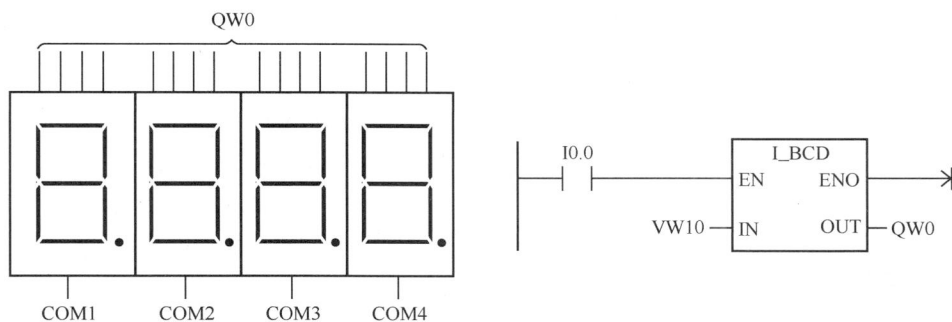

图 4-46 I_BCD 指令应用示例

3. 七段译码指令

七段译码（SEG）指令也称段码指令，它的功能是将输入字节 IN 指定元件的低 4 位（只用低 4 位）所确定的十六进制数（16#0～16#F）经译码后送到输出字节 OUT 指定地址，驱动七段数码管进行显示。SEG 真值表如表 4-10 所示。

表 4-10   SEG 真值表

| IN | | 七段数码管 | OUT | | | | | | | | 显示数据 |
十六进制数	二进制数		B7	B6	B5	B4	B3	B2	B1	B0	
0	0000		0	0	1	1	1	1	1	1	0
1	0001		0	0	0	0	0	1	1	0	1
2	0010		0	1	0	1	1	0	1	1	2
3	0011		0	1	0	0	1	1	1	1	3
4	0100		0	1	1	0	0	1	1	0	4
5	0101		0	1	1	0	1	1	0	1	5
6	0110		0	1	1	1	1	1	0	1	6
7	0111		0	0	0	0	0	1	1	1	7
8	1000		0	1	1	1	1	1	1	1	8
9	1001		0	1	1	0	1	1	1	1	9
A	1010		0	1	1	1	0	1	1	1	A
B	1011		0	1	1	1	1	1	0	0	b
C	1100		0	0	0	1	1	1	0	1	C
D	1101		0	1	0	1	1	1	1	0	d
E	1110		0	1	1	1	1	0	0	1	E
F	1111		0	1	1	1	0	0	0	1	F

注：B0 代表 OUT 字节的最低位。

如图 4-47 所示，若 VB48 中的数据等于 16#4B，当 I1.0=1 时，VB48 中低 4 位对应的十六进制数 B 经译码后（真值 2#01111100）送到 QB0。若输出口 QB0 接七段数码管，则数码管显示 "b"。

SEG 指令可以直接驱动数码管进行显示，每个数码管（共阴）的阳极要占用 7 个输出点，属于 PLC 机内译码指令。

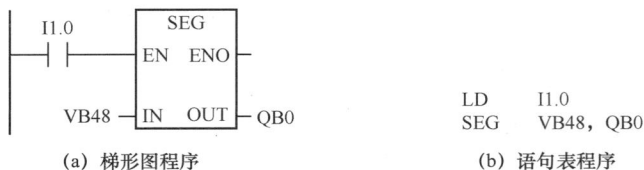

(a) 梯形图程序	(b) 语句表程序

```
LD    I1.0
SEG   VB48, QB0
```

图 4-47   SEG 指令

三、任务实施

1. 选择 I/O 设备，分配 I/O 地址，绘制 I/O 接线图

根据本任务的控制要求，选定 I0.0 为系统启停开关，输出设备是显示用的 LED 数码管。本任务要显示的内容是 4 位 BCD 码，因此需要用 4 个 LED 数码管，分别显示寄存器数据的千位、百位、十位和个位。如果将 4 位 BCD 码并行显示，则需要占用 28 个输出点。若采用分时显示 4 位 BCD 码的方案，可节省大量的输出点。如图 4-48 所示，将 4 个 LED 数码管的阳极并联在 Q0.0～Q0.7 上，用 Q1.0～Q1.3 对应连接 4 个 LED 数码管的阴极。再用程序将这 4 位 LED 数码管的阴极分时连接负载电源的负极，以达到分时显示个位、十位、百位、千位的目的。这样设计只需要 11 个输出点，其中，7 个输出点用于连接七段数码管的阳极输出端子，4 个输出点连接阴极片选输出端子，与并行显示的方案相比可节省约 60% 的输出点。

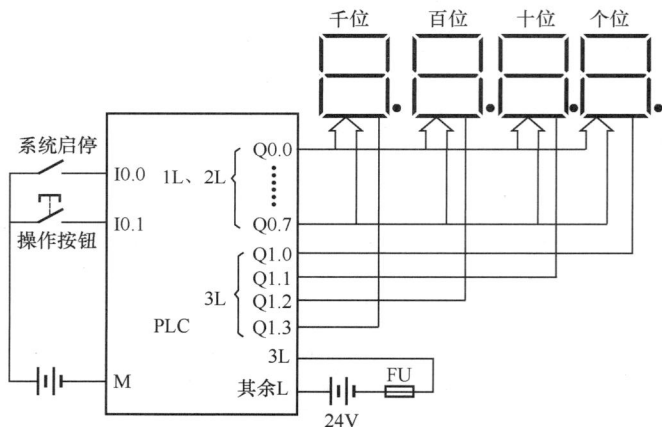

图 4-48   变地址数据显示的 I/O 接线图

2．设计 PLC 控制程序

PLC 控制数码显示有两种方案。第一种是采用带译码器的数码管显示，这种方案只需将要显示的内容预先放在指定的地方，用 I_BCD 指令就可以直接显示出来（见图 4-46）。第二种是采用 PLC 机内译码指令 SEG 进行译码并显示出来。图 4-49 所示的程序采用的是第二种方案。

图 4-49 所示为变地址数据显示的梯形图程序。合上开关 I0.0，将首地址（VB1000 的地址）送入 AC1 建立指针，并给 VW1000 赋初值 1000。每按一次 I0.1，指针值就加 2，指向下一个字地址，同时地址内的数据内容加 1，实现给不同的地址单元赋予不同的数值。断开 I0.0，将 0 送入 QW0，系统复位。

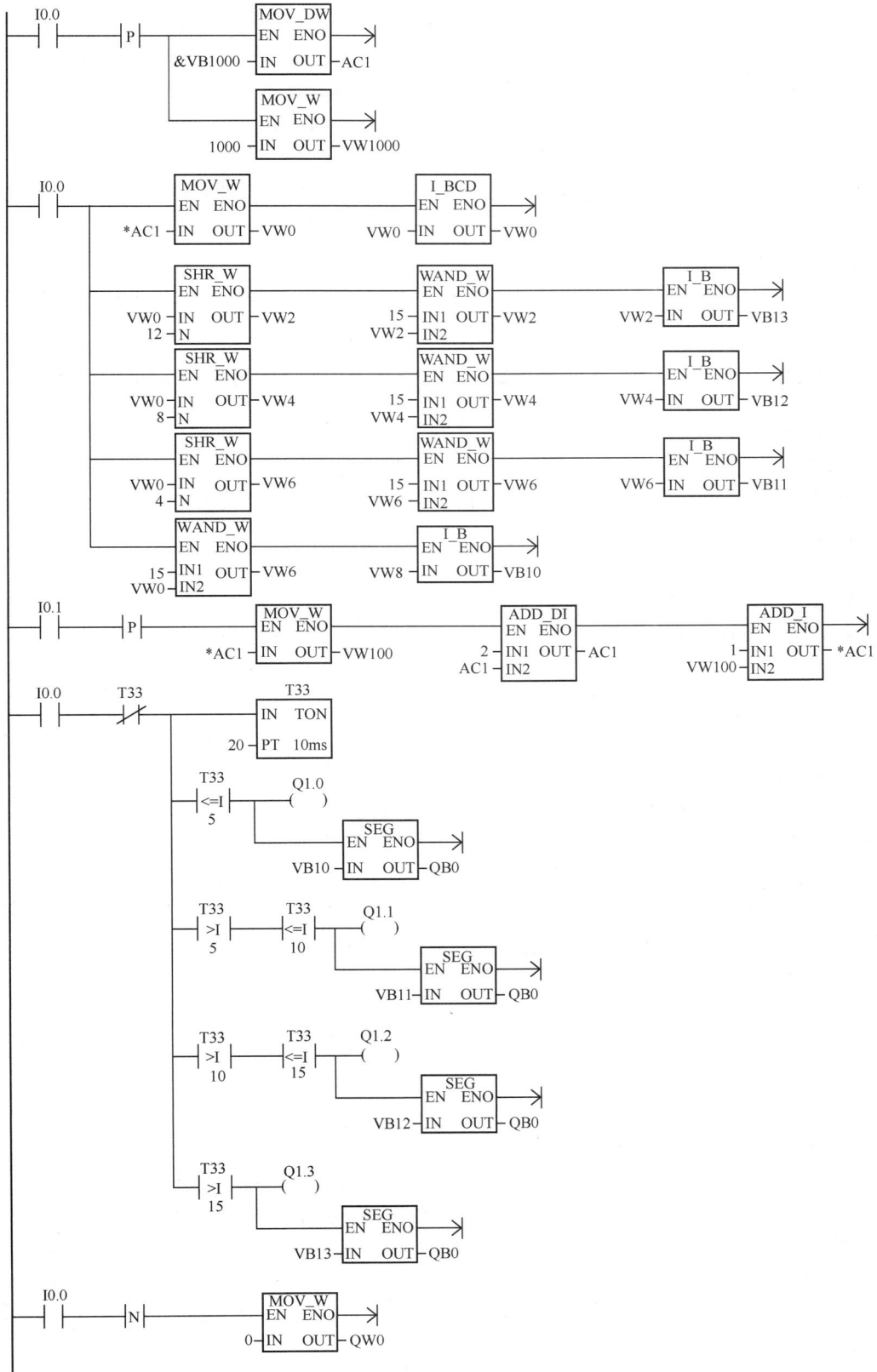

图 4-49　变地址数据显示的梯形图程序

程序用指针 AC1 访问数据，取 AC1 所指向的地址内的数据，存入 VW0，转换为 BCD 码，并将该 BCD 码的个位、十位、百位、千位分别存放于 VB10～VB13 中。用定时器 T33 自复位电路进行分时显示定时，0～50ms 时，Q1.0 接通，选通个位上的数码管显示个位上的数据；50～100ms 时，Q1.1 接通，选通十位上的数码管显示十位上的数据；百位、千位上的数据显示以此类推。

分时显示的时间应尽量短暂，以减少抖动，增强视觉效果。图 4-49 所示程序中分时显示的时间为 50ms。

3. 程序调试

按照 I/O 接线图接好各信号线，尤其要注意数码管的阴极接线以及阴极各点在 PLC 的 L 端子上的接线，输入程序，调试并观察结果。

四、任务拓展——送料小车多地点随机卸料的 PLC 控制

在生产现场，尤其是在一些自动化生产线上，经常会遇到一台送料小车在生产线上根据请求多地点随机卸料，或者送料小车多地点随机收集成（废）品的情况。数控加工中心取刀机构的取刀控制也是如此。试设计送料小车多地点随机卸料的 PLC 控制系统。详情见学习任务工单 11。

任务五　寻找数组最大值及求和运算

一、任务分析

某车间要对生产流水线进行过程控制。动态采集 20 个现场数据（16 位），存放在 VW0～VW38 中。每隔 0.5h 找出其中的最大值，并将其与标准值（放在 VW50 中）进行比较，如果其大于标准值则点亮红灯 1（Q0.0）；每隔 1h 计算平均值，并将其与标准平均值（放在 VW60 中）进行比较，如果其大于标准平均值则红灯 2（Q0.1）闪烁报警。

本任务要求每隔 0.5h 对 20 个现场数据进行比较，找出其中的最大值，并将其与标准值进行比较；每隔 1h 计算平均值，并将其与标准平均值进行比较，这要用到比较指令，还要用到程序控制指令编程。

二、相关知识——跳转指令与标号指令、循环指令、子程序指令与局部变量

1. 跳转指令与标号指令

跳转（JMP）指令可用来选择执行指定的程序段，跳过暂时不需要执行的程序段，跳转的目的地位置用标号（LBL）指令指示。跳转指令与标号指令的格式和功能如表 4-11 所示。

图 4-50 所示为跳转指令与标号指令应用实例。I0.0 是手动/自动运行的选择开关。I0.1、I0.2 分别是电动机 M1 和 M2 在手动运行方式下的启动按钮（点动控制），I0.3、I0.4 分别是自动运行方式下两台电动机的启动按钮和停止按钮。Q0.0、Q0.1 分别是控制电动机 M1 启动和电动机 M2 启动的输出信号。

表 4-11　　　　　　　　　　　跳转指令与标号指令的格式和功能

指令名称	梯形图	语句表	功能
跳转	n ——（ JMP ）	JMP n	跳转到程序中标号为 n 的地方执行分支操作
标号	n LBL	LBL n	标记跳转目的地 n 的位置

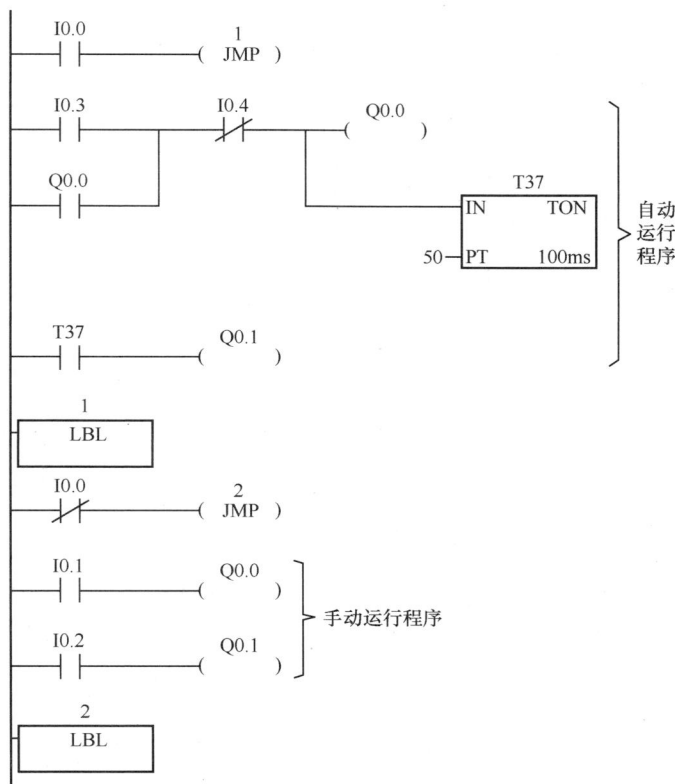

跳转指令与标号指令应用实例

图 4-50　跳转指令与标号指令应用实例

　　当 I0.0 常开触点闭合时，执行"JMP 1"指令，跳到标号 1 处，自动运行程序不执行，直接执行手动运行程序。此时分别按下 I0.1 和 I0.2，可点动电动机 M1 和 M2 进行机床调整。而当 I0.0 常闭触点断开时，顺序执行自动运行程序。此时按下启动按钮 I0.3，电动机 M1 先启动，5s 后电动机 M2 自行启动，按下停止按钮 I0.4 可同时停止两台电动机。此时，I0.0 常闭触点闭合，执行"JMP 2"指令，跳过手动运行程序。I0.0 的常开触点和常闭触点起联锁作用，因此手动运行和自动运行两个程序只能选择其中之一。

　　使用跳转指令和标号指令应注意以下几个问题。

　　（1）标号 n 为常数，取值范围为 0～255。多条跳转指令可以使用相同的标号，即多条跳转指令可以跳到同一个标号处，但在同一程序中不允许存在两个相同的标号，否则程序会出错。

　　（2）如果跳转条件满足，则执行跳转指令，程序跳到对应标号处执行后面的程序。如果跳转条件不满足，则不执行跳转指令，按顺序执行下一条指令。

（3）跳转指令和对应的标号指令必须在同一个程序组织单元（POU）中，不能由主程序跳转到子程序或中断程序，同样也不能从子程序或中断程序跳出。

（4）如果用 SM0.0 常开触点作为跳转条件，相当于无条件跳转。

（5）不会进入同一扫描周期的同一线圈不被看作双线圈。如图 4-50 所示，自动运行程序和手动运行程序中都有 Q0.0 和 Q0.1，但是在同一扫描周期内，自动运行程序和手动运行程序必定有一个会被跳过，这里的两个 Q0.0 和 Q0.1 不被看作双线圈。

（6）被跳过的程序不执行。对于定时器，若跳转前定时器开始定时，跳转条件满足，100ms 定时器停止定时，当前值被锁定；而 10ms 和 1ms 定时器会继续定时，定时时间到后，它们在跳转区外的触点也会动作。当跳转中止、程序继续执行时，100ms 定时器在保持的当前值基础上继续定时。

2. 循环指令

循环指令用于某种操作反复进行的场合，使用循环指令可以使程序变得简洁。循环指令 FOR、NEXT 的格式和功能如表 4-12 所示。

表 4-12　　　　　　　　　　　循环指令 FOR、NEXT 的格式和功能

指令名称	梯形图	语句表	功能
循环开始	FOR EN　ENO INDX INIT FINAL	FOR INDX, INIT, FINAL	当 EN=1 时，循环执行 FOR 指令和 NEXT 指令之间的程序，循环次数由当前循环次数计数器 INDX、循环初值 INIT 和循环终值 FINAL 确定
循环结束	——（ NEXT ）	NEXT	标记循环程序段的结束

FOR 指令与 NEXT 指令之间的程序为循环体，FOR 指令的逻辑条件满足时，反复执行循环体。在 FOR 指令中，必须设定当前循环次数计数器 INDX、循环初值 INIT 和循环终值 FINAL，它们的数据类型均为有符号的整数。当 FOR 指令允许输入端 EN 有效时，启动循环，将循环初值 INIT 送入当前循环次数计数器 INDX，每执行一次循环体，INDX 加 1，并将其值与循环终值 FINAL 进行比较，如果 INDX 大于 FINAL，那么终止循环。

FOR 指令和 NEXT 指令必须成对使用，允许循环嵌套，嵌套深度可达 8 层。

> **应用实例**　　有 10 个数据放在从 VW0 开始的连续 10 个变量存储器中，编制程序计算它们的和。

求连续 10 个单元数据和的控制程序如图 4-51 所示。当控制开关 I0.0 接通时，首先将变量存储器首地址送入 AC1 建立指针，并将存放累加和的存储器 VW20 清零。然后用循环指令从 VW0 开始进行连续的求和运算，每加 1 次，指针值就加 2，指向下一个存储单元地址，循环 10 次。所求之和存于 VW20 中。

> **注意**　　在运用求和运算指令 ADD_I 时，要估算结果有没有超出运算范围，如果超出，则应将整数转换为双整数后使用 ADD_D 指令进行求和运算。

3. 子程序调用指令与局部变量

西门子 S7-200 SMART 系列 PLC 程序组织单元主要分为三大类：主程序（MAIN）、子程序（SBR_n）、中断程序（INT_n）。在程序编制中，经常会遇到一些逻辑功能相同的

程序段需要被反复运行，为了简化程序结构，可以编写子程序，然后在主程序中根据需求反复调用。子程序调用指令格式和功能如表 4-13 所示。

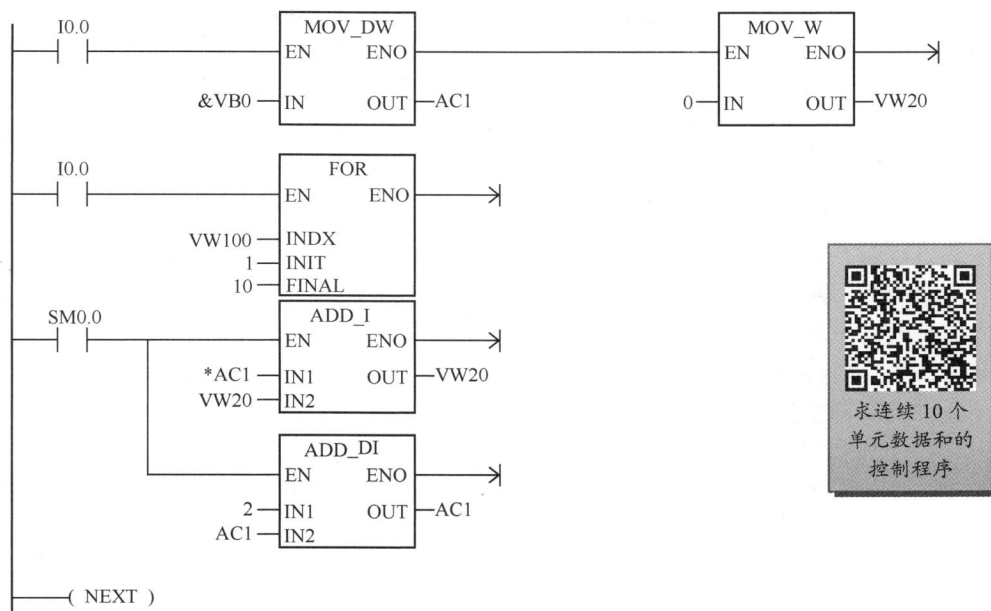

图 4-51　求连续 10 个单元数据和的控制程序

表 4-13　　　　　　　　　　　　子程序调用指令格式和功能

指令名称	梯形图	语句表	功能
子程序调用	SBR_n EN	CALL SBR_n	当 EN=1 时调用子程序 SBR_n
带参数的子程序调用	SBR_n EN IN IN_OUT OUT	CALL SBR_n, IN, IN_OUT, OUT	当 EN=1 时调用带参数的子程序 SBR_n

为了避免子程序中的变量与其他 POU 中的变量发生冲突，可在子程序中使用局部变量。局部变量用来定义有使用范围限制的变量，它只能在它被创建的 POU 中使用，每个 POU 均有自己的由 64B 局部存储器 L 组成的局部变量。I、Q、M、C、T 等地址区中的变量为全局变量，在各 POU 中均可使用。如果在子程序中只使用局部变量，不使用全局变量，不做任何改动，就可以很方便地将子程序移植到别的项目中。

（1）局部变量的名称及类型

在局部变量表中定义局部变量时，需为各个变量命名。局部变量名又称局部符号，最多 23 个字符，首字符不能是数字。选用合适的变量名可大大方便编程，并增强程序的可读性。

在 STEP 7-Micro/WIN SMART 软件中，全局变量在符号表中定义，而局部变量在局部变量表（简称变量表）中定义。全局变量名与局部变量名相同时，在定义局部变量的 POU

中，局部变量的定义优先，全局变量的定义只能在其他 POU 中使用。

局部变量表中的变量类型有如下 4 种。

IN：输入子程序参数。将指定参数位置的值输入子程序。输入子程序参数可以是直接寻址数据（如 VB10）、间接寻址数据（如*AC1）、常数（如 16#1234）或地址（&VB100）。

IN_OUT：输入/输出子程序参数。调用时，将指定参数位置的值输入子程序；返回时，从子程序得到的结果值被输出到同一地址。输入/输出子程序参数可以是直接寻址数据和间接寻址数据，但不可以是常数和地址。

OUT：输出子程序参数。将从子程序得到的结果值返回到指定参数位置。输出子程序参数可以是直接寻址数据和间接寻址数据，但不可以是常数和地址。

TEMP：临时变量，即暂时保存在局部数据区的变量。只有在执行某个 POU 时，它对应的临时变量才有效。临时变量不能用来传递参数。没有用于传递参数的任何局部存储器都可作为临时存储单元使用。

（2）局部变量的地址分配

在局部变量表中定义局部变量时，只需指定局部变量的变量类型（IN、IN_OUT、OUT 或 TEMP）和数据类型，编程器会自动在局部存储器 L 中为所有局部变量指定存储器地址，起始地址为 L0。

（3）子程序的编写与调用

STEP 7-Micro/WIN SMART 软件在编程区里为每个 POU 提供一个独立的页。在编写复杂的 PLC 程序时，最好把全部控制功能划分为若干个符合工艺控制要求的子功能块，每个子功能块由一个或多个子程序组成。子程序使程序结构简单、清晰，易于调试、查错和维护。

子程序的调用是有条件的，未调用它时不会执行子程序中的指令。调用条件满足时，将执行对应子程序中的指令，直至子程序结束，然后返回调用它的程序中，执行该子程序调用指令的下一条指令。

停止调用子程序时，子程序内线圈的状态保持不变。对于定时器，若停止调用子程序时，定时器正在定时，100ms 定时器将停止定时，当前值被锁定，重新调用子程序时继续定时；而 10ms 和 1ms 定时器会继续定时，定时时间到后，它们在子程序之外的触点也会动作。

一个项目最多可以有 128 个子程序。子程序可以调用子程序，称为子程序嵌套。西门子 S7-200 SMART 系列 PLC 的主程序嵌套调用子程序最大嵌套深度为 8 层。

应用实例 根据图 4-50 所示应用实例，用子程序设计两台电动机自动/手动运行控制的梯形图程序。

首先，建立"自动"子程序。设置"自动"子程序变量表，如图 4-52 所示。L0.0、L0.1 分别是自动运行方式下两台电动机的启动按钮和停止按钮输入信号。L0.2、L0.3 分别是电动机 M1 和 M2 启动的输入/输出信号。编写"自动"子程序，如图 4-53 所示。然后，按照同样的方法建立"手动"子程序，变量表和梯形图程序分别如图 4-54、图 4-55 所示。最后，在主程序中调用子程序，如图 4-56 所示，当手动/自动运行选择开关 I0.0 接通时，调用"手动"子程序；断开时，调用"自动"子程序。

变量表

	地址	符号	变量类型	数据类型	注释
1		EN	IN	BOOL	
2	L0.0	启动	IN	BOOL	
3	L0.1	停止	IN	BOOL	
4	L0.2	M1	IN_OUT	BOOL	
5	L0.3	M2	IN_OUT	BOOL	
6			OUT		
7			TEMP		

图 4-52 "自动"子程序变量表

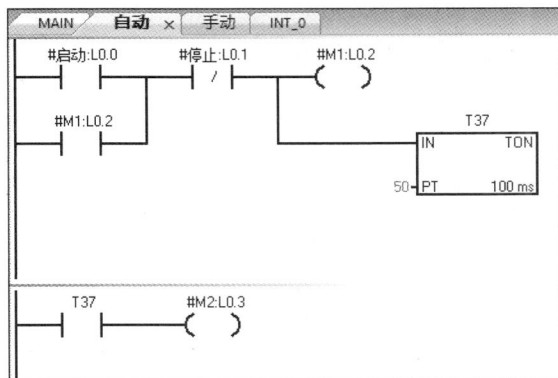

图 4-53 "自动"子程序

变量表

	地址	符号	变量类型	数据类型	注释
1		EN	IN	BOOL	
2	L0.0	点动1	IN	BOOL	
3	L0.1	点动2	IN	BOOL	
4			IN_OUT		
5	L0.2	M1	OUT	BOOL	
6	L0.3	M2	OUT	BOOL	
7			TEMP		

图 4-54 "手动"子程序变量表

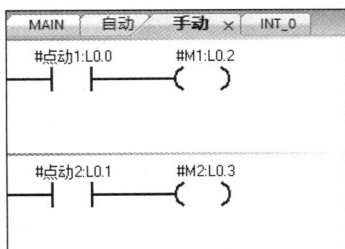

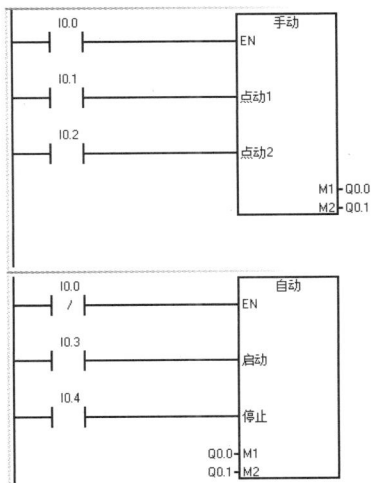

图 4-55 "手动"子程序　　图 4-56 主程序调用"手动"/"自动"子程序

三、任务实施

1. 选择 I/O 设备，分配 I/O 地址，绘制 I/O 接线图

本任务在编程时不涉及 20 个现场数据的动态采集过程。假定这 20 个现场数据已经采集到位，只对其比较、计算的控制进行编程。选择 I0.0 作为控制装置的启停开关，两个红灯地址分别为 Q0.0 和 Q0.1，绘制的 I/O 接线图如图 4-57 所示。

2. 设计 PLC 控制程序

根据本任务的控制要求，编制数组运算的梯形图程序如图 4-58 所示。

主程序如图 4-58（a）所示。当通过开关输入使

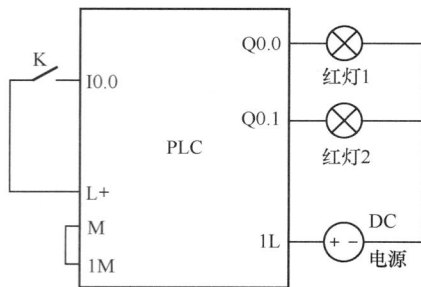

图 4-57　I/O 接线图

I0.0 = 1 后，C0、C1 同时对 SM0.4（1min 时钟脉冲）进行计数。C0 每计满 0.5h，执行 1 次"求最大值"子程序，即比较 20 个数据的大小，计算结果存放在 VW40 中。C1 每计满 1h，执行 1 次"求平均值"子程序，即计算 20 个数据的平均值，计算结果存放在 VW44 中。最后，用触点比较指令将最大值（VW40）与标准值（VW50）对较，若最大值大于标准值就把 Q0.0 接通；将平均值（VW44）与标准平均值（VW60）比较，若平均值大于标准平均值就使 Q0.1 闪烁报警。

如图 4-58（b）所示，在"求最大值"子程序中，先将 20 个数据中的第 1 个数据送到 VW40 中，然后用循环指令将剩下的 19 个数据（因此循环次数应等于 19）逐一与 VW40

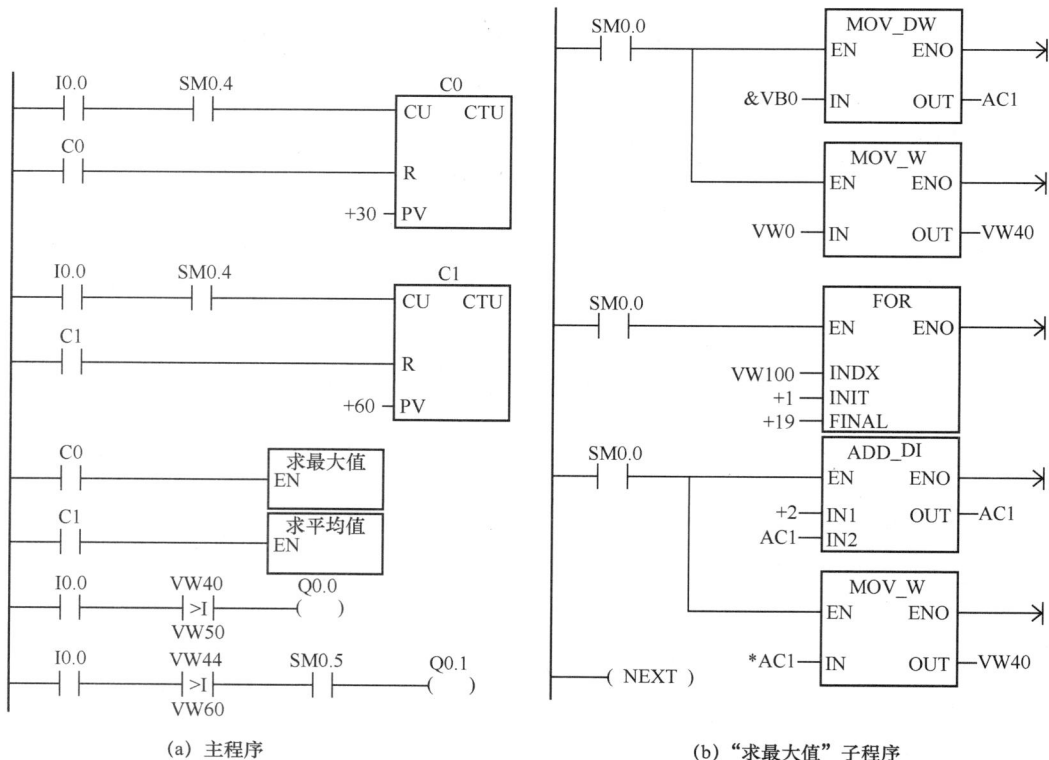

(a) 主程序	(b)"求最大值"子程序

图 4-58　数组运算的梯形图程序

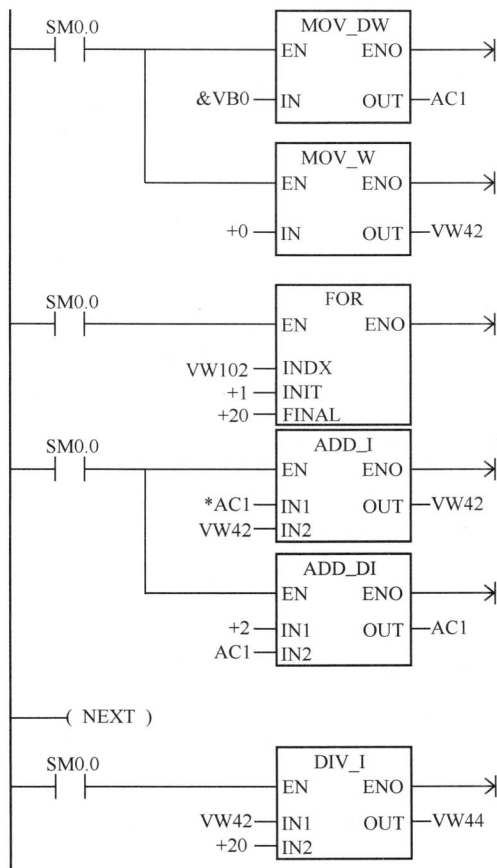

(c)"求平均值"子程序

图 4-58　数组运算的梯形图程序（续）

进行比较：将指针 AC1 加 2，指向下一个数据存放的地址，若该地址内的值比 VW40 中的数据大，就直接送往 VW40 覆盖原数据。全部比较完毕，20 个数据中的最大值就一定会被存放在 VW40 中。

如图 4-58（c）所示，在"求平均值"子程序中，先将求和存储器 VW42 清零；再用循环指令将 20 个数据逐一相加，并将所求之和存放到 VW42 中，因此循环次数为 20；接下来用除法指令将所求的和除以数据的个数 20，再将得到的平均值存放到 VW44 中。

需要说明的是，本任务要求每隔 0.5h 找出最大值，每隔 1h 计算平均值。也就是说，当执行"求平均值"子程序计算平均值时，还要执行"求最大值"子程序找出最大值。程序实际执行时，每到 0.5h，只执行"求最大值"子程序；每到 1h，先执行"求最大值"子程序找出最大值，接着执行"求平均值"子程序计算平均值，此时"求最大值""求平均值"子程序会在同一个扫描周期中执行。

3．程序调试

按照 I/O 接线图接好各信号线，输入程序，调试并观察结果。

四、任务拓展——酒店自动门的开关控制

详情见学习任务工单 12。

综合实训　自动售货机的 PLC 控制

详情见学习任务工单 13。

习　题

1. S7-200 SMART 系列 PLC 中，数据类型为字的软元件有哪些？
2. 32 位变量存储器由什么组成？
3. 如下软元件是什么类型的软元件？由几位组成？
   I0.0、VW20、SB4、ID0、C2、IB4、MW1
4. 写出以下字节、字及双字数据的位地址区域。
   IB0、SW20、MD30、QD0、MW6
5. 有一灯塔，现要求用传送指令完成工作过程：按照红灯、黄灯、绿灯顺序每隔 1s 依次点亮，灯全亮后保持 3s，不断循环。
6. 用功能指令设计彩灯的交替点亮控制程序：有一组彩灯 L1～L8，要求隔灯显示，每隔一定时间变换一次，反复进行。用一个开关实现启停控制，时间间隔范围为 0.2～2s，可以调节。
7. 用两种不同类型的比较指令实现功能：对 I0.0 的脉冲进行计数，当脉冲数大于 5 时，Q0.1 为 ON，否则 Q0.0 为 ON；当 Q0.0 接通时间达到 10s 时，Q0.2 为 ON。请编制梯形图程序。
8. 比较说明执行加、减、乘、除运算后，操作数位数的变化。
9. 完成四则运算 $y = (3x_1 + 4x_2)/5$，其中 x_1、x_2 分别表示两个十进制数。
10. 运用函数运算指令计算求 $y=\sin(45°)+\ln(20)$。
11. 如图 4-59 所示，在产品检验完毕后，分别通过传感器对合格产品和不合格产品进行统计。请设计梯形图程序进行产品的合格率计算，当合格率大于或等于 90% 时，点亮绿色指示灯；当合格率小于 90% 且大于或等于 80% 时，点亮黄色指示灯；当合格率小于 80% 时，点亮红色指示灯。

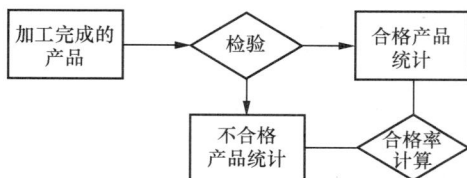

图 4-59　产品检验流程图

12. 请将十六进制数 16#0B 转换成十进制数，并用七段数码管显示出来。
13. VW0 的初始值为 0，VW1 的初始值为 100，每秒 VW0 中的值加 1，每秒 VW1 中的值减 1。请编制此梯形图程序。
14. VW0 的初始值为 16#16B4，执行一次"RLW VW0，3"指令后，VW0 的值为

多少？标志位 SM1.1 为多少？

15. 现有 5 台电动机，按下启动按钮后电动机每隔 6s 顺序启动运行，按下停止按钮后电动机每隔 1s 逆序停止运行。请编制此控制程序。

16. 使用跳转指令时应注意哪些问题？使用子程序调用指令时应注意哪些问题？

17. 有 30 个数（16 位）存放在 VW0～VW58 中。现要求出其最小值，存入 VW60 中。请编制此梯形图程序。

18. 使用循环指令求 1+2+3+⋯＋30 的结果。

19. 编制程序完成三相六拍步进电动机的正、反转控制，并能进行调速控制，调速范围为 500～20000 步/s。脉冲序列由 Q1.0～Q1.2（晶体管输出型）送出，作为步进电动机驱动电源功放电路的输入。

【实战演练】智慧停车场控制设计

一小型停车场的车位数为 100，进、出口均能自动检测车辆、控制道闸门启动。有车辆进入时空余车位数减 1，有车辆出去时空余车位数加 1，用两位七段数码管显示空余车位数。空余车位数为 0 时入口的道闸门不再打开，禁止车辆进入。

项目五 PLC 功能模块应用

【项目导读】

　　PLC 功能模块有模拟量 I/O 模块、温度模块、高速脉冲计数模块、位置控制模块、通信模块等，以及一些功能扩展板。功能模块通过扩展总线电缆直接连接到 PLC 基本单元，或者连接到其他特殊模块或扩展单元的右边。西门子 S7-200 SMART 系列 PLC 提供了丰富的功能模块，现以 CPU SR40 为例，讲述 PLC 模拟量、通信的功能设置和编程应用。

【学习目标】

- 认识和理解模拟量及通信模块的接线及设置。
- 深刻理解模拟量模块的寻址。
- 掌握模拟量模块的编程应用。
- 掌握 PLC 通信设置及编程应用。
- 综合应用模拟量模块及 PLC 进行电热水炉温度控制系统设计，并完成调试。

【素质目标】

- 培养辩证思维和大局观。
- 培养团队协作意识、创新意识和严谨求实的科学态度。
- 培养自主学习新知识、新技能的主动性和意识。
- 培养工程意识（如安全生产意识、质量意识、经济意识和环保意识等）。
- 培养通过网络搜集资料、获取相关知识和信息的能力。
- 培养良好的职业道德和精益求精的工匠精神。

【思维导图】

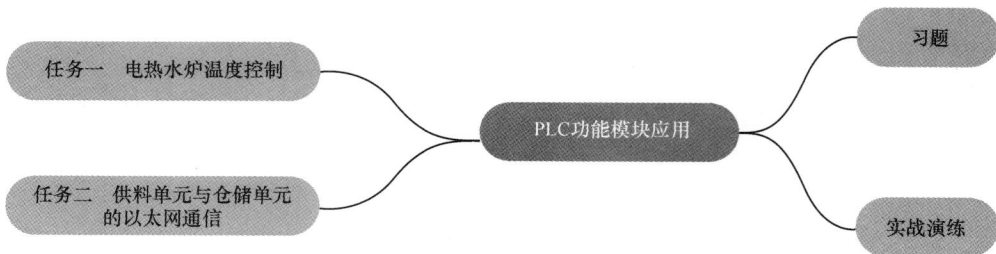

任务一　电热水炉温度控制

一、任务分析

图 5-1 所示为电热水炉温度控制示意图，要求当水位低于低液位开关时打开进水电磁阀加水，当水位高于高液位开关时关闭进水电磁阀，停止加水；当水位高于低液位开关时，打开电源控制开关开始加热，当水烧开时，停止加热并保温。

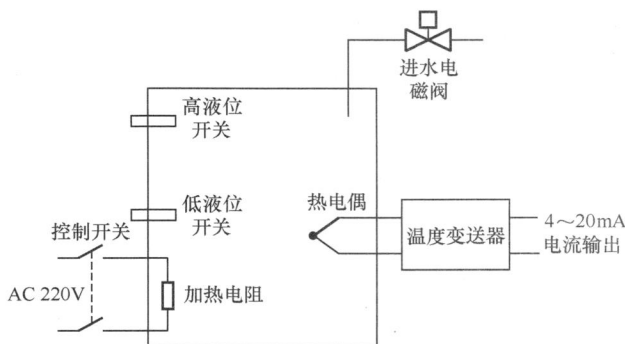

图 5-1　电热水炉温度控制示意图

在应用 PLC 控制电热水炉加热过程时，除考虑进水液位控制外，还要考虑加热温度控制，这里就需要用到 PLC 模拟量输入模块。从图 5-1 中可以看到温度信号通过温度变送器以 4~20mA 电流输出。以 CPU SR40 为例，这里需要选择 EM AM06 模拟量 I/O 模块来采集信号。

在完成设计任务时，首先需要确定 I/O 设备。在进行进水液位控制时，输入设备 S1 为高液位开关，S2 为低液位开关，输出设备 Q0.0 为进水电磁阀。在进行加热温度控制时，输入模拟量 ATO 为炉内水温，输出设备 Q0.1 为加热电阻的控制开关。开水温度一般为 95~100℃，保温温度一般设为 80℃以上，这里就需要用到 PLC 的比较指令。

二、相关知识——A/D 转换

EM AM06 为 6 通道 12 位模拟量 I/O 模块，D/A 转换是将离散的数字信号转换为模拟信号，而 A/D 转换是将模拟信号转换为数字信号。将 EM AM06 模拟量 I/O 模块（见图 5-2，以下简称 EM AM06 模块）连接在 S7-200 SMART 系列 PLC 上，可以实现电压输入、电流输入、电压输出、电流输出。下面主要介绍 EM AM06 模块的 A/D 转换。

（1）EM AM06 模块的输入、输出信号可以是-10~+10V 的直流电压，也可以是 4~20mA 的直流电流。

EM AM06 模块在 PLC 处于 STOP 模式下的输出行为是可以选择的，可选择将输出值替换为特定值或者继续保

图 5-2　EM AM06 模拟量 I/O 模块

持为切换到 STOP 模式之前的状态，具体设置界面如图 5-3 所示，具体设置方法如下。

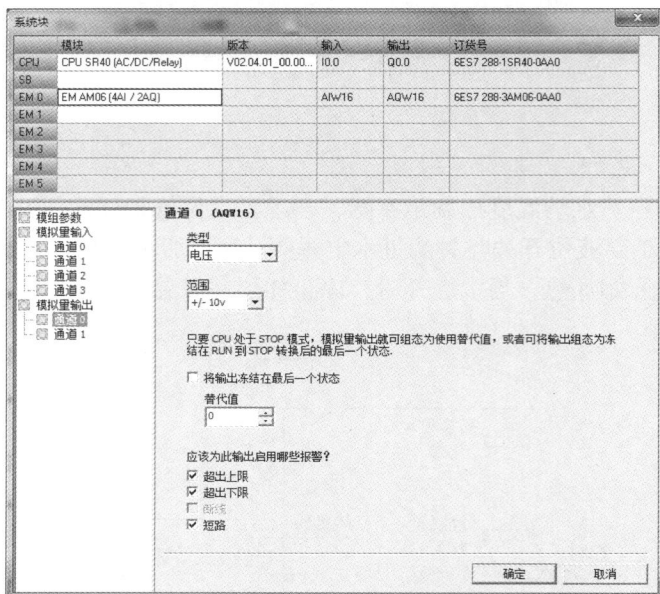

图 5-3　设置界面

①"替代值"设置：首先确认"将输出冻结在最后一个状态"复选框未选中，然后进行输出值的设置（默认值为 0），可设置范围为 -32512～32511，只要 CPU 处于 STOP 模式就可以输出对应的设置值。

②"将输出冻结在最后一个状态"设置：选中"将输出冻结在最后一个状态"复选框，就可以在 RUN 模式切换到 STOP 模式时，让 PLC 保持 RUN 模式切换前的输出值。

（2）EM AM06 模块的报警组态可以针对所选通道选择是启用还是禁用，共有以下 4 种类型的报警：超出上限、超出下限、断线（仅限电流通道）、短路（仅限电压通道）。

若启用了以上功能，当达到报警条件时，EM AM06 模块的红灯常亮。

（3）A/D 转换、D/A 转换时，模拟量和数字量之间有对应关系，PLC 内部用数值表示外部的模拟量信号，两者之间有一定的数学关系，这个关系就是模拟量-数字量的换算关系。

例如，在 A/D 转换中，使用一个 0～20mA 的模拟量信号输入，在 S7-200 SMART CPU 内部，0～20mA 对应于数值范围 0～27648；对于 4～20mA 的信号，对应的内部数值范围为 5530～27648。如果有两个传感器，量程都是 0～16MPa，但是一个是 0～20mA 输出，另一个是 4～20mA 输出。它们在相同的压力下，变送的模拟量电流大小不同，在 S7-200 SMART CPU 内部的数值表示也不同。显然两者之间存在比例换算关系。D/A 转换的情况也大致相同。

前面提到的是 0～20mA 与 4～20mA 之间的换算关系，但模拟量转换的目的显然不是在 S7-200 SMART CPU 中得到一个 0～27648 的数值；对于编程和操作人员来说，得到具体的物理量数值（如压力值、流量值）或者对应物理量占量程的百分比数值要更方便，这是换算的最终目标。模拟量转换常采用转换指令 S_ITR 和 S_RTI。S_ITR 指令用于将整数按比例转换为实数，S_RTI 指令用于将实数按比例转换为整数。指令端口 Output 为换算结果、Input 为换算输入值、ISH 为输入最大值、ISL 为输入最小值、OSH 为输出最大值、OSL 为输出最小值，换算指令 S_ITR 和 S_RTI 都可以用以下通用换算公式换算：

$$Output = [(OSH - OSL)(Input - ISL)/(ISH - ISL)] + OSL$$

它们之间的关系如图 5-4 所示。

（4）EM AM06 模块接线

EM AM06 模块模拟量输入接线如图 5-5 所示。普通接线如图 5-5（a）所示，每个模拟量通道都有两个接线端。模拟量电流、电压信号根据模拟量仪表或设备线缆个数分成四线制、三线制、两线制 3 种类型，不同类型的信号其接线方式不同。

四线制信号指的是模拟量仪表或设备上信号线和电源线加起来有 4 根。仪表或设备有单独的供电电源，除了两根电源线，还有两根信号线。四线制信号的接线如图 5-5（b）所示。

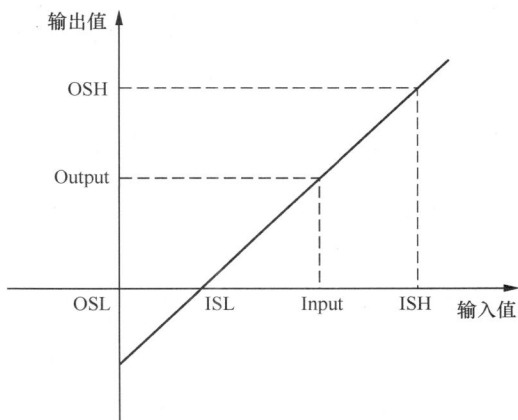

图 5-4 模拟量比例关系

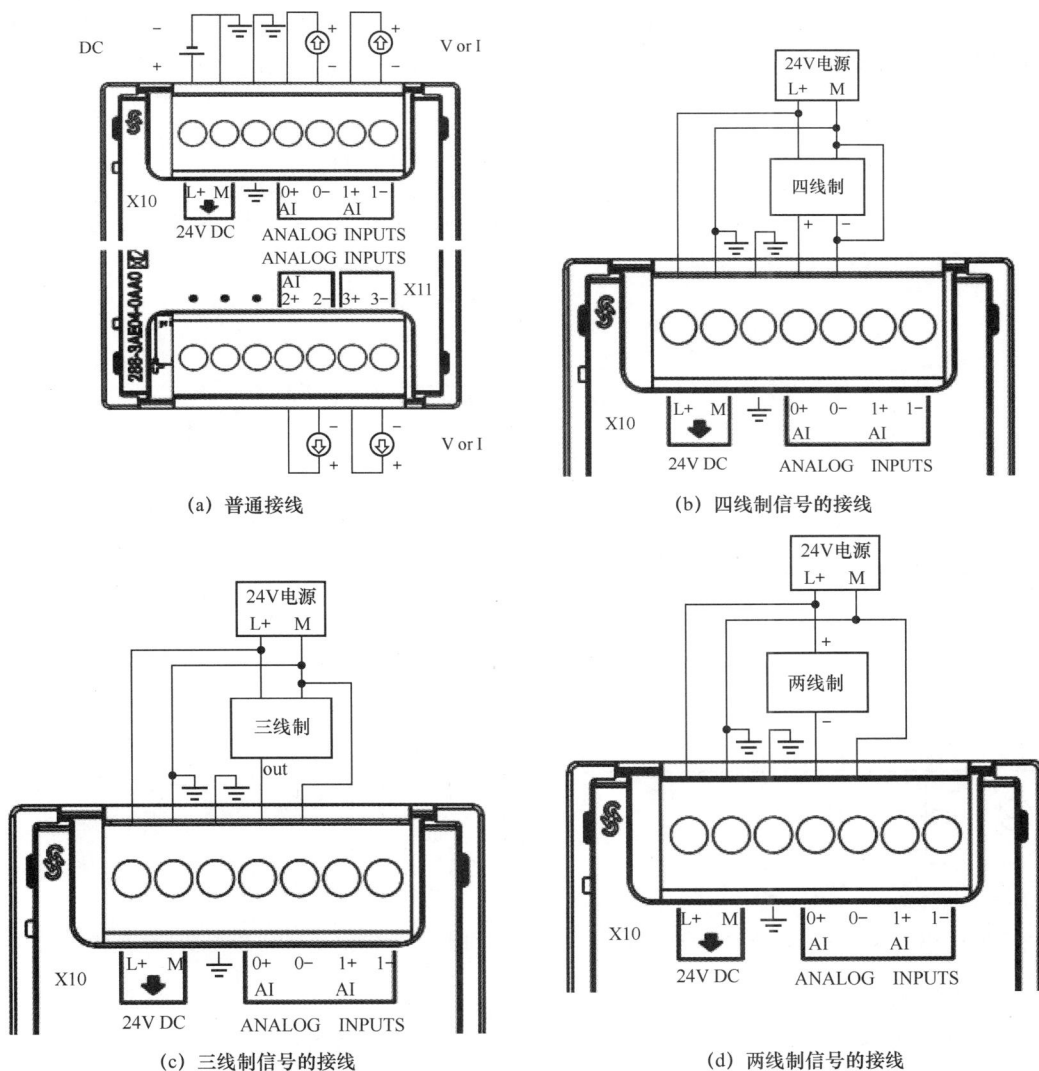

(a) 普通接线

(b) 四线制信号的接线

(c) 三线制信号的接线

(d) 两线制信号的接线

图 5-5 EM AM06 模块模拟量输入接线

三线制信号是指模拟量仪表或设备上信号线和电源线加起来有 3 根，负信号线与供电电源 M 线为公共线。三线制信号的接线如图 5-5（c）所示。

两线制信号指的是模拟量仪表或设备上信号线和电源线加起来只有两根。由于 S7-200 SMART CPU 模拟量模块通道没有供电功能，因此仪表或设备需要外接 24V 直流电源。两线制信号的接线如图 5-5（d）所示。

三、任务实施

1. 绘制 I/O 接线图

图 5-6 所示为电热水炉温度控制的 I/O 接线图。I0.0 接高液位开关，I0.1 接低液位开关，Q0.0 接进水电磁阀，Q0.1 接加热电阻。温度信号接入 EM AM06 模块。

2. 编制梯形图程序

根据电热水炉温度控制要求，设计梯形图程序，如图 5-7 所示。电热水炉运行，水位低于低液位开关（I0.1）时，打开进水电磁阀（Q0.0）加水，当水加至高液位开关（I0.0）时，关闭进水电磁阀。此时 PLC 通过对 EM AM06 模块采集的炉内水温的判断，控制电热水炉加热，即当水温低于 80℃时，开启加热电阻（Q0.1），当水温高于 95℃时，关闭加热电阻。

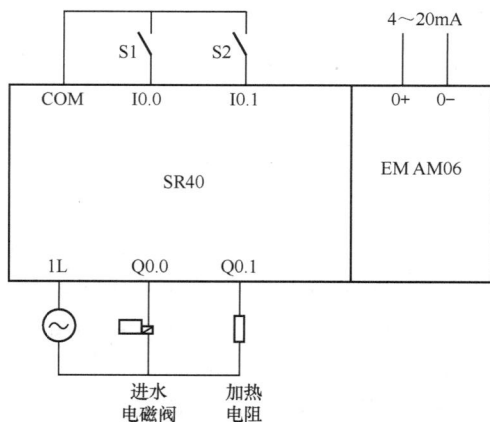

图 5-6　电热水炉温度控制的 I/O 接线图

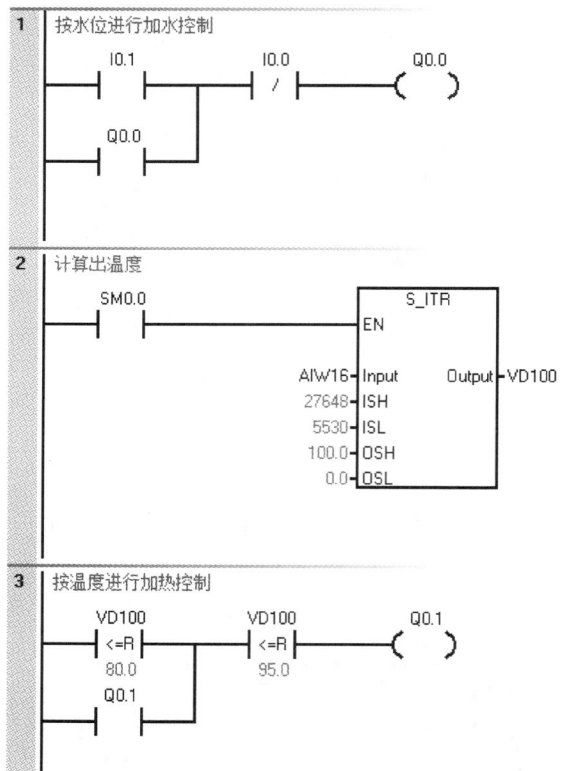

图 5-7　电热水炉温度控制的梯形图程序

3. 程序调试

按照 I/O 接线图接好外部各线，输入程序，调试并观察结果。

四、知识拓展——D/A转换

1. EM AM06 模块 D/A 转换概述

EM AM06 模块 D/A 转换用于将 12 位的数字量转换成 2 点模拟量输出（电压输出和电流输出），并将它们输入变频器、记录仪等。EM AM06 模块可连接到 S7-200 SMART 系列 PLC 中。两个模拟量输出通道可接受 DC −10～10V 或 0～20mA 输出。

2. D/A 转换的程序

图 5-8 所示为模拟量输出转换，转换指令 S_RTI 用于将内部数字量转换为模拟量输出。如图 5-8（a）所示，给 VD10 写入 4～20mA 电流对应的数值，模拟量输出通道 0 输出对应值电流；如图 5-8（b）所示，给 VD20 写入 0～10V 电压对应的数值，模拟量输出通道 1 输出对应值电压。

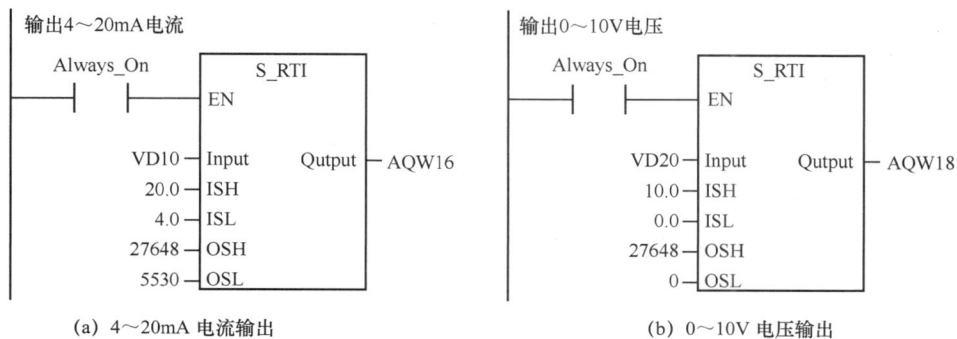

(a) 4～20mA 电流输出   (b) 0～10V 电压输出

图 5-8　模拟量输出转换

> **试试看**　能否用 EM AM06 模块实现模拟量电压或电流输出？参考答案请扫描二维码观看。

任务二　供料单元与仓储单元的以太网通信

一、任务分析

轴承用滚珠智能分拣包装装置是一个多工位生产设备，料盒供料单元和成品仓储单元分别由两台 S7-200 SMART 系列 PLC 控制，要求将供料单元的料盒信息、高度检测值、订单信息等发送给仓储单元，仓储单元将库位信息及完成情况发送至供料单元。

由于供料单元和仓储单元分别由两台 PLC 单独控制，因此要实现两者之间的信息交换，这两台 PLC 之间需要进行通信。

二、相关知识——两台 PLC 之间的通信

图 5-9 所示为两台 PLC 之间的通信连接。使用工业网线将两台 PLC 连接起来。

1. 为编程设备分配 IP 地址

如果编程设备正在使用连接到工厂 LAN（局域网）的网络适配器卡，则编程设备和

CPU 必须处于同一子网中。IP 地址与子网掩码相结合即可指定设备的子网。

每个 CPU 或设备必须具有一个 IP 地址，CPU 或设备使用此地址在更加复杂的路由网络中传送数据。每个 IP 地址分为 4 段，每段占 8 位即 1 字节，并以小数点进行区分的十进制格式表示（如 211.154.184.16）。IP 地址的第一部分表示网络地址（即网络 ID，位于什么网络），第二部分表示主机地址（即主机 ID，对于网络中的每台设备都是唯一的）。西门子系列 PLC 采用 C 类 IP 地址，由 3 字节的网络地址和 1 字节的主机地址组成。要使两台 PLC 建立通信其网络地址必须一样，但主机地址不能一样。每个网络能容纳 254 个主机。

IP 地址 192.168.x.y 是一个标准名称，视为未在 Internet 上路由的专用网的一部分。子网是已连接的网络设备的逻辑分组。在 LAN 中，子网中的节点彼此之间的物理位置通常相对接近。子网掩码定义 IP 子网的边界，子网掩码 255.255.255.0 通常适用于本地网络。

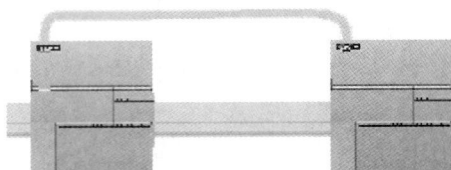

图 5-9 两台 PLC 之间的通信连接

如果使用的是 Windows 10，就可以通过以下菜单选项来分配或检查编程设备的 IP 地址："开始"→"控制面板"→"网络和共享中心"→"本地连接"→"属性"。

在"本地连接属性"对话框的"此连接使用下列项目"中：

① 勾选"Internet 协议版本 4 (TCP/IPv4)"复选框；

② 单击"属性"按钮；

③ 选择"自动获得 IP 地址"或"使用下面的 IP 地址"（输入静态 IP 地址）。

如果已选择"自动获得 IP 地址"，则可能需要更改为"使用下面的 IP 地址"以连接到 S7-200 SMART CPU：

① 将 IP 地址设置为与 S7-200 SMART CPU 具有相同网络 ID 的地址（如 192.168.2.200）；

② 设置子网掩码为 255.255.255.0；

③ 网关保持默认设置（即留空）；

④ 单击"确定"按钮。

2. 为 PLC 分配 IP 地址

所有 S7-200 SMART CPU 都有默认 IP 地址 192.168.2.1，必须为网络上的每台设备设定一个唯一的 IP 地址。有 3 种方法可组态（即设置）或更改 CPU 或设备板载以太网接口的 IP 信息：

① 在"通信"对话框中组态或更改 IP 信息（动态 IP 信息）；

② 在"系统块"对话框中组态或更改 IP 信息（静态 IP 信息）；

③ 在用户程序中组态或更改 IP 信息（动态 IP 信息）。

（1）在"通信"对话框中组态动态 IP 信息

通过"通信"对话框进行的 IP 信息组态或更改会立即生效，无须下载项目。有以下两种方式打开"通信"对话框。

① 在导航栏中单击"通信"按钮。

② 在项目树中，选择"通信"节点，然后按 Enter 键，或双击"通信"节点。

在"通信"对话框中可选择以下两种方式之一来访问 CPU。

① "找到 CPU"：CPU 位于本地网络。

② "添加 CPU"：CPU 位于本地网络或远程网络（例如通过路由器访问另一网络中的

CPU）。

对于"找到 CPU"，可通过"通信"对话框与 CPU 建立连接，步骤如下。

① 在"通信接口"中为编程设备选择 TCP/IP 网络接口卡。

② 单击"查找 CPU"按钮，将显示本地以太网中所有可操作的 CPU（"找到 CPU"）。

③ 高亮显示 CPU，然后单击"确定"按钮。

对于"添加 CPU"，可通过"通信"对话框与 CPU 建立连接，步骤如下。

① 在"通信接口"中为编程设备选择 TCP/IP 网络接口卡。

② 单击"添加 CPU"按钮，执行以下任意一项操作：输入编程设备可访问但不属于本地网络的 CPU 的 IP 地址；在本地网络/远程网络中添加多个 CPU。通常情况下，在 STEP 7-Micro/WIN SMART 软件中每次只能与一个 CPU 进行通信。

③ 高亮显示 CPU，然后单击"确定"按钮。要组态或更改 IP 信息，执行以下操作。

④ 单击所需的 CPU。

⑤ 如果需要区别要组态或更改的 CPU，单击"闪烁指示灯"按钮。此按钮会针对列表中高亮显示的 CPU 闪烁"STOP""RUN"和"FAULT"灯。

⑥ 单击"编辑"按钮，输入或更改以下 IP 信息：IP 地址、子网掩码、默认网关、站名称。

⑦ 单击"确定"按钮，在 CPU 中更新 IP 信息。

在图 5-10 所示"通信"对话框中组态板载以太网接口的 IP 信息时，此 IP 信息为动态 IP 信息。如果未选中"系统块"对话框中的"IP 地址数据固定为下面的值，不能通过其他方式更改"复选框，则必须在"通信"对话框中输入 IP 信息。可通过单击"编辑"按钮，输入新 IP 信息并更新此信息。

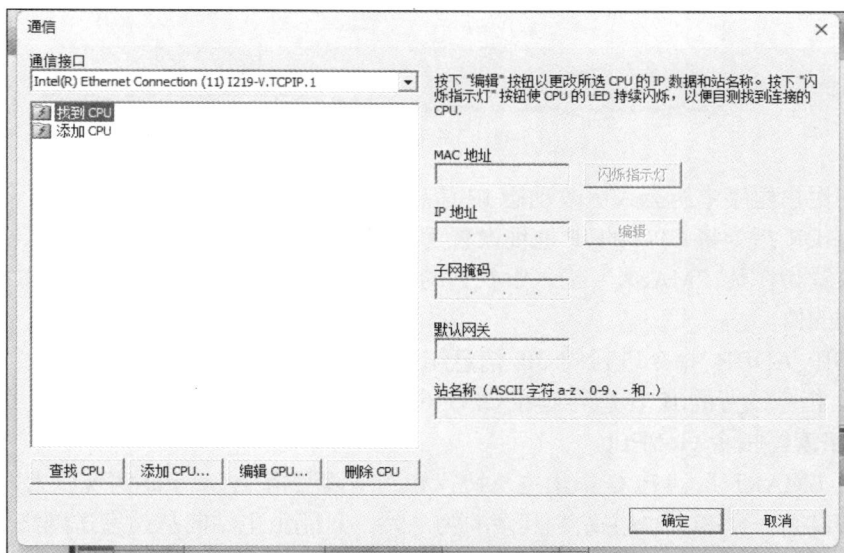

图 5-10　"通信"对话框

（2）在"系统块"对话框中组态或更改静态 IP 信息

在"系统块"对话框中进行的 IP 信息组态或将 IP 信息更改为项目的一部分，将项目下载至 CPU 前不会生效。有以下两种方式打开"系统块"对话框。

① 在导航栏中单击"系统块"按钮。

② 在项目树中，选择"系统块"节点，然后按 Enter 键，或双击"系统块"节点。

要组态或更改 IP 信息，需执行以下操作。

① 如果尚未选中"IP 地址数据固定为下面的值，不能通过其他方式更改"复选框，则选中此复选框，以启用以太网接口 IP 信息字段。

② 输入或更改以下 IP 信息：IP 地址、子网掩码、默认网关、站名称。

③ 单击"确定"按钮。

在图 5-11 所示的"系统块"对话框中，选中"IP 地址数据固定为下面的值，不能通过其他方式更改"复选框，则板载以太网接口输入的 IP 信息为静态 IP 信息。必须将静态 IP 信息下载至 CPU，然后才能在 CPU 中激活。如果想更改 IP 信息，则只能在"系统块"对话框中更改此 IP 信息并将其再次下载至 CPU。

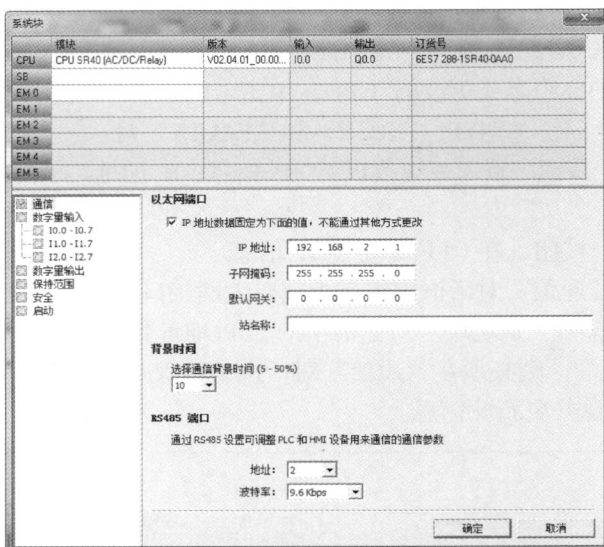

图 5-11 "系统块"对话框

（3）在用户程序中组态或更改动态 IP 信息

SIP_ADDR 指令将 CPU 的 IP 地址设置为在其"ADDR"输入中找到的值，将 CPU 的子网掩码设置为在其"MASK"输入中找到的值，并将 CPU 的网关设置为在其"GATE"输入中找到的值。

通过 SIP_ADDR 指令进行的 IP 信息组态或更改会立即生效，无须下载项目。使用 SIP_ADDR 指令设置的 IP 信息存储在 CPU 的永久存储器中。

3. 网络读写指令 Get/Put

S7-200 SMART 系列 PLC 采用主从协议和网络读写指令 Get/Put 实现以太网通信。通信网络中需设立一台 PLC 为主站，其余的为从站，只能由主站向从站发送网络读写指令，从站被动接收。

Get 是读取从站信息的指令，由主站向从站（需指明从站的 IP 地址）发出读取信息的指令；Put 是向指定 IP 地址的从站写入主站信息的指令。具体用法参见后面的任务实施部分。

三、任务实施

1. 设置供料单元和仓储单元的 IP 地址

在"系统块"对话框中，设置供料单元的 IP 地址为 192.168.2.1，仓储单元的 IP 地址为 192.168.2.2。

2. 创建通信操作

选择供料单元为主站，仓储单元为从站。打开主站的 STEP 7-Micro/WIN SMART，单击右侧工具栏中的"Get"/"Put"按钮，打开"Get/Put 向导"对话框。添加两个操作，命名为"发送"和"接收"，如图 5-12 所示。

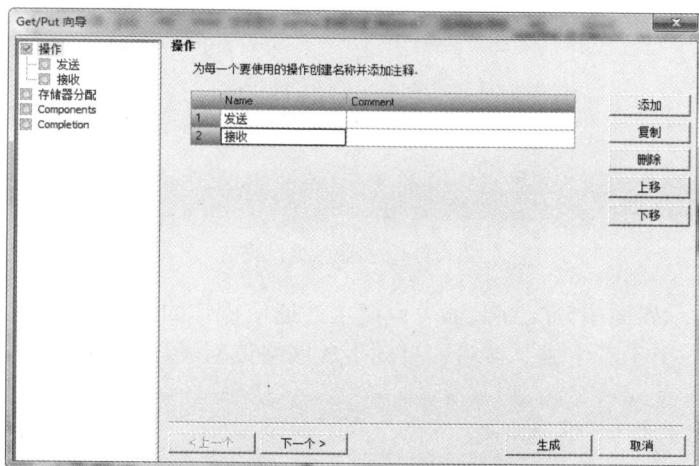

图 5-12　创建通信操作

单击"下一个"按钮，进入图 5-13 所示界面，类型选择"Put"（网络写入），即从本地（主站）PLC 向远程（从站）PLC 发送信息；传送大小按照需要选择，最小为 1 字节，这里设置为 50 字节；远程 PLC 的 IP 地址设置为从站仓储单元 PLC 的 IP 地址；本地地址为信息本地存储区（供料单元的发送缓冲区）；远程地址为信息远程存储区（仓储单元的接收缓冲区）。完成后单击"下一个"按钮。

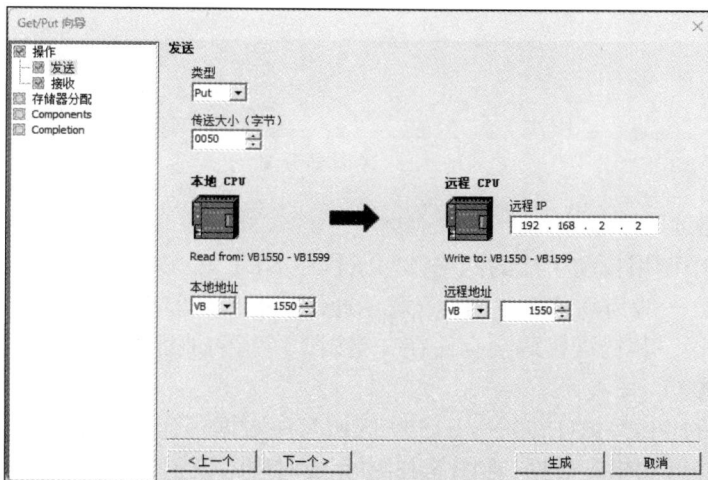

图 5-13　发送数据设置

在图 5-14 所示界面中，按照上述方法继续设置，类型选择"Get"（网络读取），即获取远程 PLC 的信息，修改本地地址和远程地址，完成后单击"下一个"按钮。

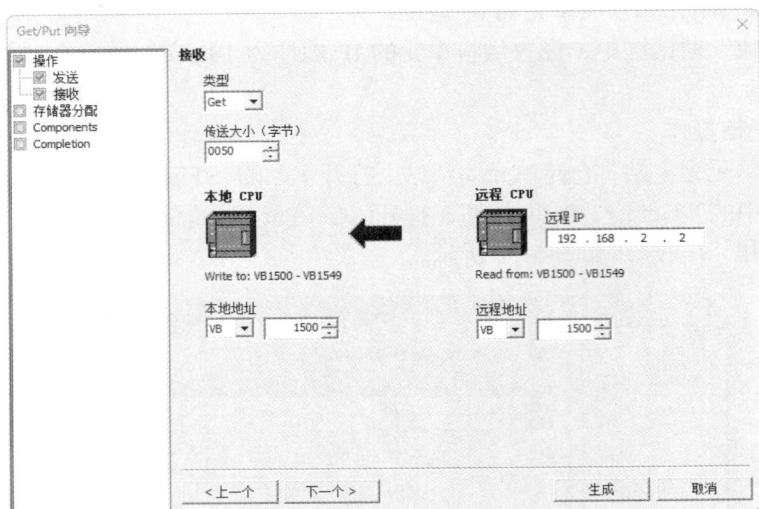

图 5-14　接收数据设置

在图 5-15 所示界面中分配存储器（存储上述通信操作的信息），注意不要在程序中使用该存储器。最后单击"生成"按钮，自动生成网络读写子程序 NET_EXE。

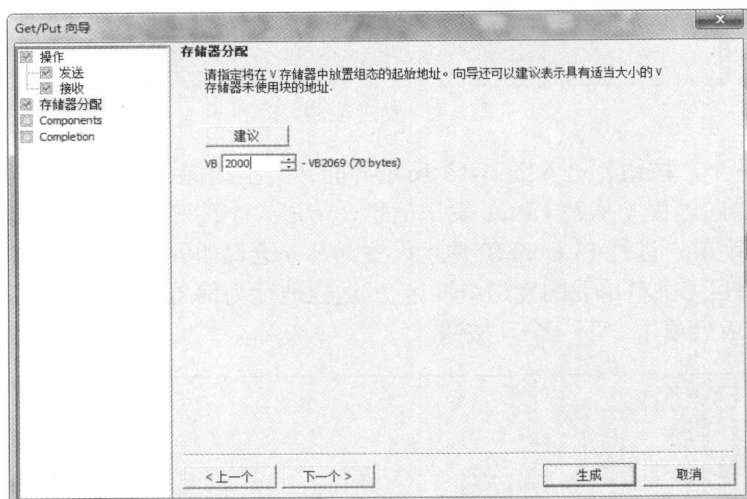

图 5-15　存储器分配

3. 调用网络读写子程序

在主站程序中调用自动生成的网络读写子程序 NET_EXE，如图 5-16 所示。"超时"表示通信延长时间，一般为 0～3s。"周期"表示通信状态周期监控数据的存储地址是 M10.0。若通信中出现错误，其错误代码会存储在"错误"所指的地址 M10.1 中。

4. 通信测试

在供料单元的 PLC VB1550～VB1599 区域写入数据，仓储单元的 PLC 的 VB1550～VB1599 区域能够得到相应数据，在图 5-13 中完成对应的设置，其编辑部分如图 5-17 所示；在仓储单元的 PLC 的 VB1500～VB1549 区域写入数据，供料单元的 PLC VB1500～VB1549

区域能够得到相应数据。

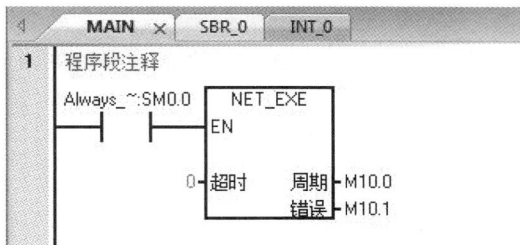

图 5-16　调用网络读写子程序

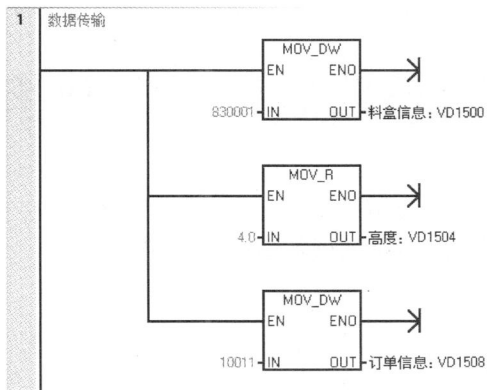

图 5-17　数据写入

四、知识拓展——多台设备之间的通信

编程设备或人机交互（Human Machine Interaction，HMI）设备与 PLC 之间的直接连接不需要以太网交换机。不过，含有两台以上的 PLC 或 HMI 设备的网络就需要以太机网交换机。图 5-18 所示为多台设备连接。

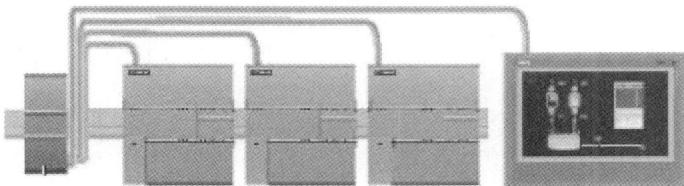

图 5-18　多台设备连接

多台设备之间的通信和两台 PLC 之间的通信相似。首先，按照图 5-12 创建通信操作；然后，按照图 5-13 所示的发送数据设置和图 5-14 所示的接收数据设置，为不同设备设置不同 IP 地址，设置本地和远程地址；最后，按照图 5-15 和图 5-16 进行存储器分配和调用网络读写子程序以完成通信。

习　题

1. 结合相关资料，列举 3 种 S7-200 SMART 系列 PLC 功能模块。

2. 在模拟量功能模块中经常要用到 PLC 的转换指令 S_ITR 和 S_RTI，解释这两条指令的含义。

3. 要求 2 点模拟量采样，求其平均值，并将该平均值作为模拟量输出值予以输出，试选用 PLC 功能模块并编写程序。

4. 利用以太网通信指令将数据寄存器 VB200～VB209 中的数据按 16 位通信模式传送出去，并将接收到的数据转存在 VB100～VB109 中。

5. 用两台 S7-200 SMART 系列 PLC 组建网络，将从站 I0.0～I0.7 的信号传送到主站。

主站接收到信号后，当信号全部为 ON 时，主站向从站发出命令，置 M0.0 为 ON。试分别编写主站和从站梯形图程序。

【实战演练】恒流供水系统控制设计

　　某公司需要设计一个恒流供水系统，要求使用 PLC 自动控制流量调节阀，保持供水管道电磁流量计读数恒定在需求范围内。

项目六　PLC 与触摸屏

【项目导读】

　　人机界面是操作人员和机械设备之间进行双向沟通的"桥梁"，它是一种多功能显示屏，用户可以自由地组合文字、按钮、图形、数字等来进行监控管理及处理随时可能变化的信息。早期的操作界面需由熟练的操作人员操作，而且操作困难，很难提高工作效率。随着机械设备的飞速发展，使用人机界面能够明确指示并告知操作人员机械设备目前的状况，使操作变得简单并且可以减少操作上的失误，即使是新手也可以很轻松地操作整个机械设备。使用人机界面还可以使机械设备的配线标准化、简单化，减少 PLC 所需的 I/O 点数，降低生产成本，同时由于面板控制的小型化及高性能，因此相对地提高了整套设备的附加价值。

　　触摸屏作为一种新型的人机界面，从一出现就受到关注，简单易用、强大的功能以及优异的稳定性使其非常适用于工业环境如天车升降控制、生产线监控等，甚至可以用于日常生活之中（如自动化停车设备、自动洗车机）。

　　随着科技的飞速发展，越来越多的机械设备与现场操作都趋向于使用人机界面。PLC强大的功能及复杂的数据处理需要一种功能与之匹配、操作简便的人机界面，触摸屏的应运而生无疑是 21 世纪自动化领域一项巨大的革新。

【学习目标】

- 认识和理解触摸屏及其组态软件。
- 深刻理解触摸屏外部接口及接口接线。
- 掌握触摸屏设备组态与窗口组态。
- 了解触摸屏通信方式及多种组态软件。
- 综合应用触摸屏及 PLC 进行碱液配制系统设计，并完成调试。

【素质目标】

- 培养辩证思维和大局观。
- 培养团队协作意识、创新意识和严谨求实的科学态度。
- 培养自主学习新知识、新技能的主动性和意识。
- 培养工程意识（如安全生产意识、质量意识、经济意识和环保意识等）。
- 培养通过网络搜集资料、获取相关知识和信息的能力。
- 培养良好的职业道德和精益求精的工匠精神。

【思维导图】

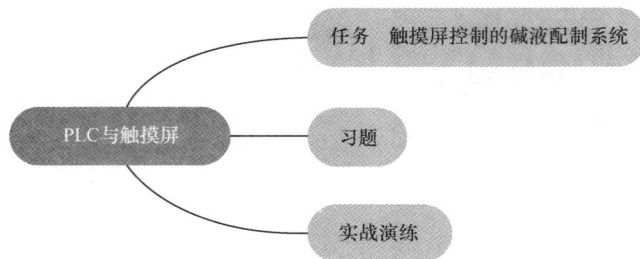

任务　触摸屏控制的碱液配制系统

一、任务分析

图 6-1 所示为碱液配制系统示意图。配制碱液时，先打开加碱液电磁阀 V2，加高浓度碱液至罐中低液位开关 LSL 处。关闭加碱液电磁阀 V2，然后开启搅拌电动机 M1，再打开加水电磁阀 V1，加水至高液位开关 LSH 处。关闭加水电磁阀 V1，搅拌电动机 M1 运行 10min 后停止。

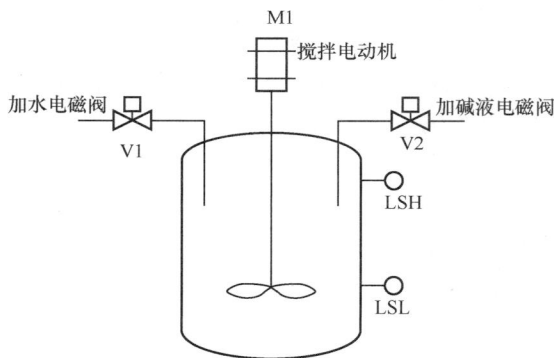

图 6-1　碱液配制系统示意图

本任务选用 TPC7062 系列 MCGS 触摸屏连接 PLC 进行控制。

二、相关知识——MCGS 触摸屏

可进行 PLC 控制的触摸屏是专门面向 PLC 应用的人机界面，它不同于一些简单的仪表或其他简单的控制 PLC 的设备。其功能非常强大，使用非常方便，非常适应现代工业越来越巨大的工作量及多方面的功能需求，逐渐成为现代工业必不可少的设备之一。MCGS 触摸屏是深圳昆仑技创科技开发有限责任公司（简称昆仑技创公司）研发的一种人机界面，具有耐用性强、响应速度快、节省空间、易于通信等诸多优点。

1. MCGS 触摸屏的特点

下面以 TPC7062 系列触摸屏为例，介绍 MCGS 触摸屏的特点。

（1）高清：分辨率为 800 像素 × 480 像素。

（2）真彩色：65535 色数字真彩色，具有丰富的图库。

（3）可靠：抗干扰性能达到工业三级标准。

（4）配置：ARM9 内核、400MHz 主频、64MB 内存、128MB 存储空间。

（5）环保：低功耗，整机功耗为 6W。

（6）美观：7 英寸（1 英寸=2.54 厘米）宽屏显示，超轻、超薄机身。

（7）多语言：支持多国语言功能。

2. MCGS 触摸屏外部接口

TPC7062 系列 MCGS 触摸屏有 5 个外部接口如图 6-2 所示。LAN 接口是选配接口；USB1 接口是触摸屏实时数据库的备份接口；USB2 接口是触摸屏与计算机的数据通信接口；24V 电源接口用于给设备供电；COM 串口，可以使用 RS-232 串口或者 RS-485 串口实现触摸屏与网络设备的连接。

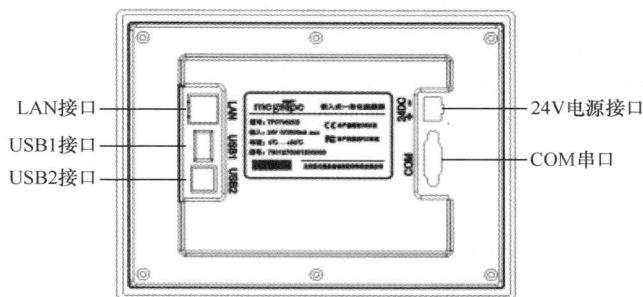

图 6-2　TPC7062 系列 MCGS 触摸屏外部接口

TPC7062 系列 MCGS 触摸屏串口引脚定义如表 6-1 所示。

表 6-1　　　　　　　　　　TPC7062 系列 MCGS 触摸屏串口引脚定义

串口	引脚	引脚定义
COM1	2	RS-232 RXD
	3	RS-232 TXD
	5	GND
COM2	7	RS-485+
	8	RS-485−

COM2 的 RS-485 通信方式默认设置为无匹配电阻模式。如果通信距离大于 20m 或者通信不稳定，可以将 RS-485 通信方式设置为有匹配电阻模式。设置匹配电阻需要打开触摸屏后盖，COM2 终端电阻跳线设置在左侧为无终端匹配电阻，设置在右侧为有终端匹配电阻，如图 6-3 所示。

跳线设置	终端匹配电阻
	无
	有

图 6-3　COM2 终端电阻跳线

3. MCGS 嵌入版组态软件介绍

MCGS 触摸屏的人机交互界面需要通过 MCGS 嵌入版组态软件进行组态。

（1）认识 MCGS 嵌入版组态软件

MCGS 嵌入版组态软件是用于 "mcgsTpe" 的组态软件，主要完成现场数据的采集与监测、前端数据的处理与控制。

将 MCGS 嵌入版组态软件与其相关的硬件设备结合使用，可以快速、方便地开发各种用于现场数据采集、数据处理和控制的设备。如可以灵活组态各种智能仪表、数据采集模块、无纸记录仪、无人值守现场采集站等专用设备。

（2）MCGS 嵌入版组态软件的主要功能

① 简单、灵活的可视化操作界面，采用全中文、可视化的开发界面，符合中国人的使用习惯和要求。

② 实时性强，有良好的并行处理性能，是真正的 32 位系统，以线程为单位对任务进行分时并行处理。

③ 丰富、生动的多媒体画面，以图像、图符、报表、曲线等多种形式为操作人员及时提供相关信息。

④ 完善的安全机制，可以为多个不同级别的用户设定不同的操作权限。

⑤ 强大的网络通信功能。

⑥ 多样化的报警功能，提供多种不同的报警方式，具有丰富的报警类型，方便用户进行报警设置。

⑦ 支持多种硬件设备。

（3）MCGS 嵌入版应用系统的组成

MCGS 嵌入版应用系统由主控窗口、设备窗口、用户窗口、实时数据库和运行策略 5个部分组成，如图 6-4 所示。

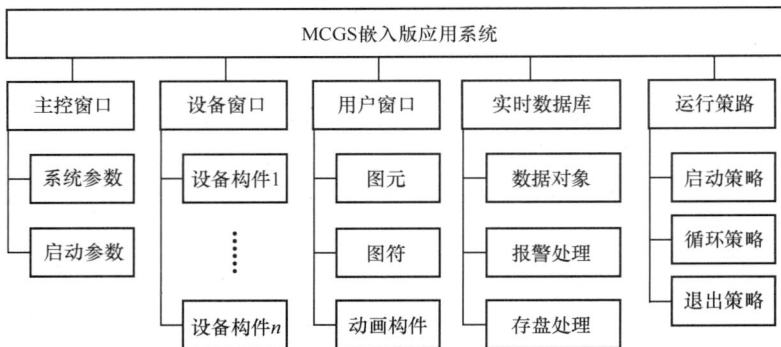

图 6-4　MCGS 嵌入版应用系统组成

主控窗口确定了工业控制中工程作业的总体轮廓，以及运行流程、系统参数和启动参数等，是应用系统的主框架。

设备窗口是应用系统与外部设备联系的媒介。设备窗口专门用来放置不同类型和功能的设备构件，实现对外部设备的操作和控制。设备窗口通过设备构件把外部设备的数据采集进来，输入实时数据库，或把实时数据库中的数据输出到外部设备。

用户窗口实现了数据和流程的可视化。用户窗口中可以放置 3 种不同类型的图形对象：图像、图符和动画构件。通过在用户窗口中放置不同的图形对象，用户可以构造各种复杂的图形界面，用不同的方式实现数据和流程的可视化。

实时数据库是应用系统的核心。实时数据库相当于一个数据处理中心，同时起到公共数据交换区的作用。从外部设备采集的实时数据会输入实时数据库，系统其他部分操作的数据也来自实时数据库。

运行策略是对应用系统运行流程实现有效控制的手段。运行策略本身是应用系统提供的一个框架，里面放置由策略条件构件和策略构件组成的"策略行"，通过对运行策略的定义，系统能够按照设定的顺序和条件执行任务，实现对外部设备工作过程的精确控制。

三、任务实施

依据功能要求，本任务选用 S7-200 SMART 系列 PLC 和 TPC 7062 系列 MCGS 触摸屏进行控制。通过触摸屏实现碱液配制过程的自动控制，同时实现对每台设备的独立控制。

1. 完成 PLC 程序设计

根据本任务的控制要求，图 6-5 所示为碱液配制系统 PLC 梯形图程序。输入端子：I0.0 为低液位开关信号，I0.1 为高液位开关信号。输出端子：Q0.0 为加水电磁阀控制信号，Q0.1 为加碱液电磁阀控制信号，Q0.2 为搅拌电动机控制信号。M0.0 为自动运行辅助继电器，M0.1、M0.2、M0.3 为手动操作辅助继电器。

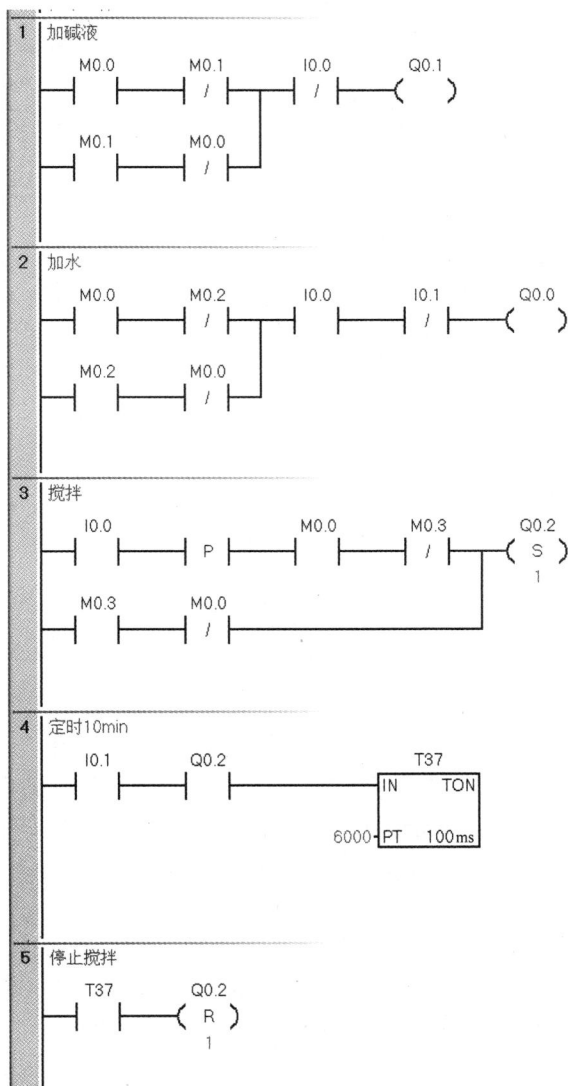

图 6-5 碱液配制系统 PLC 梯形图程序

2. 组态触摸屏

（1）创建工程

双击 Windows 操作系统桌面上的 "MCGSE 组态环境" 快捷方式，打开 MCGS 嵌入版组态软件，然后按如下步骤创建工程。

① 单击 "文件" 菜单中的 "新建工程" 选项，弹出 "新建工程设置" 对话框，TPC 类型选择 "TPC7062TI"，单击 "确认" 按钮。

② 单击 "文件" 菜单中的 "工程另存为" 选项，弹出 "另存为" 对话框。

③ 在 "文件名" 文本框内输入 "碱液配制系统"，选择保存位置，单击 "保存" 按钮，工程创建完毕。

（2）设备组态

在工作台中激活设备窗口，双击 "设备窗口" 图标，进入设备组态界面，单击工具栏中的 "工具箱"，调出设备工具箱，单击 "设备管理" 按钮，在弹出的 "设备管理" 对话框中可选定所需设备，如图 6-6 所示。

图 6-6　设备管理

在设备工具箱中，按顺序先后双击 "通用 TCP/IP 父设备" 和 "西门子_Smart200"，将其添加至设备组态窗口，如图 6-7 所示。

双击 "设备 0--[西门子_Smart200]"，进入设备编辑窗口，设置本地 IP 地址为 192.168.1.1，远端 IP 地址为 192.168.1.2，如图 6-8 所示。

（3）窗口组态

在工作台中激活用户窗口，单击 "新建窗口" 按钮，建立新画面 "窗口 0"。选中窗口，单击 "窗口属性" 按钮，弹出 "用户窗口属性设置" 对话框，在 "基本属性" 选项卡中将 "窗口名称" 修改为 "动画组态碱液配制系统画面"，单击 "确认" 按钮。

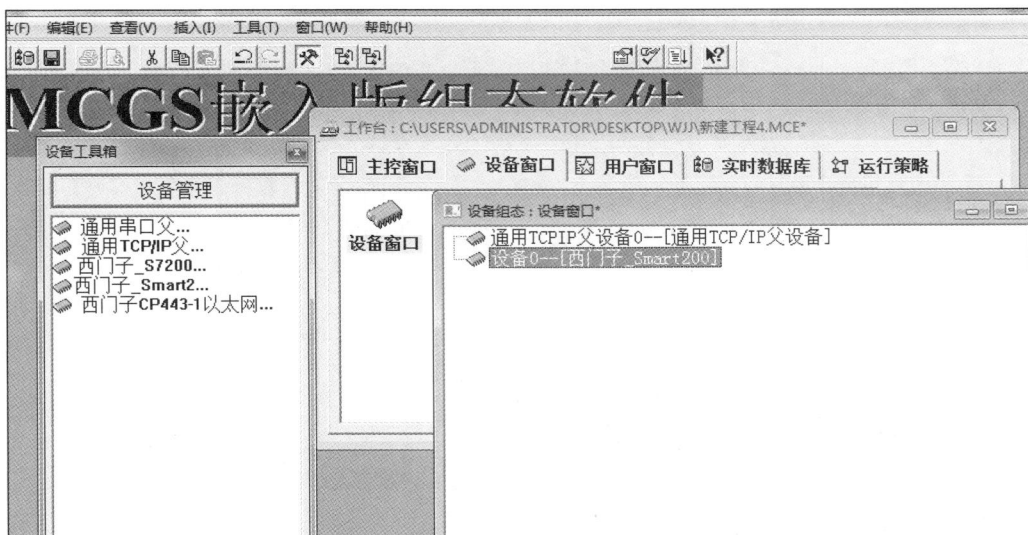

图 6-7　设备组态

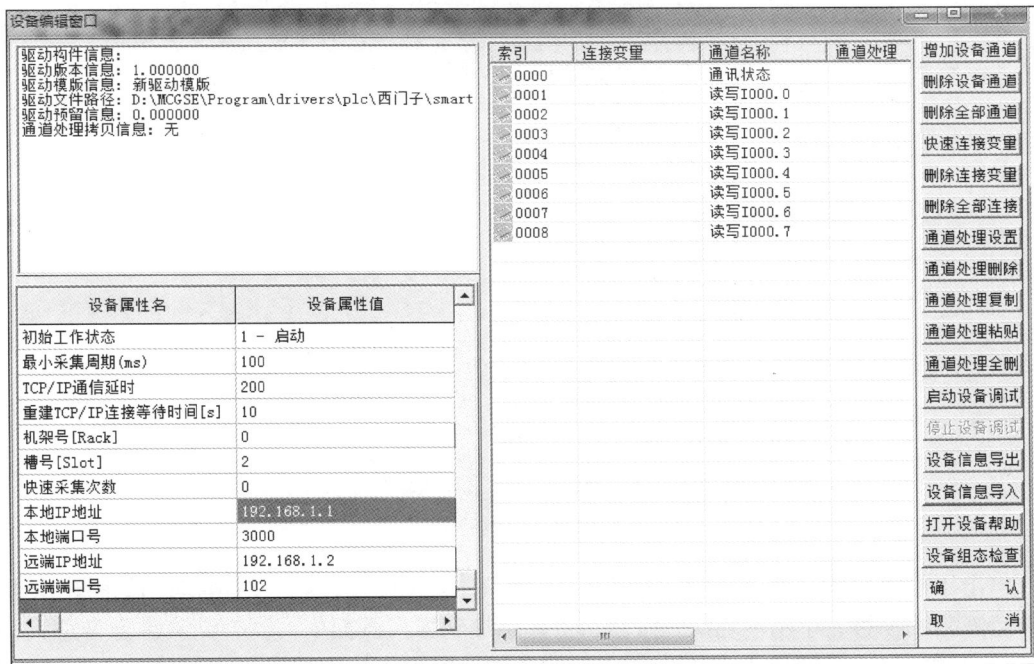

图 6-8　设置 IP 地址

　　双击"动画组态碱液配制系统画面",进入画面编辑界面,打开工具箱。从工具箱中单击"标准按钮"构件,在窗口中按住鼠标左键拖曳出合适大小后,松开鼠标左键。接下来双击"标准构件"按钮,打开"标准按钮构件属性设置"对话框,在"基本属性"选项卡中修改"文本"内容,单击"确认"按钮,如图 6-9 所示。

　　单击工具箱中的"标签"构件,在窗口中按住鼠标左键拖曳出合适大小的标签,然后双击该标签,弹出"标签动画组态属性设置"对话框,在"扩展属性"选项卡中,在"文本内容输入"文本框中输入"搅拌机",依次建立文本,如图 6-10 所示。

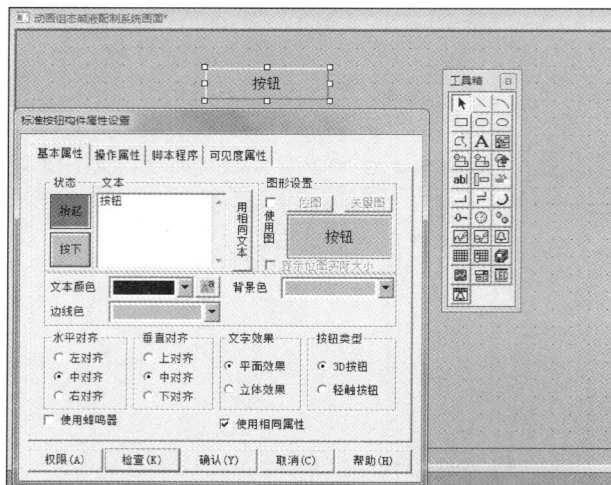

图 6-9　按钮组态

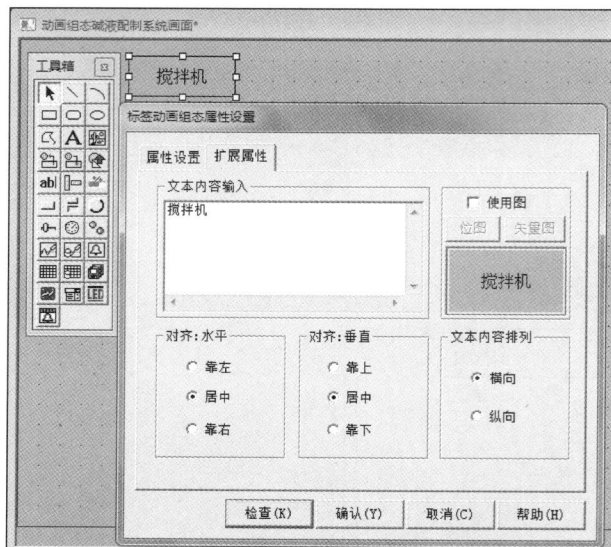

图 6-10　文本组态

　　单击工具箱中的"插入元件"按钮，打开"对象元件库管理"对话框，选中图形对象库中储液罐的一种，单击"确认"按钮，将其添加到窗口画面中。调整储液罐至合适大小，摆放至合适位置。按照以上方法将各个元件合理设置大小和位置，画出碱液配制系统组态图，如图 6-11 所示。

　　（4）建立数据连接

　　双击搅拌机按钮，弹出"标准按钮构件属性设置"对话框，如图 6-12 所示。在"操作属性"选项卡中，默认"抬起功能"按钮为按下状态，选中"数据对象值操作"复选框，选择"按 1 松 0"，单击"?"按钮，弹出"变量选择"对话框，如图 6-13 所示。在"变量选择"对话框中，选择"根据采集信息生成"，通道类型选择"M 内部继电器"，通道地址为"0"，数据类型选择"通道的第 03 位"，读写类型选择"读写"，设置完成后单击"确认"按钮。

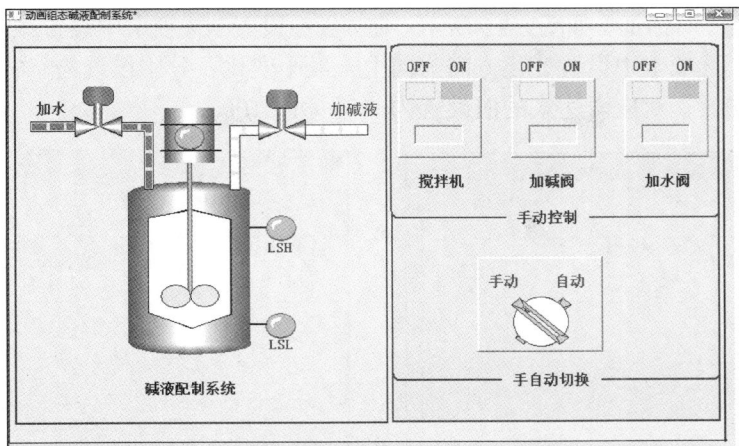

图 6-11 碱液配制系统组态图

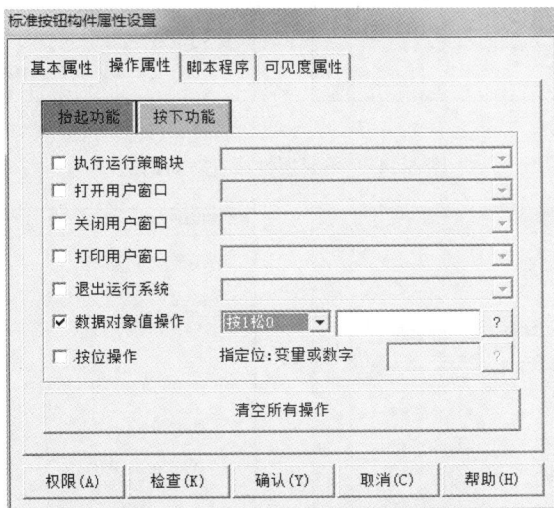

图 6-12 "标准按钮构件属性设置"对话框

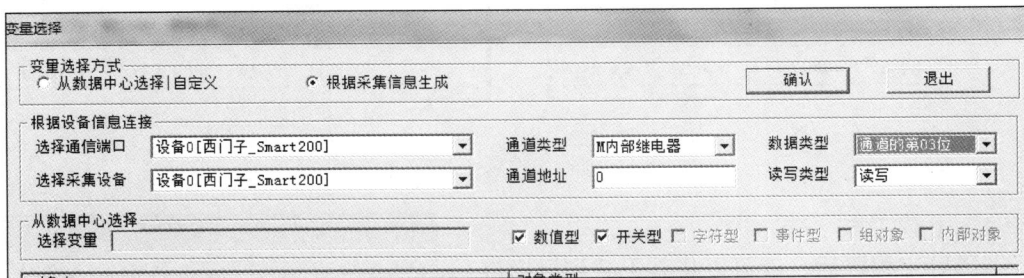

图 6-13 "变量选择"对话框

用同样的方法建立旋钮数据连接。

双击储液罐，弹出"单元属性设置"对话框，如图 6-14（a）所示。单击"？"按钮，弹出"变量选择"对话框，选择"根据采集信息生成"，通道类型选择"V 内部寄存器"，通道地址为"100"，数据类型选择"16 位无符号二进制数"，读写类型选择"读写"，单击"确认"按钮。打开"动画连接"选项卡，如图 6-14（b）所示，单击">"按钮，弹出"动画组态属性设置"对话框，如图 6-15 所示。在"属性设置"选项卡中设置颜色等基本属性；在"大小变化"选项卡中设置变化方向为向上，最小变化百分比设置为"0"，最大变化百分比设置为"100"，对应表达式的值设置为"0"和"100"。

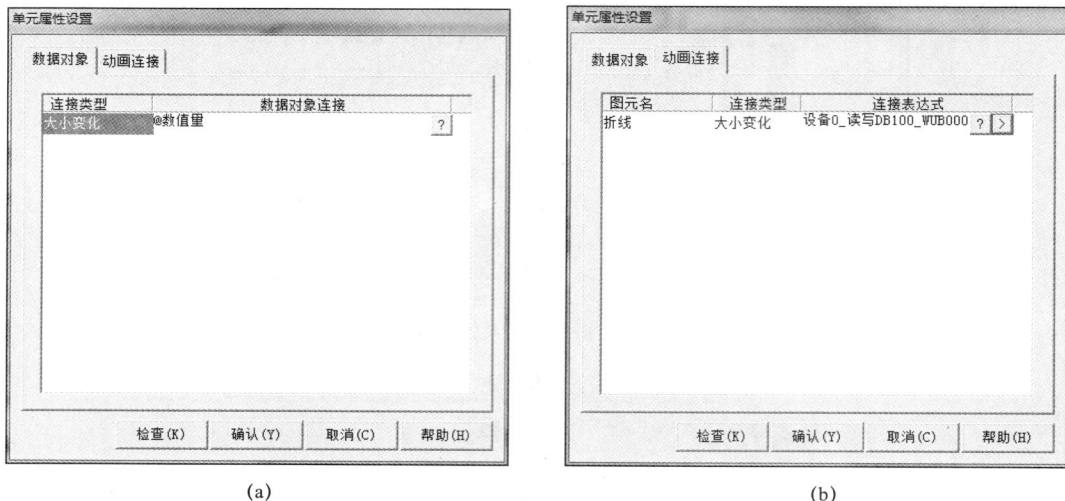

(a)　　　　　　　　　　　(b)

图 6-14　"单元属性设置"对话框

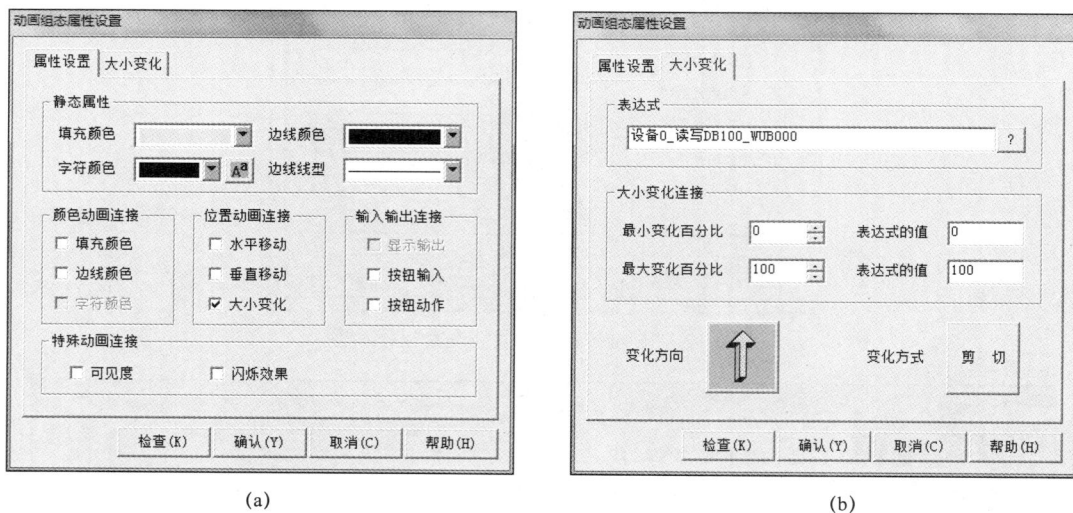

(a)　　　　　　　　　　　(b)

图 6-15　"动画组态属性设置"对话框

（5）下载工程

编译好工程以后，就可以将其下载到触摸屏上进行实际的操作了。在启动触摸屏时，按触摸屏的电源按钮，打开设置界面，进入系统维护界面，设置触摸屏 IP 地址为 192.168.1.1。单击"下载工程"，弹出"下载配置"对话框，如图 6-16 所示，设置目标机名为 192.168.1.1，单击"工程下载"按钮，完成工程下载。

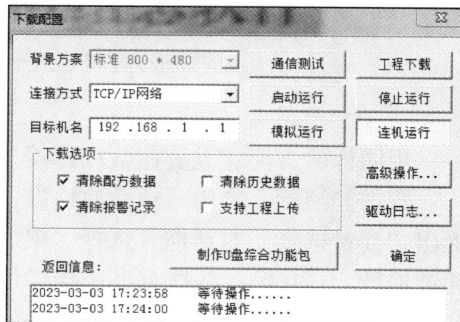

图 6-16　"下载配置"对话框

3. 运行调试

将组态程序下载到触摸屏后，使 PLC 与触摸屏连接，接通电源进行调试，直至满足需求。

四、知识拓展——PLC 与 MCGS 触摸屏的其他连接方式、WinCC 简介

1. S7–200 SMART 系列 PLC 与 TPC7062 系列 MCGS 触摸屏的其他连接方式

S7-200 SMART 系列 PLC 都可以通过 CPU 上的编程通信接口（RS-485）与 TPC7062 系列 MCGS 触摸屏连接，其连接方式如图 6-17 所示。在设备组态时，将"通用串口父设备"和"西门子_S7200PPI"添加至组态画面窗口，如图 6-18 所示。之后系统会提示是否使用西门子默认通信参数配置父设备，选择"是"即可。

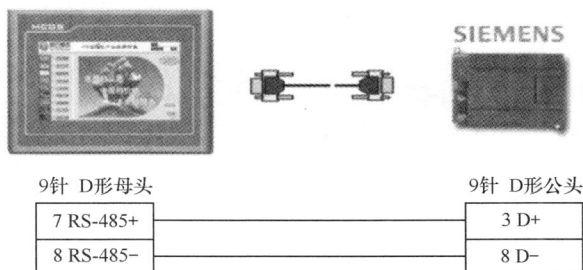

图 6-17　S7-200 SMART 系列 PLC 通过 RS-485 接口与 TPC7062 系列 MCGS 触摸屏连接

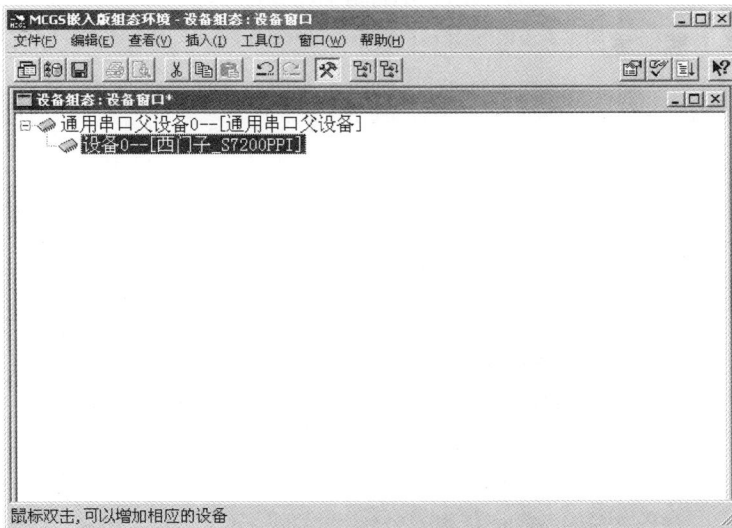

图 6-18　添加"通用串口父设备"和"西门子_S7200PPI"

2. WinCC 简介

WinCC 是西门子全集成自动化架构中基于 PC 的人机界面软件。WinCC 6.0 采用标准 Microsoft SQL Server 2000（WinCC 6.0 以前版本采用 Sybase）数据库进行生产数据的归档，同时具有 Web 浏览器功能，可使管理员在办公室内看到生产流程的动态画面，从而更好地指挥生产。

作为 SIMATIC 全集成自动化系统的重要组成部分，WinCC 确保与 SIMATIC S5、S7 和 505 系列 PLC 连接方便和通信高效；WinCC 与 STEP 7-Micro/WIN SMART 编程软件的紧密结合缩短了项目开发的周期。此外，WinCC 还有对 SIMATIC PLC 进行系统诊断的选项，给硬件维护提供了方便。

WinCC 具有以下特点。

（1）创新软件技术的使用。WinCC 是基于最新发展的软件技术研制的。西门子公司与 Microsoft 公司的密切合作保证了用户能够获得不断创新的技术。

（2）包括所有数据监控与采集（Supervisory Control and Data Acquisition，SCADA）功能在内的客户-服务器（Client/Server，C/S）系统。即使是最基本的 WinCC 系统，仍能提供生成复杂可视化任务的组件和函数，生成画面、脚本、报警和报表的编程器由最基本的 WinCC 系统组件建立。

（3）可灵活裁剪，由简单任务扩展到复杂任务。WinCC 是一个模块化的自动化组件，既可以灵活地进行扩展，从简单的工程应用扩展到复杂的多用户应用，又可以应用到工业和机械制造工艺的多服务器分布式系统中。

（4）众多的可选件和附加件扩展了基本功能。已开发的、应用范围广泛的、不同的 WinCC 可选件和附加件，均基于开放式编程接口，可满足不同工业分支的需求。

（5）使用 Microsoft SQL Server 2000 作为其组态数据和归档数据的存储数据库，可以使用 ODBC、DAO、OLE DB、WinCC OLE DB 和 ADO 方便地访问归档数据。

（6）WinCC 提供了 OLE、DDE、ActiveX、OPC 服务器等接口或控件，可以很方便地与其他应用程序交换数据。

（7）使用方便的脚本语言。WinCC 可编写 ANSI C 和 Visual Basic 脚本程序。

（8）开放应用程序接口（Application Program Interface，API）可以访问 WinCC 的模块。所有的 WinCC 模块都有一个开放的 C 编程接口（C-APL）。这意味着可以在用户程序中集成 WinCC 的部分功能。

（9）具有向导的简易（在线）组态。WinCC 提供了大量的向导来简化组态工作。在调试阶段还可进行在线修改。

（10）可选择语言的组态软件和在线语言切换。WinCC 是基于多语言设计的。这意味着可以在英语、德语、法语以及其他众多语言之间进行选择，也可以在系统运行时选择所需要的语言。

（11）提供所有主要 PLC 系统的通信通道。作为标准，WinCC 支持所有连接 SIMATIC S5、S7 和 505 控制器的通信通道，还包括 Profibus-DP、DDE 和 OPC 等非特定控制器的通信通道。此外，更广泛的通信通道可以由可选件和附加件提供。

（12）与基于 PC 的 WinAC 紧密结合，操作、监控系统在一台 PC 上相结合无疑是面向未来的趋势。在此前提下，WinCC 和 WinAC 实现了西门子公司基于 PC 的、强大的自动化解决方案。

（13）全集成自动化（Totally Integrated Automation，TIA）的部件。TIA 集成了西门子公司的各种产品（包括 WinCC），保证了组态、编程、数据存储和通信等方面的一致性。

（14）集成到制造执行系统（Manufacturing Execution System，MES）和企业资源计划（Enterprise Resource Planning，ERP）系统中。标准接口使 WinCC 成为在全公司范围内 IT 环境下的一个完整部件。这超越了自动控制过程，将范围扩展到工厂监控级，为公司管理 MES 和 ERP 系统提供了管理数据。

五、任务拓展——三相异步电动机正、反转运行的触摸屏控制

任务要求　触摸控制电动机正、反转。无论电动机是正转还是反转，均要求有运行时间控制。设定的运行时间一到，电动机就停止运行。可以在触摸屏上设定时间，已经运行的时间要在触摸屏界面上显示出来。

分析　本任务拓展通过触摸屏控制，所以不需要在输入端子接入启动、停止按钮，直接利用触摸屏组态和 PLC 控制即可完成任务。

1. 硬件选择及系统接线图

硬件选择及系统接线图如图 6-19 所示。其中，Q0.0、Q0.1 接正、反转接触器线圈，I0.0 接热继电器常开触点。

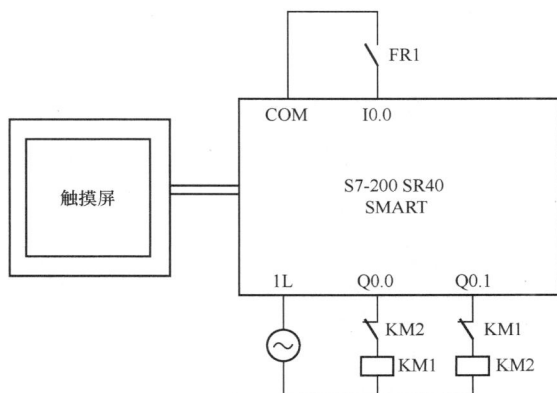

图 6-19　硬件选择及系统接线图

2. 设计 PLC 控制程序

PLC 控制程序如图 6-20 所示。

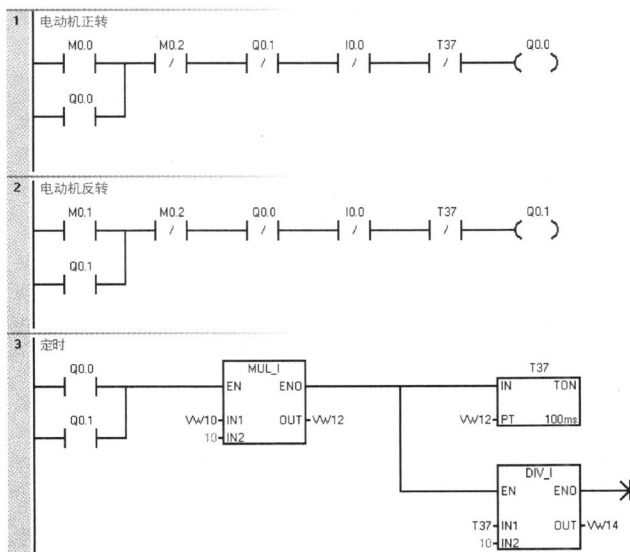

图 6-20　PLC 控制程序

3. 触摸屏组态

根据本任务的控制要求，制作的触摸屏组态画面如图 6-21 所示。正转启动按钮连接 M0.0，反转启动按钮连接 M0.1，停止按钮连接 M0.3，正转指示灯连接 Q0.0，反转指示灯连接 Q0.1，停止指示灯连接 M0.3，电动机过载指示灯连接 I0.0，运行时间设置连接 VW10，已运行时间显示连接 VW14。

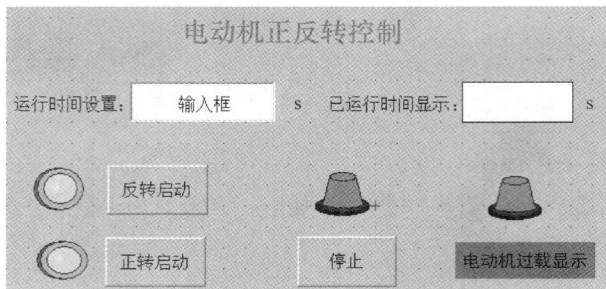

图 6-21　触摸屏组态画面

4. 运行调试

将组态程序下载到触摸屏后，使 PLC 与触摸屏连接，接通电源进行调试，直至满足需求。

习　题

1. 应用触摸屏和 PLC 实现十字路口交通信号灯系统图形控制。
2. 将项目三中的任务三——物料分拣机构的自动控制，设计成触摸屏和 PLC 控制。

【实战演练】水塔水位自动控制系统设计

某公司需要设计一个水塔水位自动控制系统，要求使用 PLC 和触摸屏实现图形状态显示和远程控制。

项目七　PLC 与变频器

【项目导读】

　　三相异步电动机的变频调速主要是利用变频器来实现的。利用 PLC 对变频器的控制即可实现对三相异步电动机转速的自动控制，认识变频器及使用变频器对三相异步电动机的转速进行调节和控制也是 PLC 应用的一个具体方面。本项目主要介绍变频器的基本结构和工作原理，以及如何使用变频器对三相异步电动机的转速进行控制。

【学习目标】

- 认识和理解变频器结构及其工作原理。
- 深刻理解变频器的外部接口及接线方式。
- 掌握变频器的参数设置及编程控制。
- 理解变频器的多种控制方式。
- 综合应用变频器和 PLC 进行钢琴琴弦绕丝机控制系统设计，并完成调试。

【素质目标】

- 培养辩证思维和大局观。
- 培养团队协作意识、创新意识和严谨求实的科学态度。
- 培养自主学习新知识、新技能的主动性和意识。
- 培养工程意识（如安全生产意识、质量意识、经济意识和环保意识等）。
- 培养通过网络搜集资料、获取相关知识和信息的能力。
- 培养良好的职业道德和精益求精的工匠精神。

【思维导图】

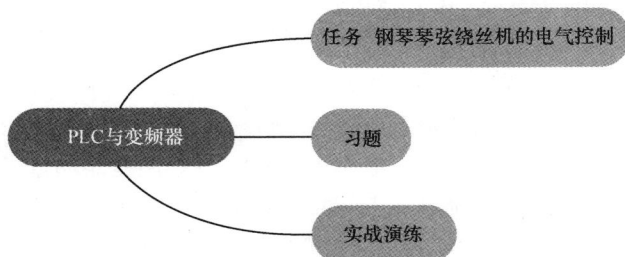

任务　钢琴琴弦绕丝机的电气控制

某钢琴琴弦绕丝机布局如图 7-1 所示。

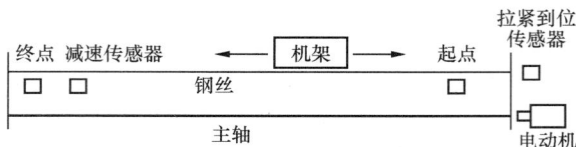

图 7-1　钢琴琴弦绕丝机布局

本任务基本要求：当机架处于起点位置且钢丝被拉紧时，按下启动按钮，绕丝机开始工作，机架向左运动，当机架运动到减速传感器位置时，主轴减速；机架继续向左运动，当机架运动到终点位置时，主轴电动机停止工作；主轴电动机停止工作 3s 后，主轴电动机反转，带动机架向右运动，当机架运动到起点位置时，主轴电动机停止工作，机架停止于起点位置，准备进入下一个循环。

一、任务分析

（1）机架的运行是由三相异步电动机带动主轴运动实现的，机架向左或者向右运动即要求三相异步电动机实现正转和反转控制。

（2）机架向左运动到减速传感器位置时，要求主轴减速，即三相异步电动机要能实现速度控制——变频器多段速度控制。

二、相关知识——变频器

1. 变频器的基本组成

变频器分为"交—交"和"交—直—交"两种形式。"交—交"变频器直接将工频交流电转换成频率、电压均可控制的交流电；"交—直—交"变频器则先把工频交流电通过整流器转换成直流电，然后把直流电转换（逆变）成频率、电压均可控制的交流电（由直流电转换成交流电的装置常称为逆变器），其基本组成如图 7-2 所示，主要由主电路（包括整流器、中间直流环节、逆变器）和控制电路组成。

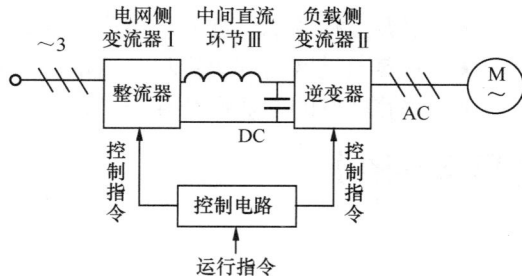

图 7-2　"交—直—交"变频器的基本组成

整流器的主要功能是将电网的交流电整流成直流电。逆变器通过三相桥式逆变电路将直流电转换成任意频率的三相交流电。中间直流环节又称为储能环节，由于变频器的负载一般为电动机，属于感性负载，因此在运行过程中，中间直流环节和电动机之间总会产生无功功率。无功功率由中间环节的储能元件（电容或电感）来缓冲。控制电路主要用于完成对逆变器的开关控制、对整流器的电压控制以及各种保护功能等。

2. 变频器的调速原理

三相异步电动机的转速公式为

$$n = n_0(1-s) = \frac{60f}{p}(1-s) \qquad (7\text{-}1)$$

其中，n_0——同步转速；

　　　f——电源频率，单位为 Hz；

　　　p——电动机极对数；

　　　s——电动机转差率。

从式（7-1）可知，改变电源频率即可实现调速。

对三相异步电动机实现调速时，希望主磁通保持不变。若主磁通太弱，铁芯利用不充分，同样的转子电流下转矩减小，电动机的负载能力下降；若主磁通太强，铁芯发热，电动机的运行环境会变差。如何实现主磁通不变呢？根据三相异步电动机原理，定子每相电动势的有效值为

$$E_1 = 4.44 f_1 N_1 \Phi_m \qquad (7\text{-}2)$$

其中，f_1——电动机定子频率，单位为 Hz；

　　　N_1——定子绕组有效匝数；

　　　Φ_m——每极磁通量，单位为 Wb。

从式（7-2）可知，对定子每相电动势和电动机定子频率进行适当控制即可维持主磁通不变。

三相异步电动机的变频调速必须按照一定的规律，同时改变其定子电压和频率，即必须通过变频器获得电压和频率均可调节的动力电源给到三相异步电动机，以此来获得优异的转矩和较小的能耗。

3. 变频器的额定值和频率指标

（1）输入侧的额定值主要是电压、频率和相数。在我国的中小容量变频器中，输入电压及频率的额定值有如下几种：380V/50Hz（三相）、200～230V/50Hz（两相）。

（2）输出侧的额定值。

① 输出电压 U_N（V）：因为变频器在变频的同时要变压，所以输出电压的额定值是指输出电压中的最大值。在大多数情况下，变频器输出频率等于电动机额定频率时，变频器输出电压与电动机额定电压相等。

② 输出电流 I_N（A）：允许长时间输出的最大电流，其是用户在选择变频器时的主要依据。

③ 输出容量 S_N（kV·A）：S_N 与 U_N、I_N 的关系为 $S_N = \sqrt{3}\, U_N I_N$。

④ 配用电动机容量 P_N（kW）：变频器使用说明书中规定的配用电动机容量，仅适用于长期连续负载。

⑤ 过载能力：变频器的过载能力是指输出电流超过额定电流的允许范围和时间。大多数变频器都规定其为 $150\% I_N$、60s，$180\% I_N$、0.5s。

（3）频率指标。

① 频率范围：变频器能够输出的最高频率 f_{max} 和最低频率 f_{min}。各种变频器规定的频率范围不完全一致，通常最低工作频率为 0.1～1Hz，最高工作频率为 60～120Hz。

② 频率精度：变频器输出频率的准确度。在变频器使用说明书中规定的条件下，频率精度由变频器的实际输出频率和设定频率之间的最大误差与最高工作频率之比的百分数来表示。

③ 频率分辨率：输出频率的最小改变量，即每相邻两挡频率之间的最小差值。一般分为模拟设定分辨率和数字设定分辨率两种。

4. 变频器的主接线

西门子 G120C 变频器的主接线一般有 8 个端子，如图 7-3 所示，其中输入端子 R、S、T 接三相电源线 L1~L3，PE 接地，输出端子 U、V、W、⏚接三相电动机和接地线，切记不能接反，否则将损坏变频器。R1、R2 接制动电阻，变频器的主接线如图 7-4 所示。有的变频器能以单相 220V 作为电源，此时，单相电源接到变频器的输入端子，输出端子 U、V、W 仍输出三相对称的交流电，可接三相电动机。

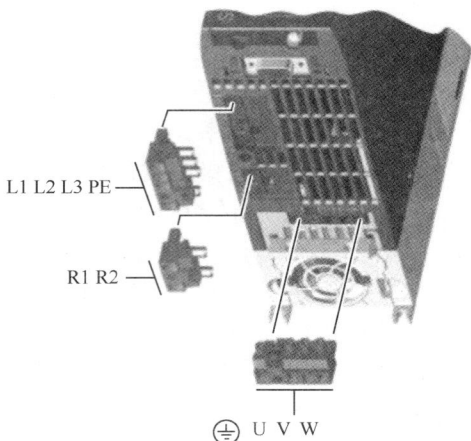

图 7-3　西门子 G120C 变频器端子

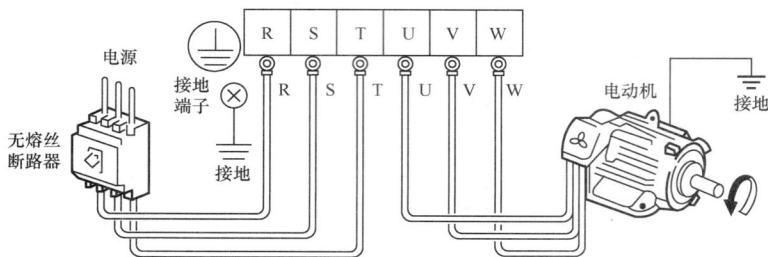

图 7-4　变频器的主接线

5. 变频器接口

西门子 G120C 变频器接口如图 7-5 所示。其中，①、②、③、⑩为端子排，端子排接口说明如图 7-6 所示；④为操作面板接口；⑤为存储卡插槽；⑥为 AI0 的开关，左侧为电流输入（0~20mA 或 4~20mA），右侧为电压输入（−10~10V 或 0~10V）；⑦为总线地址开关；⑧为 PC 的 USB 接口；⑨为状态指示灯；⑪为总线终端开关；⑫为现场总线接口。

6. 变频器操作面板

（1）安装步骤

首先，拆下变频器的保护盖。然后，将 BOP-2（即基本操作面板）下边缘插入变频器对应的凹槽中，如图 7-7 所示。最后，将 BOP-2 推入变频器，直到听到 BOP-2 在变频器外壳上卡紧的声音，表明成功插入了 BOP-2。

（2）BOP-2

BOP-2 如图 7-8 所示。

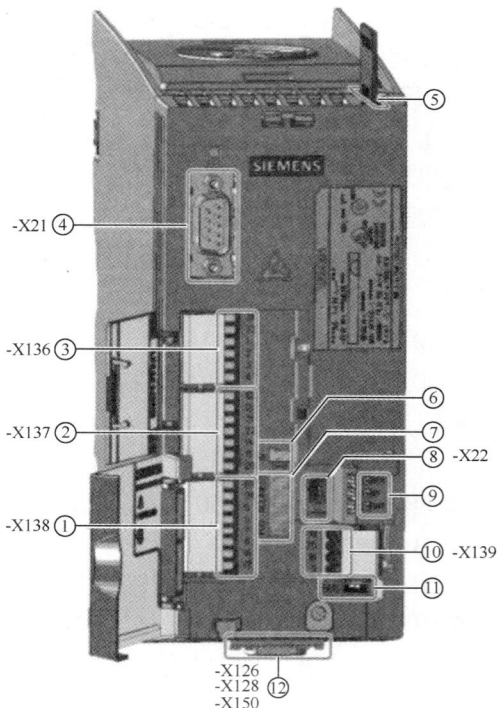

图 7-5　西门子 G120C 变频器接口

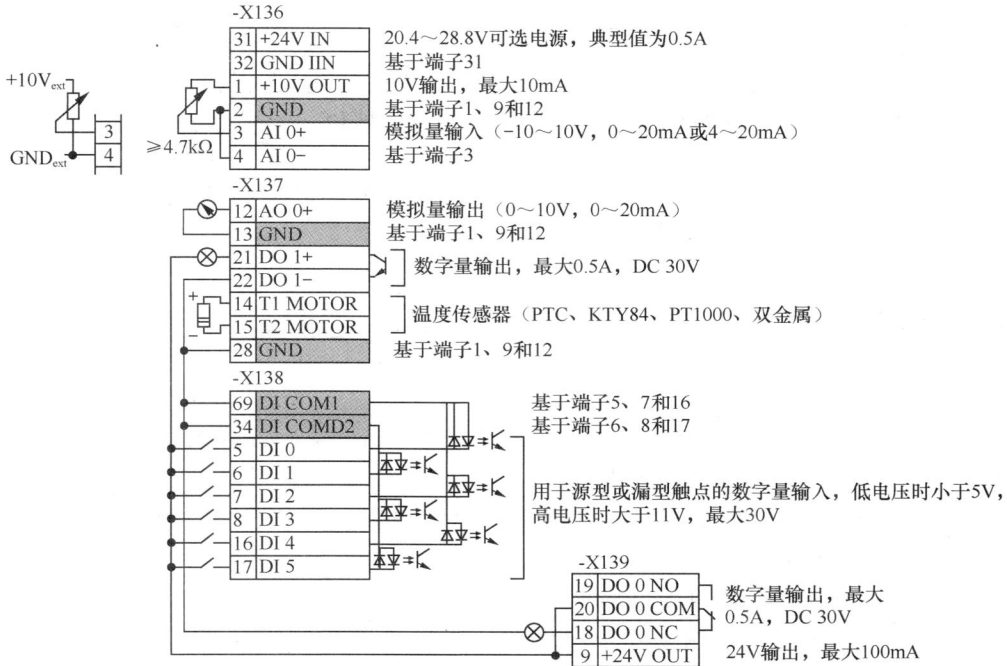

图7-6　端子排接口说明

图7-7　安装说明

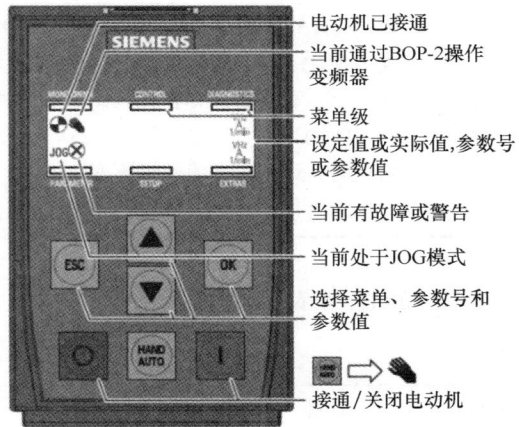

图7-8　BOP-2

BOP-2的按键说明如表7-1所示。

表7-1　　　　　　　　　　　　　BOP-2的按键说明

按　键	说　明
"OK"键	选择菜单时，表示确认所选的菜单项； 选择参数时，表示确认所选的参数和参数值设置，并返回上一级菜单； 在故障诊断画面，使用该键可以清除故障信息

续表

按　键	说　明
向上键	选择菜单时，表示返回上一级菜单； 修改参数时，表示改变参数号或参数值； 在 HAND（手动）模式下，点动运行方式下，长时间同时按向上键和向下键可以实现以下功能： ①若在正向运行状态下，将切换到反向状态； ②若在停止状态下，将切换到运行状态
向下键	选择菜单时，表示进入下一级菜单； 修改参数时，表示改变参数号或参数值
ESC 键	若按该键 2s 以下，表示返回上一级菜单，或表示不保存所修改的参数值； 若按该键 3s 以上，将返回监控画面。 注意，在参数修改模式下，此键表示不保存所修改的参数值，除非之前已经按 "OK" 键
启动键	在 AUTO（自动）模式下，该键不起作用； 在 HAND 模式下，表示启动命令
停止键	在 AUTO 模式下，该键不起作用； 在 HAND 模式下，若连续按该键两次，为 "OFF2" 自由停车； 在 HAND 模式下，若按该键一次，为 "OFF1" 设定时间停止，即按 P1121 的下降时间停车
HAND AUTO 键	BOP（HAND）与总线或端子（AUTO）的切换按钮。 在 HAND 模式下，按该键，切换到 AUTO 模式，启动和停止按键将不起作用。若 AUTO 模式下，有启动命令，变频器自动切换到 AUTO 模式下的速度给定值。 在 AUTO 模式下，按该键，切换到 HAND 模式，启动和停止按键将起作用。切换到 HAND 模式时，速度设定值保持不变。 在电动机运行期间可以实现 HAND 和 AUTO 模式的切换

BOP-2 的图标如表 7-2 所示。

表 7-2　　　　　　　　　　　　BOP-2 的图标

图标	功能	状态	描述
🖐	控制源	手动模式	HAND 模式下会显示，AUTO 模式下不会显示
 ⊕	变频器状态	运行状态	表示变频器处于运行状态，该图标是静止的
JOG	JOG 功能	点动功能激活	
 ⊗	故障或报警	静止表示报警； 闪烁表示故障	故障状态下会闪烁，变频器会自动停止运行。图标静止表示处于报警状态

BOP-2 的菜单结构如图 7-9 所示。
BOP-2 的菜单说明如表 7-3 所示。

7．参数修改

变频器设置是通过变频器中的参数值来修改的。变频器只允许更改可写参数，可写参数以"P"开头，如 P45；只读参数的值不允许被更改，只读参数以"r"开头，如 r2。变频器会断电保持通过 BOP-2 所做的每次更改。修改参数的操作步骤如图 7-10 所示，具体如下。

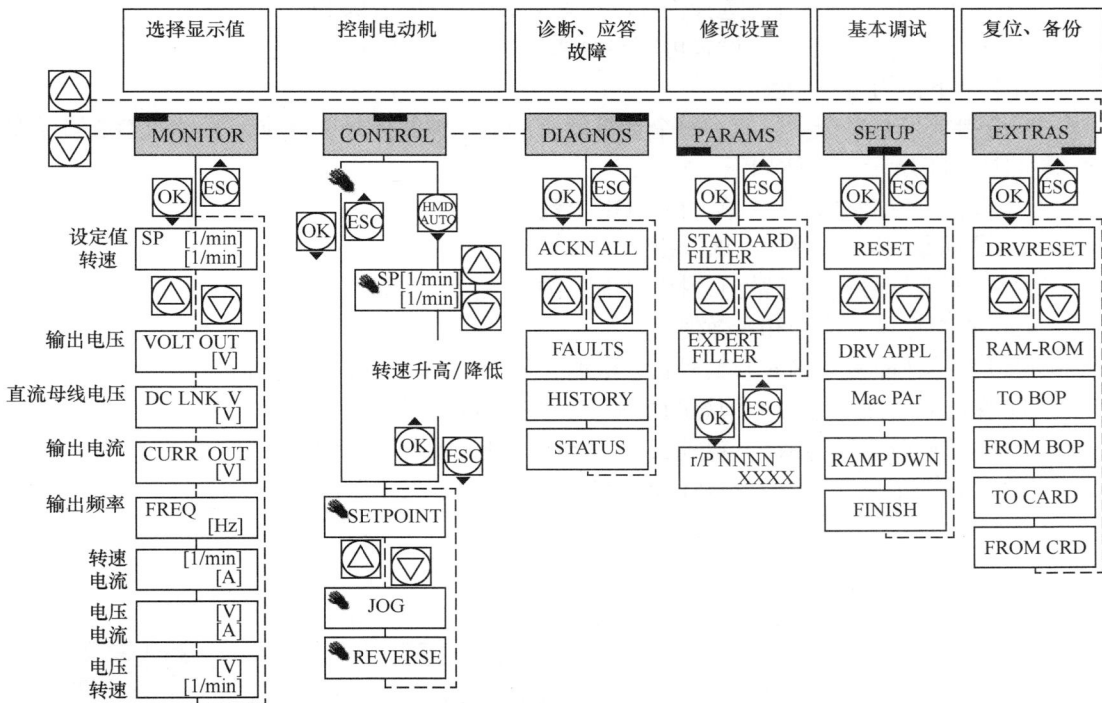

图 7-9 BOP-2 的菜单结构

表 7-3   BOP-2 的菜单说明

菜 单	说 明
MONITOR	监视菜单：运行速度、电压和电流值显示
CONTROL	控制菜单：使用 BOP-2 控制变频器
DIAGNOS	诊断菜单：故障报警和控制字、状态字的显示
PARAMS	参数菜单：查看或修改参数
SETUP	调试菜单：快速调试
EXTRAS	附加菜单：设备的工厂复位和数据备份

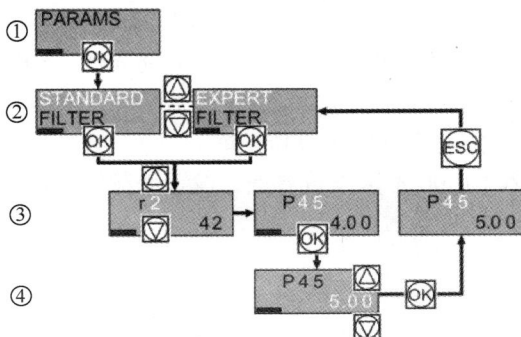

图 7-10 修改参数的操作步骤

① 选择"PARAMS"菜单，按"OK"键。

② 使用向上、向下键选择参数筛选条件，按"OK"键。

③ 使用向上、向下键键选择需要的可写参数号，按"OK 键"。

④ 使用向上、向下键键设置可写参数值，按"OK"键接受该值。

（1）带下标的参数修改

一个参数号有多个参数值，每个参数值有一个单独的标号。修改带标号的参数的操作步骤如图 7-11 所示，具体如下。

① 选择"PARAMS"菜单，按"OK"键。

② 设置参数标号，按"OK"键。

③ 为所选标号设置参数值，按"OK"键。

（2）直接输入参数号和参数值

可以直接在面板中输入参数号和参数值，如图 7-12 所示，步骤如下。

① 在参数号或者参数值闪烁的情况下，按"OK"键 5s。

② 逐位修改参数号或者参数值，按"OK"键，跳至下一位数。

③ 输入一个参数号或者参数值的所有数位后，按"OK"键。

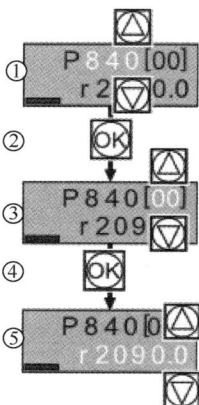

图 7-11　修改带标号的参数的操作步骤

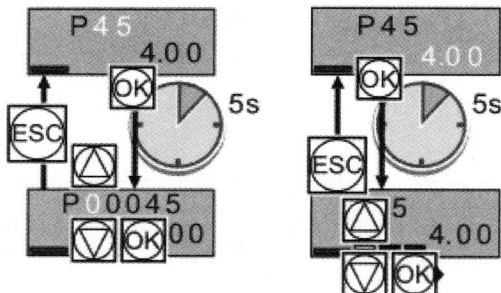

图 7-12　直接输入参数号和参数值

8. 快速调试

快速调试是通过设置电动机参数、变频器的命令源和速度设定源等基本参数，从而达到快速运转电动机的一种基本模式。使用 BOP-2 进行快速调试的步骤如下。

（1）按向上、向下键将光标移动到"SETUP"菜单。

（2）按"OK"键进入"SETUP"菜单，显示工厂复位功能。

① 如果需要复位则按"OK"键，按向上、向下键选择"YES"，按"OK"键开始工厂复位，面板显示"BUSY"。

② 如果不需要复位，按向下键跳过复位功能。

（3）按"OK"键进入 P1300 参数设置界面，设置变频器控制方式，按向上、向下键选择参数值，按"OK"键确认参数。

① 0：线性 V/f 控制。

② 2：抛物线 V/f 控制。

③ 20：无传感器的矢量控制——转速控制。

④ 22：无传感器的矢量控制——转矩控制。

（4）按 "OK" 键进入 P100 参数设置界面，设置电动机标准，按向上、向下键选择参数值，按 "OK" 键确认参数。

① 0：IEC（50Hz，功率单位为 kW）。

② 1：NEMA（60Hz，功率单位为 hp，马力，1hp≈0.746kW）。

③ 2：NEMA（60Hz，功率单位为 kW）。

（5）按 "OK" 键进入 P304 参数设置界面，设置电动机额定电压（查看电动机铭牌参数），按向上、向下键选择参数值，按 "OK" 键确认参数。

（6）按 "OK" 键进入 P305 参数设置界面，设置电动机额定电流（查看电动机铭牌参数），按向上、向下键选择参数值，按 "OK" 键确认参数。

（7）按 "OK" 键进入 P307 参数设置界面，设置电动机额定功率（查看电动机铭牌参数），按向上、向下键选择参数值，按 "OK" 键确认参数。

（8）按 "OK" 键进入 P311 参数设置界面，设置电动机额定转速（查看电动机铭牌参数），按向上、向下键选择参数值，按 "OK" 键确认参数。

（9）按 "OK" 键进入 P1080 参数设置界面，设置电动机最低转速，按向上、向下键选择参数值，按 "OK" 键确认参数。

（10）按 "OK" 键进入 P1082 参数设置界面，设置电动机最高转速，按向上、向下键选择参数值，按 "OK" 键确认参数。

（11）按 "OK" 键进入 P1120 参数设置界面，设置斜坡上升时间（加速时间），按向上、向下键选择参数值，按 "OK" 键确认参数。

（12）按 "OK" 键进入 P1121 参数设置界面，设置斜坡下降时间（减速时间），按向上、向下键选择参数值，按 "OK" 键确认参数。

（13）参数设置完毕后进入结束快速调试画面，按向上、向下键选择 "YES"，按 "OK" 键确认结束快速调试。

（14）面板显示 "BUSY"，随后短暂显示 "DONE" 画面，返回即可。

9. 静态识别

为了取得良好的控制效果，必须进行电动机参数的静态识别，以构建准确的电动机模型。静态识别过程如下。

（1）快速调试完成后，设置 P1900=2，进入静态识别过程，此时会出现 A07991 报警。

（2）给变频器启动命令，此时变频器启动，向电动机内注入电流，电动机会发出吱吱的电磁噪声。该过程持续时间因电动机功率不同会有很大差异，电动机功率越大持续时间越长，小功率电动机通常只需要十几秒。

（3）如果没有出现故障，变频器停止运行，A07991 报警消失，P1900 被复位为 0（表示静态识别过程结束）。如果出现 F7990，表示电动机数据监测错误，可能是电动机铭牌数据不准确或电动机接法错误导致的。

（4）设置 P0971=1，保存静态识别参数。

对于高精度控制，变频器进行静态识别后可选择进行动态优化，以检测电动机转动惯量和优化速度环参数。在进行动态优化时电动机会以不同的转速旋转来优化速度控制器。动态优化过程如下。

（1）快速调试和静态识别完成后，设置 P1900=3，进入动态优化过程，此时会出现 A07980 报警。

（2）给变频器启动命令，电动机会按照不同的速度进行旋转测量。

（3）变频器停止运行，A07980 报警消失，P1960 被复位为 0（表示动态优化过程结束）。

（4）设置 P0971=1，保存动态优化参数。

三、任务实施

1. 设计思路

三相异步电动机的正、反转以及多速运行采用外部控制端子和变频器的多段运行信号来控制。变频器的外部控制端子和变频器的多段运行信号通过 PLC 的输出端子提供，即通过 PLC 控制变频器端子的通和断来实现三相异步电动机的正、反转及多速运行控制。

2. 变频器的设定参数

根据本任务的控制要求，参照前面快速调试的内容对电动机基本参数进行设置，具体参数如下。

（1）电动机额定电压：P304=380V。

（2）电动机额定电流：P305=0.39A。

（3）电动机额定功率：P307=0.06kW。

（4）电动机额定转速：P311=1400r/min。

（5）电动机最低转速：P1080=150r/min。

（6）电动机最高转速：P1082=1500r/min。

（7）斜坡上升时间：P1120=3s。

（8）斜坡下降时间：P1121=3s。

模式选择和多段速度设定等参数设置如表 7-4 所示。

表 7-4　　　　　　　　　　　　　　　　参数设置

参数号	参数值	说明
P0840	722.0	将 DIN0 作为启动信号，r0722.0 为 DI0 状态的参数
P1000	3	0 为无主设定值；2 为模拟量设定值；3 为转速固定设定值；6 为现场总线
P1016	2	固定转速模式采用二进制选择方式
P1020	722.1	将 DIN1 作为固定设定值 1 的选择信号，r0722.1 为 DI1 状态的参数
P1021	722.2	将 DIN2 作为固定设定值 2 的选择信号，r0722.2 为 DI2 状态的参数
P1022	722.3	将 DIN3 作为固定设定值 3 的选择信号，r0722.3 为 DI3 状态的参数
P1023	722.4	将 DIN4 作为固定设定值 4 的选择信号，r0722.4 为 DI4 状态的参数
P1001～P1015		定义固定转速参数值，单位为 r/min；P1001 设置为 1400，P1002 为设置为 400，P1003 设置为-900
P1070	1024	固定设定值作为主设定值

3. PLC 的 I/O 地址分配

根据本任务的控制要求、设计思路和变频器的设定参数，PLC 的 I/O 地址分配如下。

（1）I0.0：停止按钮（SB1）。

（2）I0.1：启动按钮（SB2）。

（3）I0.2：起点位置传感器（SQ1）。

（4）I0.3：拉紧到位传感器（SQ2）。

（5）I0.4：减速传感器（SQ3）。

（6）I0.5：终点位置传感器（SQ4）。

（7）Q0.0：DI0 信号。

（8）Q0.1：DI1 信号。

（9）Q0.2：DI2 信号。

（10）Q0.3：DI3 信号。

（11）Q0.4：DI4 信号。

4. 系统接线

根据本任务的控制要求及 I/O 地址分配，电动机多速运行的系统接线图如图 7-13 所示。

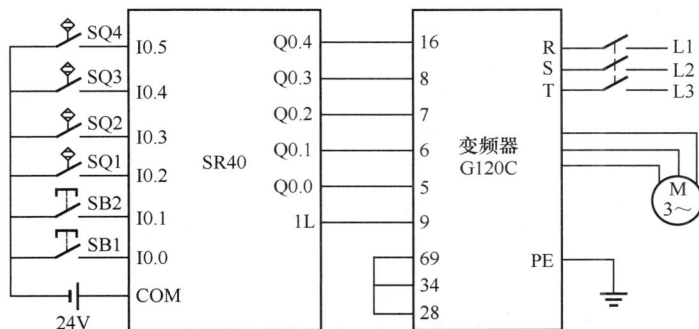

图 7-13　电动机多速运行的系统接线图

5. 控制程序

根据本任务的控制要求可知，其是典型的顺序控制，所以首选顺序功能图来设计系统的程序。电动机多速运行的控制程序如图 7-14 所示。

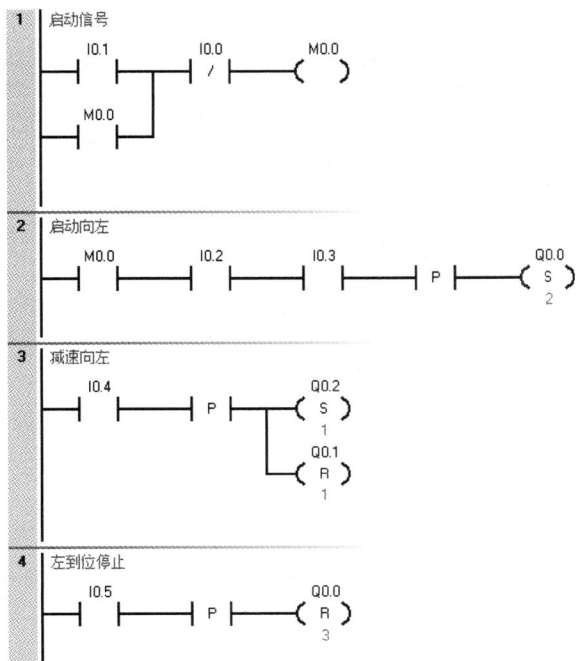

图 7-14　电动机多速运行的控制程序

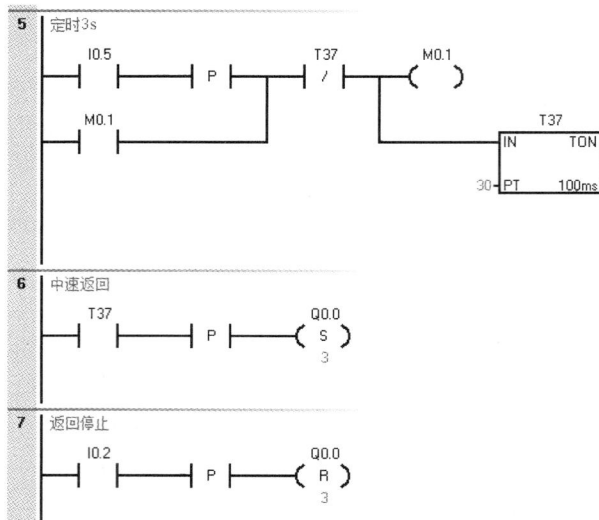

图 7-14　电动机多速运行的控制程序（续）

6.　程序调试

按照系统接线图接好电源线、通信线及信号线，输入梯形图程序，进行现场调试，直至满足控制要求。

四、知识拓展——PLC 与变频器的通信应用

随着交流变频控制系统及通信技术的发展，可以利用 PLC 及变频器的以太网通信方式来实现 PLC 对变频器的控制。

1.　安装 GSDML 文件

打开 STEP7-Micro/WIN SMART 软件，选择 "GSDML Management"，安装需要进行通信的 G120C 对应版本的 GSDML 文件，如图 7-15 所示。

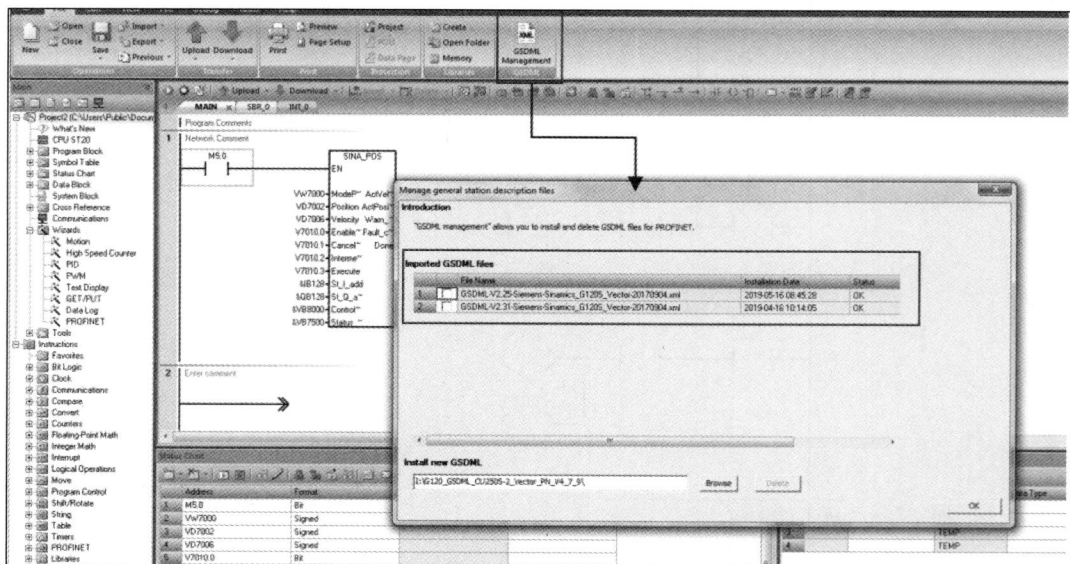

图 7-15　安装 GSDML 文件

2. PROFINET 配置

（1）激活 PROFINET，单击"Next"按钮，如图 7-16 所示。

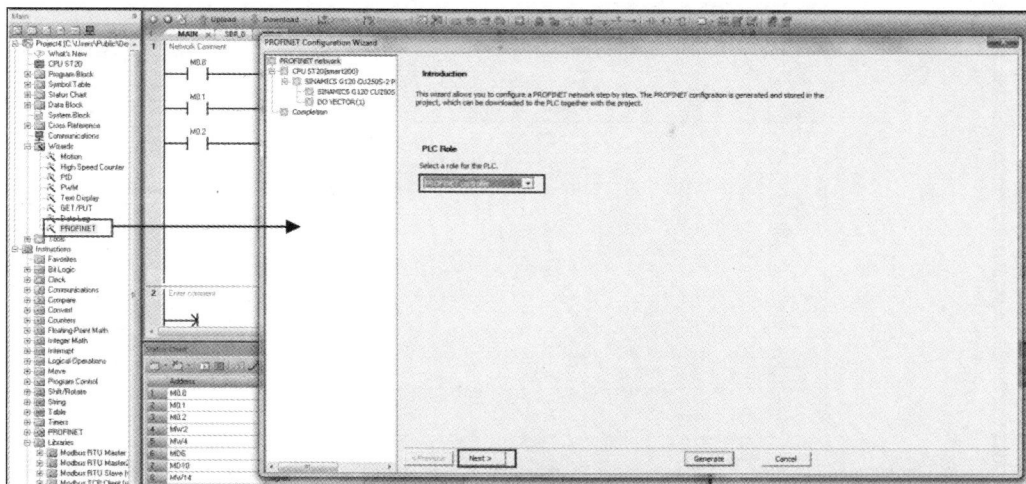

图 7-16　激活 PROFINET

（2）输入 PLC 的 IP 地址和子网掩码；添加需要控制的 G120C 设备（从站）的 GSDML 文件，注意要和实际的变频器版本一致；对新添加的 G120C 设备输入 IP 地址和名称，注意这里输入的 IP 地址和名称需要和实际的 G120C 的 IP 地址、名称一致；最后单击"Next"按钮，如图 7-17 所示。

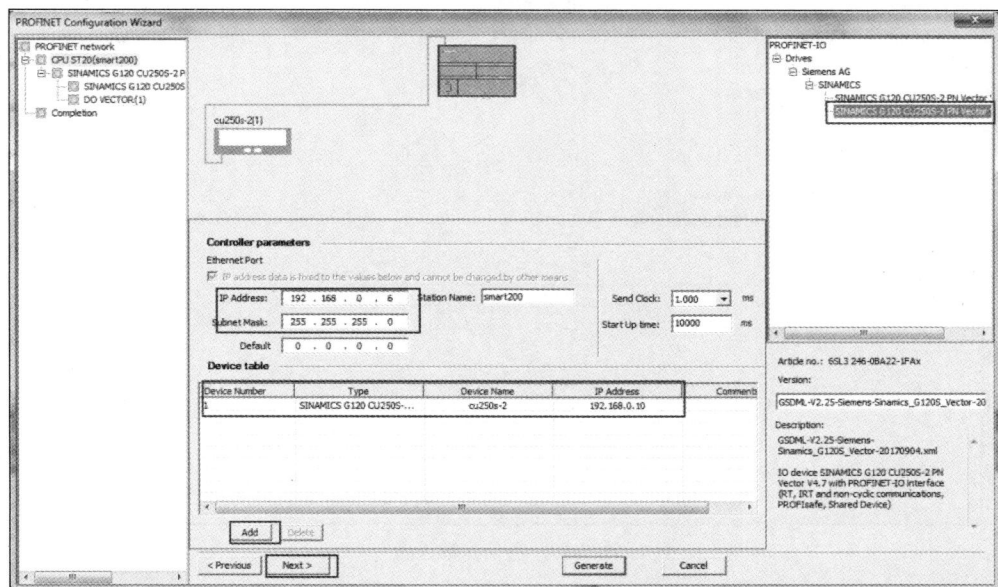

图 7-17　IP 地址配置

（3）选择所需要的报文，单击"Add"按钮，设置报文发送和接收的起始地址。SINA_PARA_S 程序块为非周期通信，不需要特定的周期通信报文，这里选择"Standard telegram 1, PZD-2/2"，如图 7-18 所示。

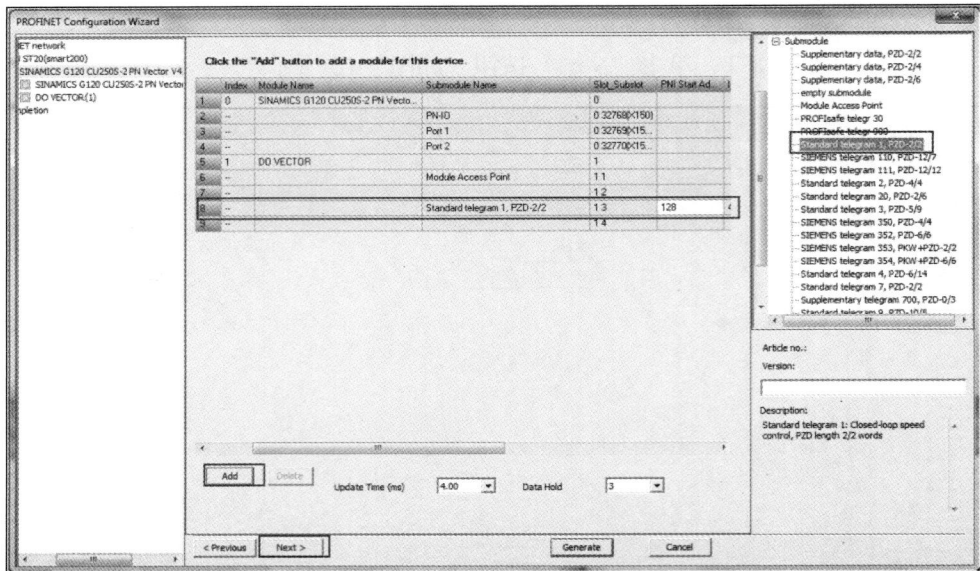

图 7-18　报文配置

（4）设置当前从站的一些通信参数，注意程序块 Device Number、API 和 Slot_Subslot 等（见图 7-19），这些参数在使用 SINA_PARA_S 程序块时需要填写。最后单击"Generate" 按钮。

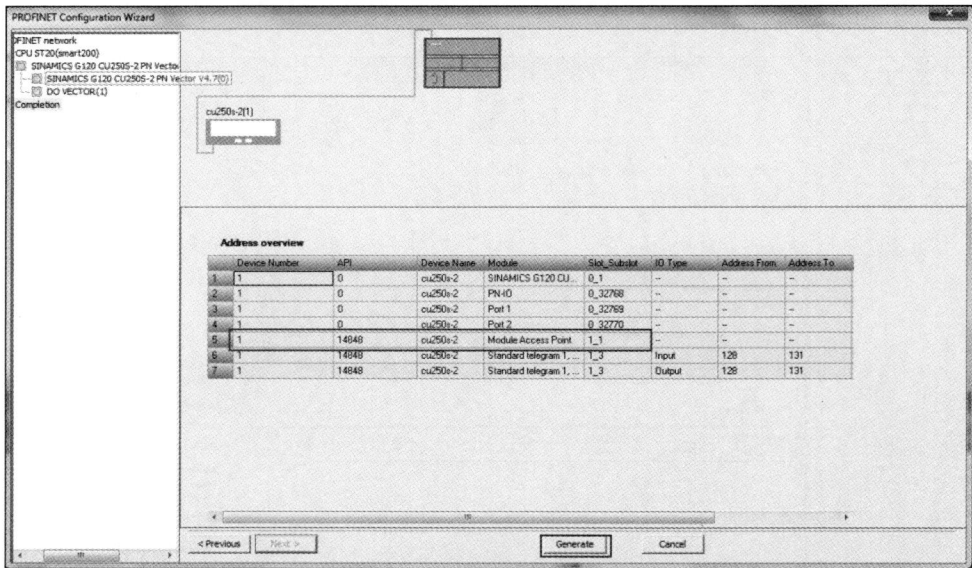

图 7-19　通信参数设置

3. PLC 对变频器参数的读写

（1）参数读写指令介绍。

参数的读写采用 SINA_PARA_S 程序块，引脚定义如表 7-5 所示。

（2）使用 SINA_PARA_S 读 r71 的值。图 7-20 所示为读 r71 参数值程序，使能 M0.0 和 M0.1 启动程序块；M0.2 断开选择读模式；MW2 设置 71，读取 r71 的值，即最大输出 电压；MW16 设置地址值。

表 7-5 引脚定义

参数	输入/输出	数据类型	描述
Start	IN	BOOL	任务开始（0 表示无任务或任务取消，1 表示开始执行任务）
ReadWrite	IN	BOOL	0 表示读，1 表示写
Parameter	IN	INT	参数号
Index	IN	INT	参数索引
ValueWrite1	IN	REAL	REAL 类型的参数值
ValueWrite2	IN	DINT	DINT 类型的参数值
DeviceNo	IN	WORD	设备号
Device_Parameter	IN	DWORD	Device_Parameter 起始地址指针。Device_Parameter 指的是 PROFINET 从站的参数
ValueRead1	OUT	REAL	从驱动设备读出的参数值（REAL 类型）
ValueRead2	OUT	DINT	从驱动设备读出的参数值（DINT 类型）
Format	OUT	BYTE	读参数的格式
ErrorNo	OUT	WORD	PROFIDrive 错误号
ErrorID	OUT	DWORD	错误 ID。第一个字：二进制编码，指出哪个参数的读写出错。第二个字：错误类型
PN_Error_Code	OUT	DINT	PROFINET 错误编码
Status	OUT	BYTE	当前运行的状态
Status_bit	OUT	BYTE	状态表

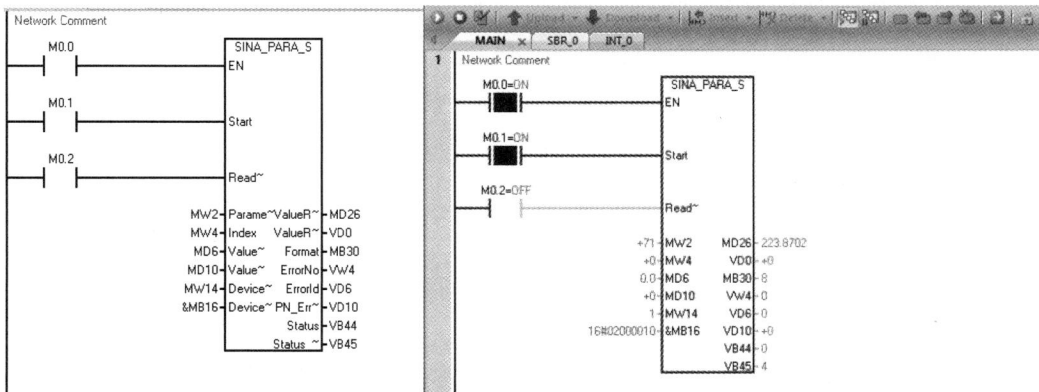

图 7-20 读 r71 参数值程序

（3）使用 SINA_PARA_S 写 P1120 的值。图 7-21 所示为写 P1120 参数值程序，将 20 设置到 P1120 中，使能 M0.0 和 M0.1 启动程序块；M0.2 接通选择写模式；MW2 设置 1120；MD6 为 20；MW16 设置地址值。

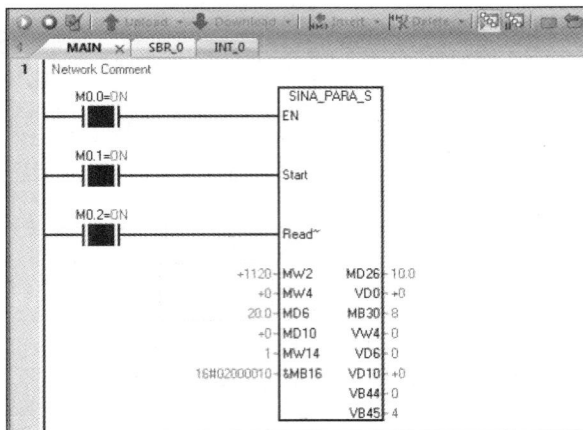

图 7-21　写 P1120 参数值程序

习　题

1. 试述变频器点动和多段速度运行的区别。
2. 使用以太网通信完成斜坡上升时间和斜坡下降时间的设置。

【实战演练】电动机自动变频运行控制设计

按下启动按钮后，电动机以中速（频率 30Hz）启动运行 10min，然后以高速（频率 50Hz）运行 30min，最后以低速（频率 20Hz）反向运行 5min 后停止。

项目八　PLC 的工程应用实例

【项目导读】

PLC 技术在传统设备改造和自动生产线上的应用十分广泛。本项目以 C650 卧式车床 PLC 控制和气动机械手的自动运行控制任务为例，介绍 PLC 控制系统在大型工控任务以及复杂工作方式中的应用，以拓宽读者视野。

【学习目标】

- 了解 PLC 技术在传统设备改造中的应用。
- 了解 PLC 技术在自动生产线和多种工作方式中的应用。

【素质目标】

- 培养辩证思维和大局观。
- 培养团队协作意识、创新意识和严谨求实的科学态度。
- 培养自主学习新知识、新技能的主动性和意识。
- 培养工程意识（如安全生产意识、质量意识、经济意识和环保意识等）。
- 培养通过网络搜集资料、获取相关知识和信息的能力。
- 培养良好的职业道德和精益求精的工匠精神。

【思维导图】

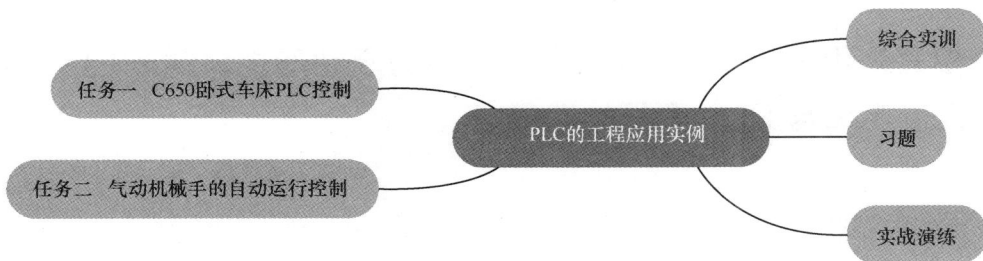

```
                                                         综合实训
   任务一　C650卧式车床PLC控制
                                    PLC的工程应用实例        习题
   任务二　气动机械手的自动运行控制
                                                         实战演练
```

任务一　C650 卧式车床 PLC 控制

一、任务分析

车床是机械生产中主要的加工机床，常用来切削各种回转类工件等。某厂机械加工车间有一批使用年限较久的 C650 卧式车床。此类车床加工精度和生产效率低，其原有电气部分采用继电器-接触器控制系统，电路接线复杂，体积大，工作可靠性不高，生产适应性差。因此，现考虑将 C650 卧式车床继电器-接触器控制电路改造为 PLC 控制，通过改造，既可以提高系统的可靠性，又可以通过灵活的编程特性改变其控制程序。

C650 卧式车床的结构如图 8-1 所示。机床工作时，先由主轴上的夹头夹紧工件，主电动机带动主轴正转和反转，为了提高设备的工作效率，必须使主轴快速停止。车削加工时，刀架移动与主轴旋转之间保持一定的比例关系，主运动和刀架的进给运动均由主电动机驱动，它们之间通过一系列齿轮传动来实现配合。为便于进行车削加工前的对刀操作，要求主轴拖动工件做点动调整，所以要求主轴与进给电动机能实现单方向旋转的低速点动控制。为提高加工效率，特别增加单独的快速进给电动机，以带动刀架快速移动。车床工作时刀具会产生高温，因此需要对加工工件进行冷却，这时可通过冷却泵电动机控制冷却液的喷洒。电气控制要求如下。

（1）主运动和刀架的进给运动均由主电动机 M1 驱动，要求能正反转。由于加工工件转动惯量较大，为实现主轴快速停转，主电动机 M1 采用反接制动。为便于进行车削加工前的对刀操作，要求主轴拖动工件做点动调整，所以要求主电动机 M1 能实现单方向旋转的低速点动控制。

（2）由于溜板箱连续移动时短时工作，快移电动机 M3 只要求单向点动，短时运转。快移电动机 M3 应能实现点动控制，为限制主电路中电流要串联电阻。

（3）各电动机有短路保护，电动机 M1、M2 有过载保护。

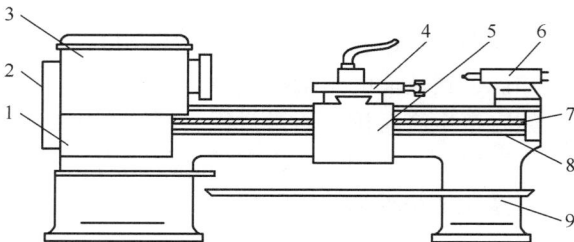

1—进给箱；2—挂轮箱；3—主轴变速箱；4—溜板与刀架；5—溜板箱；6—尾架；7—丝杠；8—光杠；9—床身

图 8-1　C650 卧式车床的结构

二、相关知识——C650 卧式车床的电力驱动形式、C650 卧式车床控制电路与 PLC 型号的选择

1．C650 卧式车床的电力驱动形式

C650 卧式车床主电路如图 8-2 所示。主电路采用 3 台三相鼠笼型异步电动机驱动。

（1）主轴的旋转运动

C650 卧式车床的主运动是工件的旋转运动，由主电动机驱动，功率为 30kW。主电动机 M1 通过接触器 KM1、KM2、KM3 控制，用于电动机正反转、点动及制动。热继电器 FR1 用于主电动机 M1 的过载保护。

KM1 和 KM3 主触点闭合时，电动机正转；KM2 和 KM3 主触点闭合时，电动机反转；KM3 主触点断开、KM1 主触点闭合时，电阻 R 接入电路中起限流作用，实现电动机的低速点动调整。

为提高工作效率，主电动机采用反接制动。与主电动机同轴连接的速度继电器 KS 检测电动机转子的速度信号，电动机正转时，速度继电器 KS 的常开触点闭合；当制动转速接近 0 时，速度继电器 KS 的常开触点断开，切断三相电源，主电动机停转。电动机反转时亦然。制动时电阻 R 接入电路中起限流作用。

（2）刀架的进给运动

溜板箱带着刀架进行的直线运动称为进给运动。刀架的进给运动也由主电动机 M1 驱动，并使用走刀箱调节加工时的纵向和横向走刀量。

（3）刀架的快移运动

为提高工作效率，刀架的快速移动由一台单独的快移电动机 M3 驱动，其功率为 2.2kW。溜板箱快移电动机 M3 由接触器 KM5 控制，因 M3 为点动短时运转，故不设置热继电器。

（4）冷却系统

冷却泵电动机 M2 通过接触器 KM4 实现单向运行，FR2 为 M2 的过载保护热继电器。冷却泵电动机 M2 供给刀具切削时需要的冷却液。

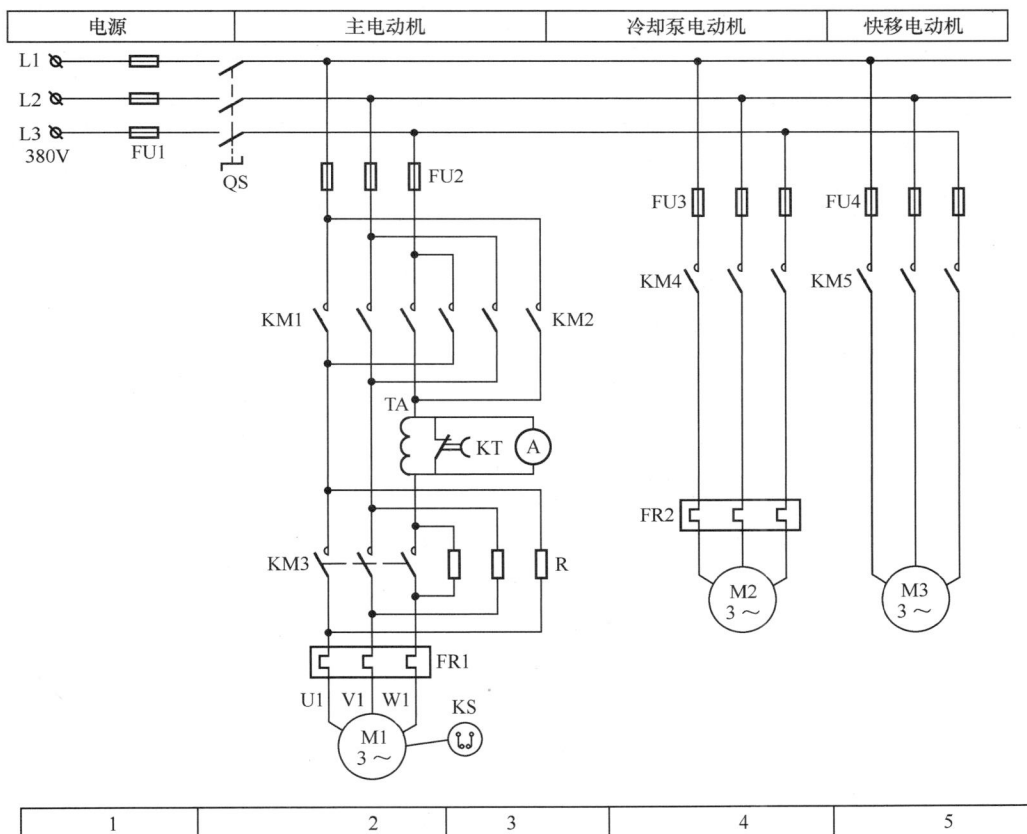

图 8-2 C650 卧式车床主电路

2. C650 卧式车床控制电路与 PLC 型号的选择

根据控制要求，本控制系统包括主电动机 M1 的正、反转控制、点动调整控制和反接制动控制，快移电动机 M3 的单向点动控制及冷却泵电动机 M2 的单向运行控制。本方案保留原主电路结构，采用 PLC 对传统继电器-接触器的控制电路进行改造。首先根据设计要求、I/O 点数以及所需继电器数目来选择 PLC 的型号。根据 C650 卧式车床的控制要求，该车床的输入信号为 11 个点，输出信号为 6 个点，考虑到控制规模、特点和用户在使用过程中增加新的功能、进行扩展等要求，本方案选择适用于小系统的西门子 S7-200 SMART 系列 PLC SR30 型作为 PLC 控制系统的基本单元。

三、任务实施

1. 选择 I/O 设备，分配 I/O 地址，绘制 I/O 接线图

C650 卧式车床 PLC 控制的 I/O 设备及 I/O 地址分配如表 8-1 所示，输入的开关量信号都采用常开触点。主电动机正转启动后转速大于 120r/min 时，速度继电器 KS 的常开触点 KS2 闭合；主电动机反转启动后转速大于 120r/min 时，速度继电器 KS 的常开触点 KS1 闭合。

表 8-1   I/O 设备及 I/O 地址分配

输入设备及功能	地址	输出设备及功能	地址
主电动机 M1 正转启动按钮 SB1	I0.0	主电动机 M1 正转接触器 KM1	Q0.0
主电动机 M1 反转启动按钮 SB2	I0.1	主电动机 M1 反转接触器 KM2	Q0.1
主电动机 M1 点动按钮 SB3	I0.2	短路限流电阻 R 的接触器 KM3	Q0.2
主电动机 M1 停止按钮 SB4	I0.3	冷却泵电动机 M2 启停接触器 KM4	Q0.3
冷却泵电动机 M2 停止按钮 SB5	I0.4	快移电动机 M3 启停接触器 KM5	Q0.4
冷却泵电动机 M2 启动按钮 SB6	I0.5	主电路中保护电流表的 KT	Q0.5
主电动机 M1 过载保护热继电器 FR1	I0.6		
主电动机 M2 过载保护热继电器 FR2	I0.7		
速度继电器 KS 常开触点 KS1	I1.0		
速度继电器 KS 常开触点 KS2	I1.1		
快速移动的微动开关 SQ	I1.2		

根据 I/O 地址分配结果，绘制 I/O 接线图如图 8-3 所示。

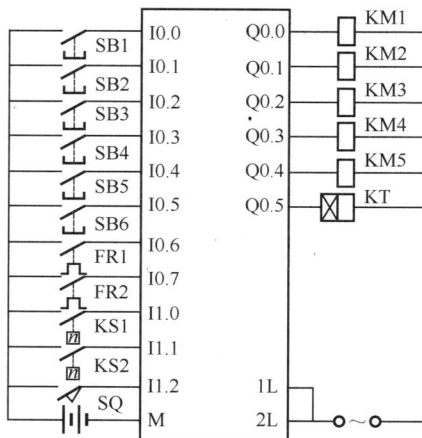

图 8-3　C650 卧式车床 PLC 控制的 I/O 接线图

2. 设计 PLC 控制程序

C650 卧式车床 PLC 控制的梯形图程序如图 8-4 所示。本梯形图程序由 10 梯级组成，每一梯级的作用见梯形图程序右边的备注。其具体控制过程如下。

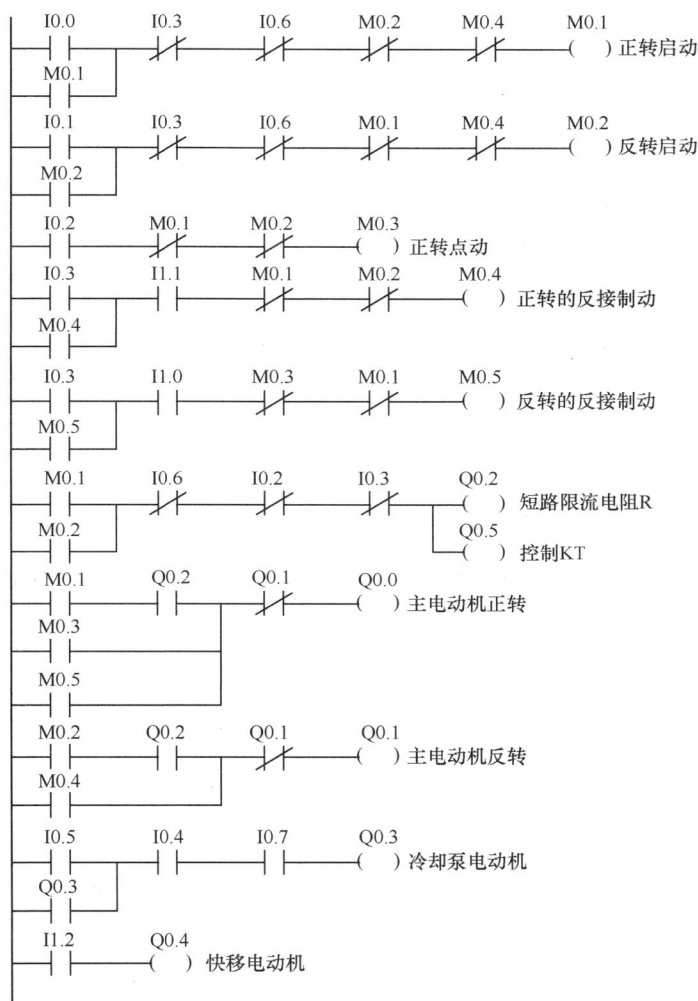

图 8-4　C650 卧式车床 PLC 控制的梯形图程序

（1）主电动机的正向全压启动及反接制动控制

按下正转启动按钮 SB1，输入继电器 I0.0 常开触点闭合，主电动机 M0.1 线圈得电并自锁。M0.1 常开触点闭合，使输出继电器 Q0.2 线圈得电，接触器 KM3 线圈得电，主触点闭合，短路限流电阻 R 被短接。

同时，Q0.2 和 M0.1 各自的第 2 对常开触点闭合，使 Q0.0 线圈得电，接通主电动机正转的接触器 KM1 线圈，使其主触点闭合。此时主电动机正向全压启动。当速度大于 120r/min 时，速度继电器 KS 的常开触点 KS2 闭合，使 I1.1 常开触点闭合，为反接制动做准备。

按下停止按钮 SB4，输入继电器 I0.3 的常闭触点断开，使 M0.1、Q0.2、Q0.0 线圈均失电，主电动机正转的接触器 KM1 线圈失电。I0.3 的常开触点闭合，使辅助继电器 M0.4 线圈得电并自锁。此时由于惯性作用，电动机仍然正向高速旋转，KS2（I1.1）常开触点仍然保持闭合状态，由于 M0.4 常开触点已闭合，输出继电器 Q0.1 线圈接通，使反转接触器

KM2 线圈得电，电动机进入反接制动状态。电动机转速接近 0 时，KS2 复位，I1.1 常开触点复位，M0.4 及 Q0.1 线圈失电，反转接触器 KM2 线圈失电，主电动机停转，制动过程结束。

主电动机反向全压启动及反接制动控制过程与上述类似，请读者自己分析。

在图 8-2 所示的主电路中，用电流表 A 来监测主电动机绕组电流。为避免电动机启动时产生的较大冲击电流损坏电流表，采用时间继电器 KT 的延时断开常闭触点与电流表 A 并联。主电动机启动时，程序中 Q0.2 与 Q0.5 并联接通，使 KT 线圈得电。由于 KT 是通电延时的时间继电器，其常闭触点依然闭合，将电流表短接。启动完毕后，KT 延时时间到，其常闭触点断开，电流表 A 接入电路中监测绕组电流。

（2）主电动机的点动控制

按下点动按钮 SB3，输入继电器 I0.2 常开触点闭合，点动接通 M0.3 线圈。M0.3 的常开触点闭合，使 Q0.0 线圈得电，正转接触器 KM1 线圈得电。松开点动按钮 SB3，M0.3 线圈失电，M0.3 的常开触点断开，使 Q0.0 线圈失电，KM1 线圈失电，主电动机停止运行。此时 Q0.2 未接通，所以 KM3 未接通，主电动机回路中串联了短路限流电阻 R。通过操作按钮 SB3，实现主电动机正转的低速点动控制。

（3）冷却泵电动机及快移电动机控制

冷却泵电动机 M2、快移电动机 M3 均为单向运转，其控制较为简单。按下冷却泵电动机 M2 启动按钮 SB6 时，输入继电器 I0.5 常开触点闭合，输出继电器 Q0.3 线圈得电并自锁，冷却泵电动机接触器 KM4 线圈得电，冷却泵电动机 M2 运行。按下停止按钮 SB5，冷却泵电动机 M2 停止运行。

快移电动机 M3 为点动控制，压下微动开关 SQ，I1.2 闭合，Q0.4 线圈得电，接触器 KM5 线圈得电，快移电动机 M3 启动；松开 SQ，Q0.4 线圈失电，快移电动机 M3 停止运行。

3. 程序调试

按照 I/O 接线图接好电源线、通信线及信号线，输入程序进行调试，直至满足要求。

任务二　气动机械手的自动运行控制

一、任务分析

为了满足实际生产的需求，很多设备要求设置多种工作方式，如手动工作方式和自动（包括连续、单周期、单步和回原点）工作方式。手动工作方式程序比较简单，一般用经验法设计，复杂的自动工作方式程序一般用步进顺序控制法设计。

例如，某气动机械手将工件从点 A 搬运到点 B，机械手结构如图 8-5 所示，机械手操作面板如图 8-6 所示。图 8-7 所示为机械手工作流程，概括如下：

原点→下降→夹紧→上升→右行→下降→松开→上升→左行→原点

气动机械手的夹紧、松开动作由只有一个线圈的单电控两位电磁阀驱动的气缸完成，线圈（Q0.1）失电，机械手夹住工件；线圈（Q0.1）得电，机械手松开工件。采用这种方式，可以防止停电时工件跌落。机械手的左行与右行、上升与下降分别用具有两个线圈控制的双电控二位五通电磁阀驱动的气缸完成。双电控电磁阀的特点：一旦电磁阀线圈得电，就一直保持现有的动作，即使以后线圈失电了也一直保持现有的动作，直到相对的另一个线圈得电才会改变现有的动作。以机械手左行和右行的电磁阀为例，电磁阀 Q0.3 线圈得电、Q0.4 线圈失电时活塞杆伸出使机械手右行，即使在 Q0.3 失电后机械手也一直保持在右边的位置；直到电磁阀 Q0.4 线圈得电（且 Q0.3 已失电）活塞杆才缩回，使机械手左行，此后即使 Q0.4 线圈失电，机械手也一直保持在左边的位置。相对地，两个电磁阀 Q0.3 线圈和 Q0.4 线圈不能同时失电。当 Q0.3 线圈和 Q0.4 线圈都失电时，活塞杆和机械手的位置由 Q0.3 线圈、Q0.4 线圈中后失电者决定。

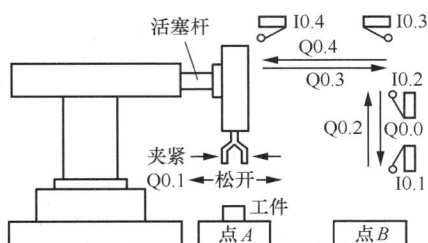

图 8-5　机械手结构

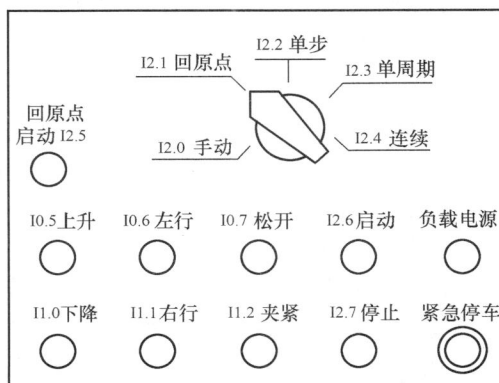

图 8-6　机械手操作面板

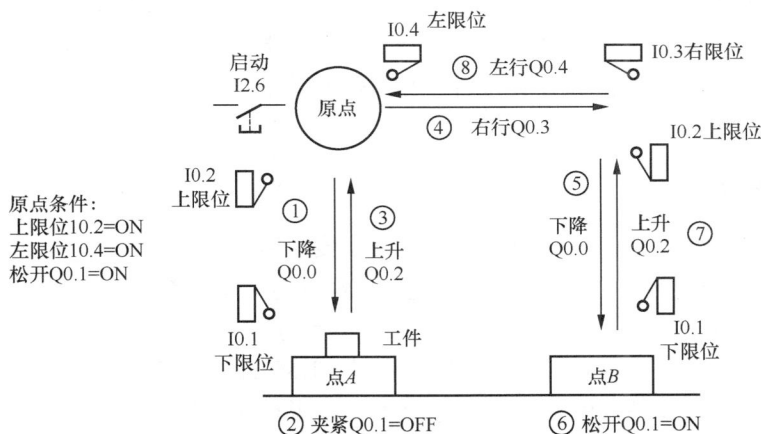

图 8-7　机械手工作流程

　　机械手的工作臂上设有上限位、下限位的位置开关 I0.2、I0.1，以及左限位、右限位的位置开关 I0.4、I0.3。夹持装置不带限位开关，它是通过一定的延时（这里需要 2s）来完成其夹持动作的。机械手除在最上面、最左边，且除控制机械手松夹的线圈（Q0.1）得电外，其他线圈处于全部失电的状态时位于原位。

　　根据实际需求，机械手有 5 种工作方式，分别对应工作方式选择开关的 5 个位置（I2.0～I2.4）。操作面板左下部的 6 个按钮（I0.5～I1.2）用于在手动工作方式下对机械手实施各项控制（也称为手动控制）。为了保证在紧急情况下（如 PLC 发生故障时）能可靠地切断 PLC 的负载电源，设置了负载电源按钮和紧急停车按钮。

二、相关知识——具有多种工作方式的步进顺控设计法

生产实际中一般设有手动、单周期、连续、单步和回原点 5 种工作方式。

（1）手动工作方式

对于手动工作方式，一般用多个按钮分别独立控制某个运动，如前进、后退、上升、下降等。手动工作方式常采用点动控制，即按下按钮时对应的机构动作，松开按钮时对应的机构停止动作。手动工作方式常用来检查系统各个单独的动作是否正常。

（2）单周期工作方式

在初始状态按下启动按钮后，系统从初始步开始，按顺序功能图的规定完成一个周期的工作后，返回并停留在初始步。

（3）连续工作方式

在初始状态按下启动按钮后，系统从初始步开始，工作一个周期后进入下一个周期，反复地工作；按下停止按钮后，系统并不马上停止工作，而是完成最后一个周期的工作后，系统才返回并停留在初始步。

（4）单步工作方式

从初始步开始，按下启动按钮，系统转换到下一步，完成该步的任务后，自动停止工作并停留在该步，再次按下启动按钮，才开始执行下一步的操作。单步工作方式常用于系统的调试。

（5）回原点工作方式

系统处于原点位置时称为原点状态。在进入单周期、连续和单步工作方式之前，系统应处于原点状态。如果不满足这一条件，可以选择回原点工作方式，然后按回原点启动按钮，使系统自动返回原点状态。单周期、连续和单步工作方式只有满足原点状态条件时才能从初始步开始进行状态转移。

三、任务实施

1. 选择 I/O 设备，分配 I/O 地址，绘制 I/O 接线图

如前所述，本任务的 I/O 设备及 I/O 地址已经确定。根据图 8-5、图 8-6 和图 8-7 所示的地址，绘制的 I/O 接线图如图 8-8 所示。其中设置了接触器 KM。在 PLC 开始运行时，按下"负载电源"按钮，使 KM 线圈得电并自锁，KM 的主触点闭合，给 PLC 的外部负载提供交流电。出现紧急情况时，用"紧急停车"按钮断开负载电源。

2. 设计 PLC 控制程序

由于机械手有多种工作方式，需要分别进行设计，因此程序结构较为复杂。

（1）程序的总体结构

图 8-9 所示为机械手梯形图程序的总体结构。它将程序分为公用程序、自动程序、手动程序和回原点程序 4 个部分。其中，自动程序包括单步、单周期和连续工作方式的程序，这是因为它们都是按照同样的顺序工作的，所以将它们合在一起编程更加简单。梯形图中使用跳转指令使得自动程序、手动程序和回原点程序不会同时执行。假设选择手动工作方式，则 I2.0 为 ON，I2.1 为 OFF，此时 PLC 执行完公用程序后，将跳过自动程序到标号 1 处，因 I2.0 常闭触点断开，故执行手动程序，执行到标号 2 处，因为 I2.1 常闭触点闭合，所以跳过回原点程序到标号 3 处；假设选择回原点工作方式，则 I2.0 为 OFF，I2.1 为 ON，跳过自动程序和手动程序，执行回原点程序；假设选择单步、单周期或连续工作方式，则

I2.0、I2.1 均为 OFF，此时执行完自动程序后，跳过手动程序和回原点程序。

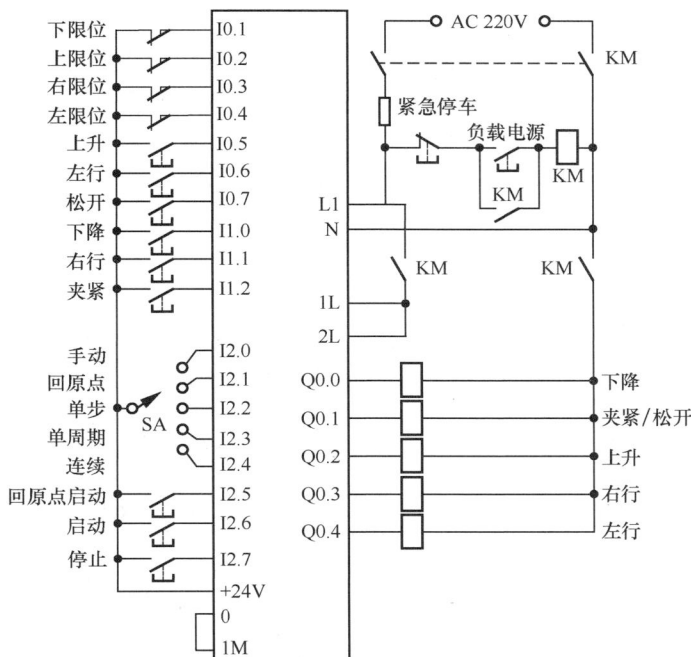

图 8-8　I/O 接线图

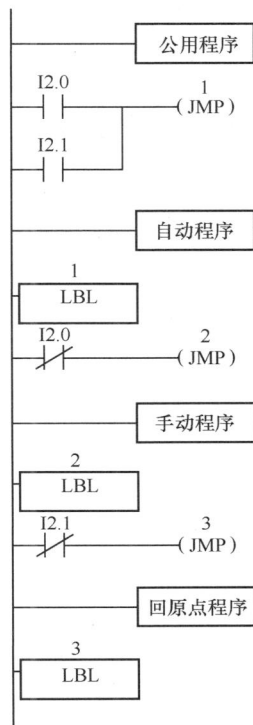

图 8-9　机械手梯形图程序的总体结构

（2）公用程序

公用程序如图 8-10 所示。左限位开关 I0.4、上限位开关 I0.2 的常开触点和表示机械手松开的 Q0.1 的常开触点的串联电路接通时，辅助继电器 M0.0 变为 ON，表示机械手在原点。

公用程序用于自动程序和手动程序相互切换的处理，在开始执行用户程序（SM0.1 为 ON）、系统处于手动工作方式或回原点工作方式时，必须将自动程序各步对应的状态继电器（S0.0～S1.0）复位，并且将表示连续工作方式的 M0.1 复位。

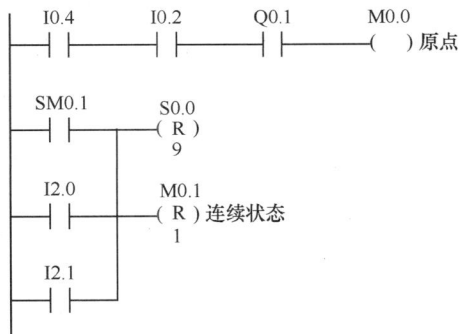

图 8-10　公用程序

当机械手处于原点状态（M0.0 为 ON）时，可以选择单周期、连续或者单步工作方式，此时自动程序的初始步 S0.0 置位。如果不满足处于原点状态的条件，可以选择回原点工作方式，然后按回原点启动按钮 I2.5，使系统自动返回原点状态。单周期、连续和单步工作方式只有满足原点状态条件时才能从初始步 S0.0 开始进行状态转移。

（3）手动程序

手动程序如图 8-11 所示，手动工作方式时用 I0.5～I1.2 对应的 6 个按钮控制机械手的上升、下降、左行、右行、松开和夹紧。为了保证系统的安全运行，在手动程序中设置了一些必要的联锁，如上升与下降之间、左行与右行之间的互锁，上升、下降、左行、右行的限位，上限位开关 I0.2 的常开触点与控制左行的 Q0.4 线圈串联（右行的 Q0.3 线圈串联），这使得机械手升到最高位置时才能左右移动，以防止机械手在较低位置运行时与别的物体相碰撞。

（4）自动程序

图 8-12 所示为自动程序的顺序功能图。使用步进顺控指令的编程方式设计出的自动程序如图 8-13 所示。在各工作步的驱动动作中，I0.1～I0.4 的常闭触点是为单步工作方式设置的。

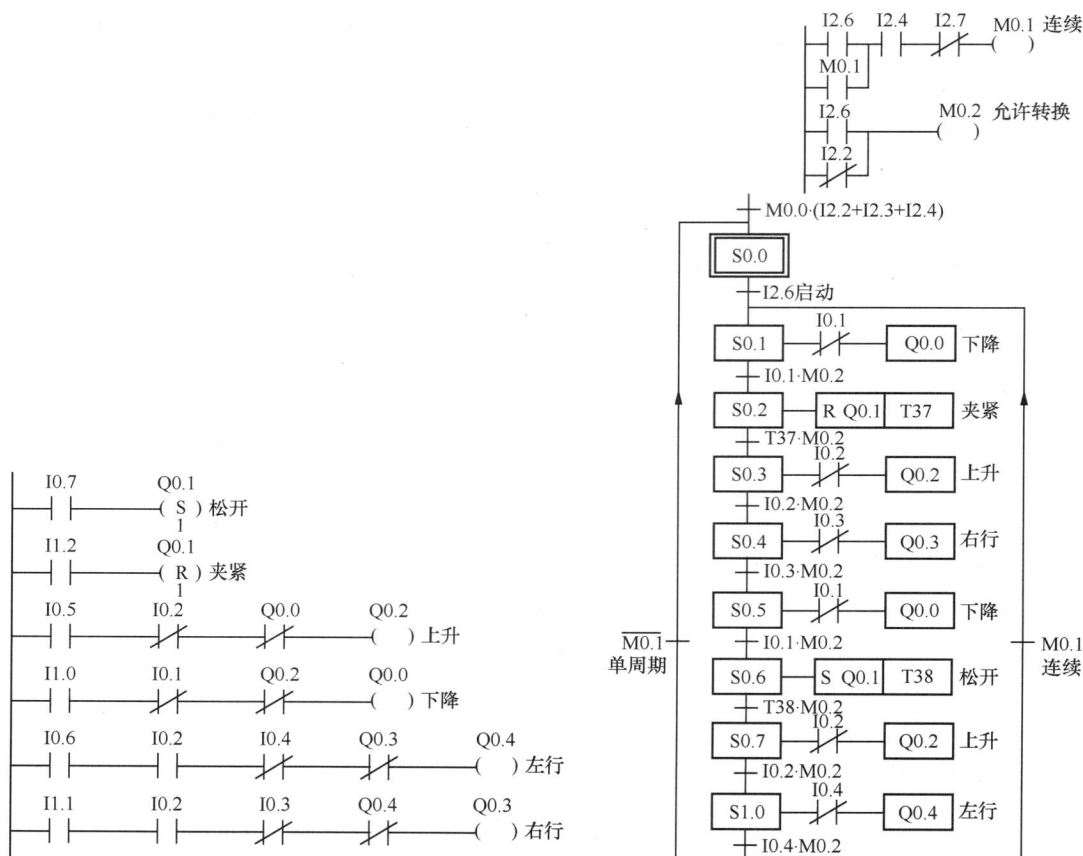

图 8-11　手动程序

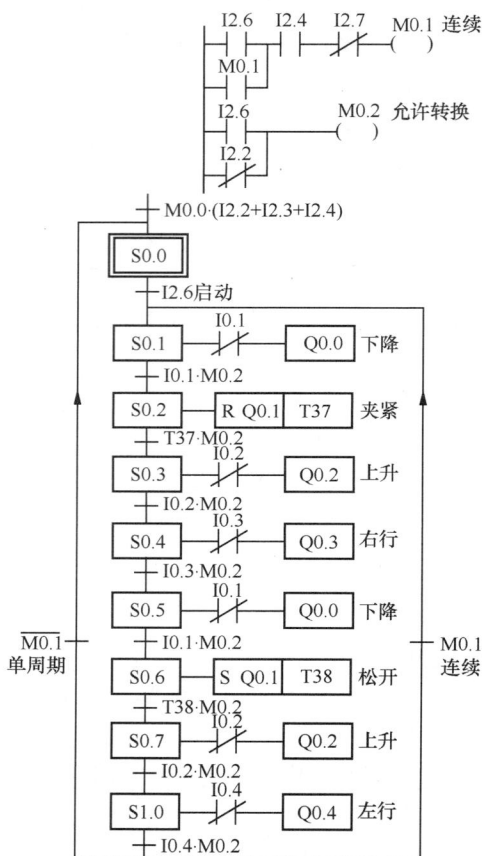

图 8-12　自动程序的顺序功能图

系统处于连续、单周期工作方式时，I2.2 常闭触点闭合，使 M0.2（允许转换）为 ON，串联在各步电路中的 M0.2 常开触点闭合，允许步与步之间的转换。

假设系统处于单周期工作方式，此时 I2.3 为 ON，I2.1 和 I2.2 常闭触点闭合，各步的 M0.2 为 ON，允许转换。若此时系统处于原点，则初始步 S0.0 为 ON，按下启动按钮 I2.6，激活 S0.1 步，Q0.0 接通，机械手下降。机械手碰到下限位开关 I0.1 时，S0.2 步变为 ON，Q0.1 被复位，工件被夹紧。同时 T37 得电，2s 以后 T37 的定时时间到，其常开触点闭合，使系统进入 S0.3 步。系统将这样一步一步地继续工作，当机械手在 S1.0 步返回原点时，I0.4 为 ON，因为此时系统不处于连续工作方式，M0.1 为 OFF，所以转换条件 $\overline{M0.1}\cdot M0.2\cdot I0.4$ 满足，系统返回并停留在初始步 S0.0。

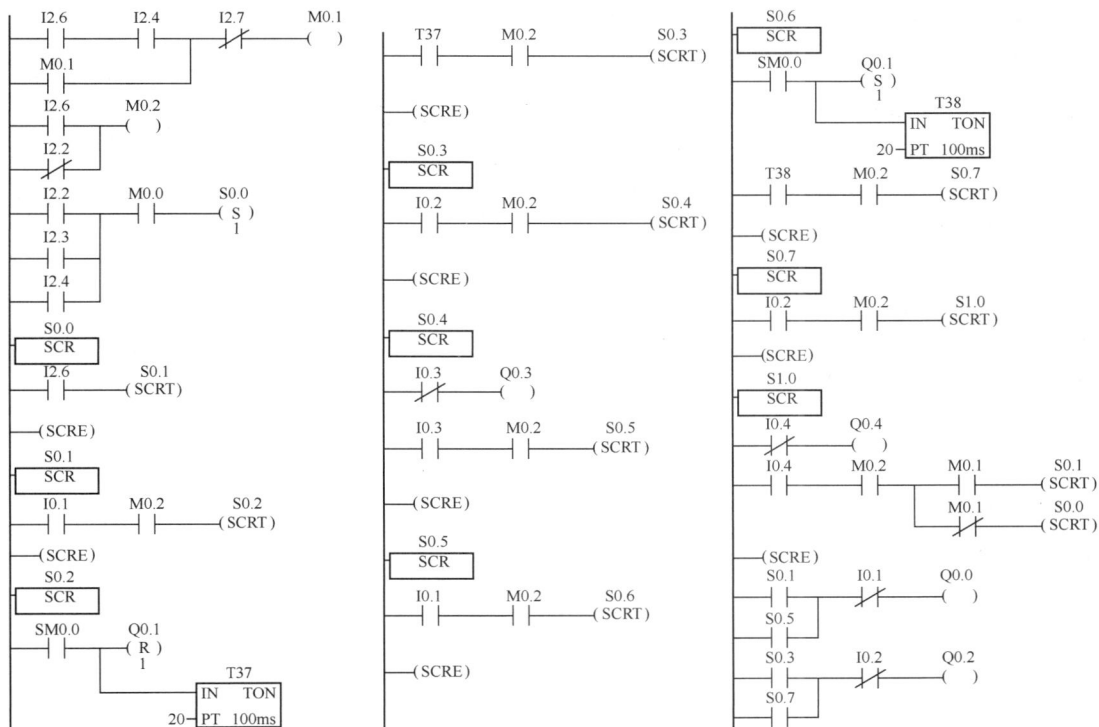

图 8-13　自动程序

　　如果系统处于连续工作方式，则 I2.4 为 ON，若原点状态条件满足则初始步 S0.0 被激活。按下启动按钮 I2.6，与单周期工作方式时相同，S0.1 步变为 ON，机械手下降，与此同时，控制连续工作的 M0.1 为 ON，后面的工作过程与单周期工作方式的工作过程相同。当机械手在 S1.0 步返回原点时，I0.4 为 ON，因为 M0.1 为 ON，所以转换条件 M0.1·M0.2·I0.4 满足，系统将返回 S0.1 步，反复地工作。按下停止按钮 I2.7 后，M0.1 变为 OFF，但是系统不会立即停止工作，只有在完成当前工作周期的全部动作后，在 S1.0 步返回最左边，左限位开关 I0.4 为 ON，转换条件 $\overline{M0.1}$·M0.2·I0.4 满足，系统才返回并停止在初始步 S0.0。

　　如果系统处于单步工作方式，I2.2 为 ON，它的常闭触点断开，"允许转换"辅助继电器 M0.2 在一般情况下为 OFF，不允许步与步之间的转换。设系统处于初始状态，S0.0 为 ON，按下启动按钮 I2.6，M0.2 变为 ON，使 S0.1 步为 ON，系统进入下降步。松开启动按钮 I2.6 后，M0.2 马上变为 OFF。在下降步，Q0.0 线圈得电，机械手降到下限位开关 I0.1 处时，I0.1 的常闭触点断开，使 Q0.0 线圈失电，机械手停止下降。I0.1 的常开触点闭合后，如果没有按下启动按钮 I2.6，M0.2 就处于 OFF 状态，一直等到按下启动按钮 I2.6 后，M0.2 变为 ON，M0.2 的常开触点闭合，转换条件 I0.1·M0.2 才能使 S0.2 步接通，系统才能由下降步 S0.1 进入夹紧步 S0.2。以后每完成某一步的操作后，都必须按一次启动按钮 I2.6，系统才能进入下一步。

　　在各工作步的驱动动作中，I0.1～I0.4 常闭触点是为单步工作方式设置的。以下降为例，当机械手碰到下限位开关 I0.1 后，与下降步对应的顺序控制继电器 S0.1 不会马上变为 OFF，如果 Q0.0 线圈不与 I0.1 常闭触点串联，机械手就不能停在下限位开关 I0.1 处，还会继续下降，这种情况下可能造成事故。

（5）回原点程序

图 8-14 所示为回原点程序。系统处于回原点工作方式（I2.1 为 ON）时，按下回原点启动按钮 I2.5，M0.3 变为 ON，机械手松开和上升，升到上限位开关时 I0.2 为 ON，机械手左行，到左限位处时，I0.4 变为 ON，左行停止并将 M0.3 复位。这时原点状态条件满足，M0.0 为 ON，在公用程序中，原点状态条件 M0.0 被置位，为进入单周期、连续和单步工作方式做好了准备。

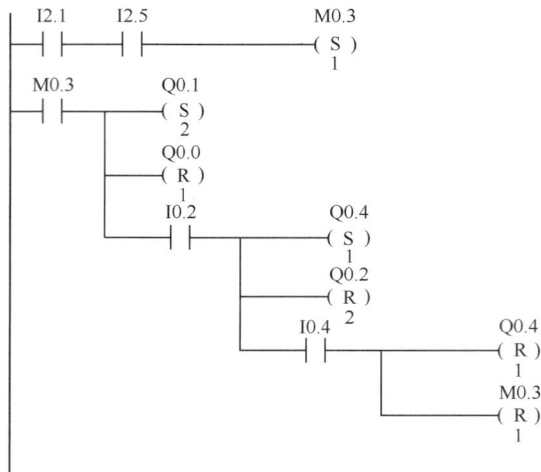

图 8-14　回原点程序

3. 程序调试

由于在设计各部分程序时已经考虑了其相互关系，因此，只要将公用程序（见图 8-10）、手动程序（见图 8-11）、自动程序（见图 8-13）和回原点程序（见图 8-14）按照机械手梯形图程序总体结构（见图 8-9）综合起来即可得到机械手控制系统的 PLC 程序。

模拟调试时按照图 8-8 所示接好各信号线，各部分程序可分别调试，再进行全部程序的调试，也可直接进行全部程序的调试。仔细观察运行结果，直至满足控制要求。

综合实训　单台供水泵的 PLC 控制

详情见学习任务工单 14。

习　题

1. 用 PLC 控制系统取代传统继电器-接触器控制系统的卧式车床有哪些优点？
2. 在设计具有多种工作方式的控制系统时，有哪些注意事项？
3. 用子程序的编程方式设计气动机械手的自动运行控制程序。

【实战演练】自动线上供料装置的 PLC 控制系统设计

图 8-15 所示为某自动线上供料装置结构。其主要由透明的工件装料管、推料气缸、顶料气缸、光电传感器以及各气缸两端自带的磁感应接近开关等组成。其工作原理是：工件垂直叠放在料仓中，推料气缸处于料仓的底层，并且其活塞杆可从料仓的底部通过。当活塞杆在退回位置时，它与最下层工件处于同一水平位置，而顶料气缸则与次下层工件处于同一水平位置。在需要将工件推到物料台上时，首先使顶料气缸的活塞杆推出，顶住次下层工件。然后使推料气缸活塞杆推出，从而把最下层工件推到物料台上。在推料气缸返回并且其活塞杆从料仓的底部抽出后，再使顶料气缸返回，松开次下层工件，使其在重力作用下自动向下移动，为下一次推出工件做好准备。

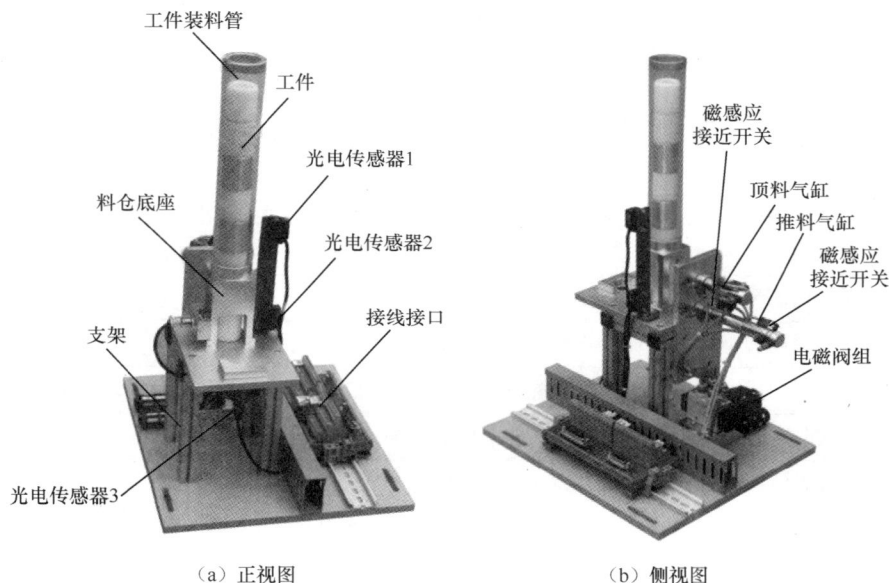

（a）正视图　　　　　　　　　（b）侧视图

图 8-15　自动线上供料装置结构

光电传感器 1 和光电传感器 2 的功能分别是检测料仓中有无工件或储料是否足够充分，若光电传感器 2 有动作，光电传感器 1 没有动作，表明工件快用完了。推料气缸把工件推到在料台上。出料台面开有小孔，光电传感器 3 通过小孔检测出料台上是否有工件存在，以便向自动线系统提供出料台上有无工件的信号。在输送单元的控制程序中，利用该信号来判断是否需要驱动机械手来抓取此工件。

附录 A　常用特殊继电器的含义

特殊继电器提供了大量的状态信息和控制功能，用来在 CPU 和用户程序之间交换信息。附表 A-1 列出了常用特殊继电器的含义，没有列出的请参考 S7-200 SMART 系列 PLC 系统手册，或者参考编程软件的系统符号表，系统符号表中完整地列出了特殊继电器的符号和注释。

附表 A-1　　　　　　　　　　常用特殊继电器的含义

SM 位	描述
SM0.0	CPU 运行时，该位始终为 1
SM0.1	在第一个扫描周期接通，然后断开。该位可用于初始化程序
SM0.2	若保持性数据丢失，则接通一个扫描周期。该位可用作错误存储器位，或用来调用特殊启动顺序功能
SM0.3	开机后进入 RUN 模式，接通一个扫描周期。该位可用于在启动操作之前给设备提供一个预热时间
SM0.4	提供周期为 1min、占空比为 50%的时钟脉冲
SM0.5	提供周期为 1s、占空比为 50%的时钟脉冲
SM0.6	该位为扫描时钟，本次扫描时置 1，下次扫描时清零。该位可用作扫描计数器的输入
SM0.7	若实时时钟设备的时间被重置或在上电时丢失，则接通一个扫描周期
SM1.0	零标志位，指令执行的结果为 0 时，该位置 1
SM1.1	错误标志位，指令执行的结果溢出或检测到非法数值时，该位置 1
SM1.2	负数标志位，执行数学运算的结果为负数时，该位置 1
SM1.3	除数为 0 时，该位置 1
SM1.4	试图超出表的范围执行添表指令 ATT（Add to Table）时，该位置 1
SM1.5	执行 LIFO、FIFO 指令时，试图从空表中读数，该位置 1
SM1.6	试图把非 BCD 码转换为二进制数时，该位置 1
SM1.7	ASCII 字符不能转换为有效的十六进制数时，该位置 1

附录 B　S7-200 SMART 系列 PLC 指令

S7-200 SMART 系列 PLC 的指令系统非常丰富，主要分为位逻辑指令、定时器指令、计数器指令、传送指令、比较指令、转换指令、程序控制指令、数学运算指令、逻辑运算指令等系列，附表 B-1 列出了 S7-200 SMART 系列 PLC 的指令的梯形图符号及其对应的语句表，以供读者查阅。

附表 B-1　　　　　　　　　　　S7-200 SMART 系列 PLC 指令

分类	指令名称	梯形图	语句表	说明
位逻辑指令	常开触点	—┤ bit ├—	LD bit 或 A bit 或 O bit	测试存储器（M、SM、T、C、V、S、L）或过程映像寄存器（I 或 Q）中的位值。位值为 0 时，触点保持图示状态；位值为 1 时，触点状态与图示相反。
	常闭触点	—┤ / ├— bit 或 —┤/├—	LDN bit 或 AN bit 或 N bit	在语句表中，常开触点指令用 LD、A、O 表示使用逻辑堆栈顶部位的值对寻址位的值执行"装载""与""或"运算；常闭触点指令用 LDN（取反后装载）、AN（与非）和 ON（或非）指令表示
	常开立即触点	—┤ I ├— bit	LDI bit 或 AI bit 或 OI bit	该指令获取物理输入值，但不更新过程映像寄存器。立即触点不会等待 PLC 扫描周期进行更新，而是会立即更新。位值为 0 时，触点保持图示状态；位值为 1 时，触点状态与图示相反
	常闭立即触点	—┤ /I ├— bit	LDNI bit 或 ANI bit 或 ONI bit	
	取反触点	— NOT —	NOT	取反能流输入的状态
	正跳变触点	—┤ P ├—	EU	允许能量在每次断开到接通转换后流动一个扫描周期
	负跳变触点	—┤ N ├—	ED	允许能量在每次接通到断开转换后流动一个扫描周期
	输出	—( )— bit	= bit	将输出位的新值写入过程映像寄存器
	立即输出	—(I)— bit	= I bit	该指令执行时，指令会将新值写入物理输出点和相应的过程映像寄存器单元
	复位	—(R)— bit	R bit, N	置位（S）和复位（R）指令用于置位（接通）或复位（断开）从指定地址（位）开始的一组位（N）。可以置位或复位 1～255 位。
	置位	—(S)— bit N	S bit, N	如果复位指令指定定时器位（T 地址）或计数器位（C 地址），则该指令将对定时器或计数器位进行复位并将定时器或计数器的当前值清零

续表

分类	指令名称	梯形图	语句表	说明
位逻辑指令	立即置位	bit ——(SI) N	SI bit, N	立即置位和立即复位指令用于立即置位（接通）或立即复位（断开）从指定地址（位）开始的一组位（N）。可立即置位或复位 1～255 位。"I"表示一个立即地址引用；新值将写入物理输出点和相应的过程映像寄存器单元。这不同于非立即地址引用仅将新值写入过程映像寄存器
	立即复位	bit ——(RI) N	RI bit, N	
定时器指令	接通延时定时器	Txxx —IN TON —PT ???ms	TON Txxx, PT	接通延时定时器用于测定单独的时间间隔。Txxx 为定时器地址，地址分配决定定时器的分辨率；PT 为预设值（下同）
	保持型接通延时定时器	Txxx —IN TONR —PT ???ms	TONR Txxx, PT	保持型接通延时定时器用于累积多个定时时间间隔的时间值
	断开延时定时器	Txxx —IN TOF —PT ???ms	TOF Txxx, PT	断开延时定时器用于在 OFF（或 FALSE）条件之后延长一定时间间隔
	触发时间间隔	BGN_ITIME EN ENO OUT	BITIM OUT	读取内置 1ms 计数器的当前值，并将该值存储在 OUT 中
	计算时间间隔	CAL_ITIME EN ENO —IN OUT	CITIM IN, OUT	计算当前时间与 IN 中提供的时间的时间差，然后将差值存储在 OUT 中
计数器指令	加计数器	Cxxx —CU CTU —R —PV	CTU Cxxx, PV	每次 CU 输入从 OFF 转换为 ON 时，计数器当前值加 1。当前值大于或等于设定值 PV 时，计数器位接通。当复位输入 R 接通或对计数器地址执行复位指令时，当前计数值复位。当前值达到最大值 32767 时，计数器停止计数。Cxxx 为计数器地址（C0～C255）（下同）
	减计数器	Cxxx —CD CTD —LD —PV	CTD Cxxx, PV	每次 CD 输入从 OFF 转换为 ON 时，计数器的当前值减 1。当前值等于 0 时，计数器停止计数，计数器位接通。LD 装载输入接通时，复位计数器位并用设定值 PV 装载当前值
	加减计数器	Cxxx —CU CTUD —CD —R —PV	CTUD Cxxx, PV	每次 CU 输入从 OFF 转换为 ON 时，计数器当前值加 1；CD 输入从 OFF 转换为 ON 时，当前值减 1。当前值大于或等于设定值 PV 时，计数器位接通，否则，计数器位关断。当 R 复位输入接通或对计数器地址执行复位指令时，计数器复位

分类	指令名称	梯形图	语句表	说明
传送指令	字节传送	MOV_B EN ENO IN OUT	MOVB IN, OUT	将数据值从源常数或存储单元 IN 传送到新存储单元 OUT，而不会更改源存储单元中存储的值
	字传送		MOVW IN, OUT	
	双字传送		MOVD IN, OUT	
	实数传送	MOV_W MOV_DW MOV_R	MOVR IN, OUT	
	字节立即读	MOV_BIR EN ENO IN OUT	BIR IN, OUT	读取物理输入 IN 的状态，并将结果写入存储器地址 OUT 中，但不更新过程映像寄存器
	字节立即写	MOV_BIW EN ENO IN OUT	BIW IN, OUT	从存储器地址 IN 读取数据，并将其写入物理输出 OUT 以及相应的过程映像位置
	字节块传送	BLKMOV_B EN ENO IN OUT N	BMB IN, OUT, N	将已分配的数据值块从源存储单元（起始地址 IN 的连续地址）传送到新存储单元（起始地址 OUT 的连续地址）。 N 为传送的字节、字或双字数目，取值范围是 1～255
	字块传送		BMW IN, OUT, N	
	双字块传送	BLKMOV_W BLKMOV_D	BMD IN, OUT, N	
	字节交换	SWAP EN ENO IN	SWAP IN	用于交换字 IN 的高位有效字节和低位有效字节
比较指令	字节比较	IN1 ==B IN2 <>B、>=B、<=B、>B、<B	LDB= IN1, IN2 或 AB= IN1, IN2 或 OB= IN1, IN2	对两个数据类型相同的数值（字节、整数、双整数和实数）进行比较。比较结果为 TRUE 时，比较指令将接通触点。 在语句表中，比较指令用 LD、A、O 表示使用逻辑堆栈顶部位的值对寻址位的值执行"装载""与""或"运算。 本语句表中仅列出了等于比较指令，对于不等于、大于或等于、小于或等于、大于、小于比较，只需将"=="替换为"<>"">=""<=""、"">""<"即可
	整数比较	IN1 ==I IN2 <>I、>=I、<=I、>I、<I	LDW= IN1, IN2 或 AW= IN1, IN2 或 OW= IN1, IN2	
	双字比较	IN1 ==D IN2 <>D、>=D、<=D、>D、<D	LDD= IN1, IN2 或 AD= IN1, IN2 或 OD= IN1, IN2	

续表

分类	指令名称	梯形图	语句表	说明
比较指令	实数比较	IN1 ==R IN2 <>R、>=R、 <=R、>R、<R	LDR= IN1, IN2 或 AR= IN1, IN2 或 OR= IN1, IN2	对两个数据类型相同的数值（字节、整数、双整数和实数）进行比较。比较结果为 TRUE 时，比较指令将接通触点。 在语句表中，比较指令用 LD、A、O 表示使用逻辑堆栈顶部位的值对寻址位的值执行"装载""与""或"运算。
	字符串比较	IN1 ==S IN2 <>S	LDS= IN1, IN2 或 AS= IN1, IN2 或 OS= IN1, IN2	本语句表中仅列出了等于比较指令，对于不等于、大于或等于、小于或等于、大于、小于比较，只需将"=="替换为"<>"">=""<="">"">"">""<"即可
转换指令	字节转换为整数		BTI IN, OUT	实现字节（B）与整数（I）之间（数值范围为 0~255）、整数（I）与双整数（DI）之间、双整数（DI）与实数（R）之间、BCD 码与整数之间的转换，转换结果存入 OUT 指定的地址
	整数转换为字节	B_I EN ENO IN OUT I_B I_DI DI_I DI_R BCD_I I_BCD	ITB IN, OUT	
	整数转换为双整数		ITD IN, OUT	
	双整数转换为整数		DTI IN, OUT	
	双整数转换为实数		DTR IN, OUT	
	BCD 码转换为整数		MOVW IN, OUT BCDI OUT	
	整数转换为 BCD 码		MOVW IN, OUT IBCD OUT	
	取整	ROUND EN ENO IN OUT	ROUND IN, OUT	将 32 位实数值 IN 转换为双整数值，并将结果存入 OUT 指定的地址中。如果小数部分大于或等于 0.5，该实数值将进位
	截断	TRUNC EN ENO IN OUT	TRUNC IN, OUT	将 32 位实数值 IN 转换为双整数值，并将结果存入 OUT 指定的地址中。只有转换了实数的整数部分之后，才会丢弃小数部分
	段码	SEG EN ENO IN OUT	SEG IN, OUT	要点亮七段数码管，可通过段码指令转换 IN 指定的字节，以生成位模式字节，并将其存入 OUT 指定的地址中。 点亮的段表示输入字节最低有效位中的字符
	编码	ENCO EN ENO IN OUT	ENCO IN, OUT	根据输入字节 IN 的最低 4 位表示的位号，将输出字 OUT 对应的位置 1，其他位均为 0

续表

分类	指令名称	梯形图	语句表	说明
转换指令	解码	DECO EN　ENO IN　OUT	DECO IN, OUT	将输入字 IN 中的最低有效位的位号写入输出字节 OUT 的最低 4 位
	ASCII 转换为十六进制数	ATH EN　ENO IN　OUT LEN	ATH IN, OUT, LEN	将长度为 LEN、从 IN 开始的 ASCII 字符转换为十六进制数，依次存入以 OUT 为首地址的连续存储单元中。可转换的最大 ASCII 字符数为 255 个
	十六进制数转换为 ASCII	HTA EN　ENO IN　OUT LEN	HTA IN, OUT, LEN	将以 IN 为首地址的 LEN 个十六进制数转换为 ASCII 字符，依次存入以 OUT 为首地址的连续存储单元中。由长度 LEN 分配要转换的十六进制数的位数。可以转换的 ASCII 字符或十六进制数的最大数目为 255
	整数转换为 ASCII	ITA EN　ENO IN　OUT FMT	ITA IN, OUT, FMT	将整数 IN 转换为 ASCII 字符。FMT 将分配小数点右侧的转换精度，并指定小数点显示为逗号还是句点。得出的转换结果将被存入 OUT 分配的地址开始的 8 个连续字节中
	双整数转换为 ASCII	DTA EN　ENO IN　OUT FMT	DTA IN, OUT, FMT	将双整数 IN 转换为 ASCII 字符。FMT 指定小数点右侧的转换精度。得出的转换结果将存入以 OUT 开头的 12 个连续字节中
	实数转换为 ASCII	RTA EN　ENO IN　OUT FMT	RTA IN, OUT, FMT	将实数 IN 转换成 ASCII 字符。FMT 会指定小数点右侧的转换精度、小数点显示为逗号还是句点以及输出缓冲区大小。得出的转换结果会存入以 OUT 开头的输出缓冲区中
	整数转换为字符串	I_S EN　ENO IN　OUT FMT	ITS IN, OUT, FMT	将整数 IN 转换为长度为 8 个字符的 ASCII 字符串。FMT 将分配小数点右侧的转换精度，并指定小数点显示为逗号还是句点。结果字符串会写入从 OUT 开始的 9 个连续字节中
	双整数转换为字符串	DI_S EN　ENO IN　OUT FMT	DTS IN, OUT, FMT	将双整数 IN 转换为长度为 12 个字符的 ASCII 字符串。FMT 将分配小数点右侧的转换精度，并指定小数点显示为逗号还是句点。结果字符串会写入从 OUT 开始的 13 个连续字节中
	实数转换为字符串	R_S EN　ENO IN　OUT FMT	RTS IN, OUT, FMT	将实数 IN 转换为 ASCII 字符串。FMT 将分配小数点右侧的转换精度、小数点显示为逗号还是句点以及输出字符串的长度。转换结果放置在以 OUT 开头的字符串中。结果字符串的长度在 FMT 中指定，可以是 3～15 个字符

续表

分类	指令名称	梯形图	语句表	说明
转换指令	ASCII 子字符串转换为整数	S_I EN ENO IN OUT INDX	STI IN, INDX, OUT	将 ASCII 子字符串转换为整数、双整数或实数。INDX 的值指定字符串开始转换的位置
	ASCII 子字符串转换为双整数	S_DI EN ENO IN OUT INDX	STD IN, INDX, OUT	
	ASCII 子字符串转换为实数	S_R EN ENO IN OUT INDX	STR IN, INDX, OUT	
程序控制指令	条件结束	——(END)	END	基于前一逻辑条件终止当前扫描周期。该指令只能在主程序中使用
	停止	——(STOP)	STOP	通过将 CPU 从 RUN 模式切换到 STOP 模式来终止程序的执行。如果在中断例程中执行 STOP 指令，则中断例程将立即终止，所有挂起的中断将被忽略。从 RUN 到 STOP 模式的转换是在当前扫描周期结束时进行的
	看门狗复位	——(WDR)	WDR	触发系统看门狗定时器，并将完成扫描周期的允许时间（看门狗超时错误出现之前）加 500ms
	循环	FOR EN ENO INDX INIT FINAL	FOR INDX, INIT, FINAL	循环执行 FOR 和 NEXT 指令之间的指令。启动循环时，初始值 INIT 被送入 INDX 中；每次执行到 NEXT 指令时，INDX 值加 1，并将运算结果与 FINAL 比较，若 INDX 值大于 FINAL 值，则结束循环，否则返回去执行 FOR 和 NEXT 指令之间的指令
	循环结束	——(NEXT)	NEXT	标记 FOR 循环程序段的结束位置
	跳转	n ——(JMP)	JMP n	使程序流程跳转到对应标号 n 处。n 为常数 0～255
	标号	n LBL	LBL n	用于标记跳转指令的目的地位置
	载入顺控继电器	S_bit SCR	LSCR S_bit	将指定的顺序控制继电器 S 位的值装载到 SCR 堆栈和逻辑堆栈的栈顶。表示一个 SCR 段的开始
	顺控继电器转换	S_bit ——(SCRT)	SCRT S_bit	表示 SCR 段的转换。S_bit 为要启用的 SCR 位

续表

分类	指令名称	梯形图	语句表	说明
程序控制指令	顺控继电器结束	—|—(SCRE)	SCRE	表示 SCR 段的结束
	有条件顺控继电器结束	——(SCRE)	CSCRE	有条件地终止执行 SCR 段
	获取非致命错误代码	GET_ERROR EN　ENO ECODE	GERR ECODE	将 CPU 的当前非致命错误代码存储在分配给 ECODE 的位置,CPU 中的非致命错误代码将在存储后清除
子程序指令	子程序调用	SBR_n EN x1 x2　x3	CALL SBR_n, x1, x2, x3	子程序调用指令将程序控制权转交给子程序 SBR_n,子程序执行完后,控制权返回给子程序调用指令后的下一条指令。 可以使用带参数或不带参数的子程序调用指令。调用参数 x1（IN）、x2（IN_OUT）和 x3（OUT）分别表示传入、传入和传出或传出子程序。调用参数是可选的。可以使用 0～16 个调用参数
	子程序条件返回	——(RET)	CRET	根据前面的逻辑终止子程序
中断指令	中断允许	——(ENI)	ENI	全局性启用对所有连接的中断事件的处理
	中断禁止	——(DISI)	DISI	全局性禁止对所有中断事件的处理
	中断条件返回	——(RETI)	CRETI	根据前面的程序逻辑的条件从中断返回
	中断连接	ATCH EN　ENO INT EVNT	ATCH INT, EVNT	将中断事件 EVNT 与中断程序编号 INT 相关联,并启用中断事件
	中断分离	DTCH EN　ENO EVNT	DTCH EVNT	解除中断事件 EVNT 与所有中断程序的关联,并禁用中断事件
	清除中断事件	CLR_EVNT EN　ENO EVNT	CEVNT EVNT	从中断队列中移除所有类型为 EVNT 的中断事件

数学运算指令	整数加法
	双整数加法
	实数加法
		ADD_I
		EN　ENO
		IN1　OUT
		IN2
		ADD_DI
		ADD_R
			MOVW IN1, OUT
			+I IN2, OUT
			MOVD IN1, OUT
			+D IN2, OUT
			MOVR IN1, OUT
			+R IN2, OUT
				整数加法指令将两个 16 位整数相加,产生一个 16 位结果。双整数加法指令将两个 32 位整数相加,产生一个 32 位结果。实数加法指令将两个 32 位实数相加,产生一个 32 位实数结果。
				即:IN1+IN2=OUT

续表

分类	指令名称	梯形图	语句表	说明
数学运算指令	整数减法	SUB_I EN ENO IN1 OUT IN2	MOVW IN1, OUT −I IN2, OUT	整数减法指令将两个 16 位整数相减，产生一个 16 位结果。双整数减法指令将两个 32 位整数相减，产生一个 32 位结果。实数减法指令将两个 32 位实数相减，产生一个 32 位实数结果。 即：IN1−IN2=OUT
	双整数减法		MOVD IN1, OUT −D IN2, OUT	
	实数减法	SUB_DI SUB_R	MOVR IN1, OUT −R IN2, OUT	
	整数乘法	MUL_I EN ENO IN1 OUT IN2	MOVW IN1, OUT *I IN2, OUT	整数乘法指令将两个 16 位整数相乘，产生一个 16 位结果。双整数乘法指令将两个 32 位整数相乘，产生一个 32 位结果。实数乘法指令将两个 32 位实数相乘，产生一个 32 位实数结果。 即：IN1*IN2=OUT
	双整数乘法		MOVD IN1, OUT *D IN2, OUT	
	实数乘法	MUL_DI MUL_R	MOVR IN1, OUT *R IN2, OUT	
	整数除法	DIV_I EN ENO IN1 OUT IN2	MOVW IN1, OUT /I IN2, OUT	整数除法指令将两个 16 位整数相除，产生一个 16 位结果。双整数除法指令将两个 32 位整数相除，产生一个 32 位结果。实数除法指令将两个 32 位实数相除，产生一个 32 位实数结果。均不保留余数。 即：IN1/IN2=OUT
	双整数除法		MOVD IN1, OUT /D IN2, OUT	
	实数除法	DIV_DI DIV_R	MOVR IN1, OUT /R IN2, OUT	
	产生双整数的整数乘法	MUL EN ENO IN1 OUT IN2	MOVW IN1, OUT MUL IN2, OUT	产生双整数的整数乘法指令将两个 16 位整数相乘，产生一个 32 位乘积。 在语句表中，32 位 OUT 的低 16 位被用作其中一个乘数。 即：IN1*IN2=OUT
	带余数的整数除法	DIV EN ENO IN1 OUT IN2	MOVW IN1, OUT DIV IN2, OUT	带余数的整数除法指令将两个 16 位整数相除，产生一个 32 位结果，该结果包括一个 16 位的余数（最高有效字）和一个 16 位的商（最低有效字）。 即：IN1/IN2=OUT，OUT 的低 16 位为商，高 16 位为余数
	字节递增	INC_B EN ENO IN OUT	MOVB IN, OUT INCB, OUT	递增指令对输入值 IN 加 1，并将结果输入 OUT 中。 即：IN+1=OUT。 字节递增（INC_B）运算为无符号运算。字递增（INC_W）和双字递增（INC_DW）运算为有符号运算
	字递增		MOVB IN, OUT INCW, OUT	
	双字递增	INC_W INC_DW	MOVB IN, OUT INCD, OUT	
	字节递减	DEC_B EN ENO IN OUT	MOVB IN, OUT DECB, OUT	递减指令将输入值 IN 减 1，并将结果输入 OUT 中。 即：IN−1=OUT。 字节递减（DEC_B）运算为无符号运算。字递减（DEC_W）和双字递减（DEC_D）运算为有符号运算
	字递减		MOVB IN, OUT DECW, OUT	
	双字递减	DEC_W DEC DW	MOVB IN, OUT DECD, OUT	

续表

分类	指令名称	梯形图	语句表	说明
数学运算指令	正弦函数	SIN EN　ENO IN　OUT	SIN IN, OUT	正弦函数、余弦函数和正切函数指令用于计算角度值 IN 的三角函数，并将结果输入 OUT 中。输入角度值以弧度为单位。 即：SIN(IN)=OUT COS(IN)=OUT TAN(IN)=OUT
	余弦函数	COS EN　ENO IN　OUT	COS IN, OUT	
	正切函数	TAN EN　ENO IN　OUT	TAN IN, OUT	
	自然对数	LN EN　ENO IN　OUT	LN IN, OUT	自然对数指令用于对 IN 中的值执行自然对数运算，并将结果输入 OUT 中。 即：LN(IN)=OUT
	自然指数	EXP EN　ENO IN　OUT	EXP IN, OUT	自然指数指令用于执行以 e 为底、以 IN 中的值为幂的指数运算，并将结果输入 OUT 中。 即：EXP(IN)=OUT
	平方根函数	SQRT EN　ENO IN　OUT	SQRT IN, OUT	计算实数的平方根，产生一个实数结果。 即：SQRT(IN)=OUT
	PID 回路	PID EN　ENO TBL LOOP	PID TBL, LOOP	根据输入和表格（TBL）中的组态信息对引用的 LOOP 执行 PID 回路计算
逻辑运算指令	字节逻辑与	WAND_B EN　ENO IN1　OUT IN2	MOVW IN1, OUT ANDB IN2, OUT	对两个输入 IN1 和 IN2 的相应位执行逻辑与运算，并将结果存入 OUT 指定的地址。 即：IN1 AND IN2=OUT
	字逻辑与		MOVW IN1, OUT ANDW IN2, OUT	
	双字逻辑与	WAND_W WAND_DW	MOVW IN1, OUT ANDD IN2, OUT	
	字节逻辑或	WOR_B EN　ENO IN1　OUT IN2	MOVW IN1, OUT ORB IN2, OUT	对两个输入 IN1 和 IN2 的相应位执行逻辑或运算，并将结果存入 OUT 指定的地址。 即：IN1 OR IN2=OUT
	字逻辑或		MOVW IN1, OUT ORW IN2, OUT	
	双字逻辑或	WOR_W WOR_DW	MOVW IN1, OUT ORD IN2, OUT	

续表

分类	指令名称	梯形图	语句表	说明
逻辑运算指令	字节逻辑异或	WXOR_B EN ENO IN1 OUT IN2	MOVW IN1, OUT XORB IN2, OUT	对两个输入 IN1 和 IN2 的相应位执行逻辑异或运算，并将结果存入 OUT 指定的地址。 即：IN1 XOR IN2=OUT
	字逻辑异或		MOVW IN1, OUT XORW IN2, OUT	
	双字逻辑异或	WXOR_W WXOR_DW	MOVW IN1, OUT XORD IN2, OUT	
	字节取反	INV_B EN ENO IN OUT	MOVB IN, OUT INVB OUT	字节取反、字取反和双字取反指令对输入 IN 执行取反操作，并将结果存入 OUT 指定的地址
	字取反		MOVW IN, OUT INVW OUT	
	双字取反	INV_W INV_D	MOVD IN, OUT INVD OUT	
移位和循环移位指令	字节左移	SHL_B EN ENO IN OUT N	SLB OUT, N	将输入 IN 的二进制数各位的值右移（SHR）或左移（SHL）N 位，将结果存入 OUT 指定的地址。对于每一位移出后留下的空位，自动补 0。 字节操作是无符号操作。对于字操作和双字操作，使用有符号数时，也会对符号位进行移位
	字节右移	SHR_B EN ENO IN OUT N	SRB OUT, N	
	字左移		SLW OUT, N	
	字右移		SRW OUT, N	
	双字左移		SLD OUT, N	
	双字右移	SHL_W SHR_W SHL_DW SHR_DW	SRD OUT, N	
	字节循环左移	ROL_B EN ENO IN OUT N	RLB OUT, N	将输入 IN 的二进制数各位的值循环右移（ROR）或循环左移（ROL）N 位，将结果存入 OUT 指定的地址。 字节操作是无符号操作。对于字操作和双字操作，使用有符号数时，也会对符号位进行循环移位
	字节循环右移		RRB OUT, N	
	字循环左移	ROR_B EN ENO IN OUT N	RLW OUT, N	
	字循环右移		RRW OUT, N	
	双字循环左移	ROL_W ROR_W	RLD OUT, N	
	双字循环右移	ROL_DW ROR_DW	RRD OUT, N	
表格指令	添表	AD_T_TBL EN ENO DATA TBL	ATT DATA, TBL	向表格 TBL 中添加字值 DATA

续表

分类	指令名称	梯形图	语句表	说明
表格指令	先进先出	FIFO EN　ENO TBL　DATA	FIFO TBL, DATA	将表格 TBL 的第一个条目移动到 DATA 指定的输出存储器地址，表格中的所有其他条目向上移动一个位置，表中的条目计数值减 1
	后进先出	LIFO EN　ENO TBL　DATA	LIFO TBL, DATA	将表格 TBL 的最后一个条目移动到 DATA 指定的输出存储器地址，表中的条目计数值减 1
	存储器填充	FILL_N EN　ENO IN　OUT N	FILL IN, OUT, N	使用地址 IN 中存储的字值填充从地址 OUT 开始的 N 个连续字。 N 的取值范围是 1～255
	查表	TBL_FIND EN　ENO TBL PTN INDX CMD	①FND= TBL, PTN, INDX ②FND<> TBL, PTN, INDX ③FND< TBL, PTN, INDX ④FND> TBL, PTN, INDX	在表格 TBL 中从指针 INDX 所指的地址开始，搜索与数据 PTN 的关系满足输入参数 CMD 定义的条件的数据。参数 CMD 的 1～4 分别代表=、<>、<和>。 如果找到匹配数据，INDX 将指向该数据。要查找下一个匹配数据，再次调用查表指令之前，必须先使 INDX 值加 1。如果未找到，则 INDX 值等于条目计数
字符串指令	字符串长度	STR_LEN EN　ENO IN　OUT	SLEN IN, OUT	返回由 IN 指定的字符串长度（字节）。 注意：因为中文字符并非由单字节表示，STR_LEN 不会返回包含中文字符的字符串中的字符数
	字符串复制	STR_CPY EN　ENO IN　OUT	SCPY IN, OUT	将由 IN 指定的字符串复制到由 OUT 指定的存储单元中
	字符串连接	STR_CAT EN　ENO IN　OUT	SCAT IN, OUT	将由 IN 指定的字符串附加到由 OUT 指定的字符串的末尾
	复制子字符串	SSTR_CPY EN　ENO IN　OUT INDX N	SSCPY IN, INDX, N, OUT	从 IN 指定的字符串中，将从索引 INDX 开始的指定数目的 N 个字符复制到 OUT 指定的新字符串中
	查找字符串	STR_FIND EN　ENO IN1　OUT IN2	SFND IN1, IN2, OUT	在字符串 IN1 中搜索第一次出现的字符串 IN2，如果找到匹配的字符序列，则将字符序列中第一个字符在字符串 IN1 中的位置写入 OUT；如果没有找到，则将 OUT 清零
	查找第一个字符	CHR_FIND EN　ENO IN1　OUT IN2	CFND IN1, IN2, OUT	在字符串 IN2 中搜索第一次出现的字符串 IN1 中的任意字符。如果找到匹配的字符，则字符位置被写入 OUT；如果没有找到，则将 OUT 清零

附录 C STEP 7-Micro/WIN SMART 编程软件的使用方法

一、STEP 7-Micro/WIN SMART 编程软件简介

S7-200 SMART 系列 PLC 可在 PC 上使用 STEP 7-Micro/WIN SMART 编程软件进行编程。此编程软件由西门子公司专门为西门子 S7-200 SMART 系列 PLC 设计，可以在 32 位、64 位的 Windows 7 和 Windows 10 上运行。STEP 7-Micro/WIN SMART 编程软件功能强大，界面友好，有联机帮助功能，既可用于开发用户程序，又可实时监控用户程序的执行状态。

二、STEP 7-Micro/WIN SMART 编程软件的安装

STEP 7-Micro/WIN SMART 编程软件可以从西门子公司网站免费下载并安装，也可以用光盘安装。双击安装程序 setup.exe，选择安装语言，接受安装许可协议，确认安装路径后，软件即可自动安装完成。软件安装结束后，系统会自动生成图标 ，双击该图标就可以启动 STEP 7-Micro/WIN SMART 编程软件。

三、STEP 7-Micro/WIN SMART 编程软件的主要界面

STEP 7-Micro/WIN SMART 的工作界面如附图 C-1 所示，界面一般可分为快速访问工具栏、菜单栏、工具栏（快捷按钮）、导航栏、项目树、编程区、状态栏等。除了菜单栏外，用户可根据需要决定其他窗口的取舍和样式的设置。

1. 快速访问工具栏

快速访问工具栏有"新建""打开""保存"和"打印"4 个默认按钮，用户可单击快速访问工具栏右侧黑色小三角图标 ，自定义工具栏上的按钮。

2. 菜单栏

菜单栏包含"文件""编辑""视图""PLC""调试""工具""帮助"等 7 个菜单，每一个菜单都对应有一个菜单功能区。"文件"菜单可执行文件的新建、打开、关闭、保存、打印预览、设置等操作。"编辑"菜单提供程序编辑的功能，如选择、复制、剪切、粘贴程序块和数据块，插入图表、子程序、中断、符号表等，同时提供查找、替换、插入、删除和快速光标定位等功能。"视图"菜单可以设置软件开发环境的风格，决定其他辅助窗口的打开与关闭，还可以选择不同语言的编程器（包括 LAD、STL、FBD）。"PLC"菜单用于建立与 PLC 联机时的相关操作，如改变 PLC 的工作模式（RUN、STOP）、用户程序的编译、上传（读出）和下载（写入）、查看 PLC 的信息、清除 PLC 存储卡中的程序和数据等，同时还提供离线编译功能。"调试"菜单主要用于联机调试，可以进行元件状态监控、指定元件强制输出等。"工具"菜单可以调用复杂指令向导（如 PID 指令、PWM 指令、Get/Put 指令向导以及文本显示向导等），数据日志可记录进程数据，选项子菜单可设置界面风格。

"帮助"菜单可以通过相关目录和索引项查阅几乎所有相关的使用帮助信息，而且在软件操作过程中的任何步骤或任何位置都可以按"F1"键来显示在线帮助，这大大方便了用户的使用。

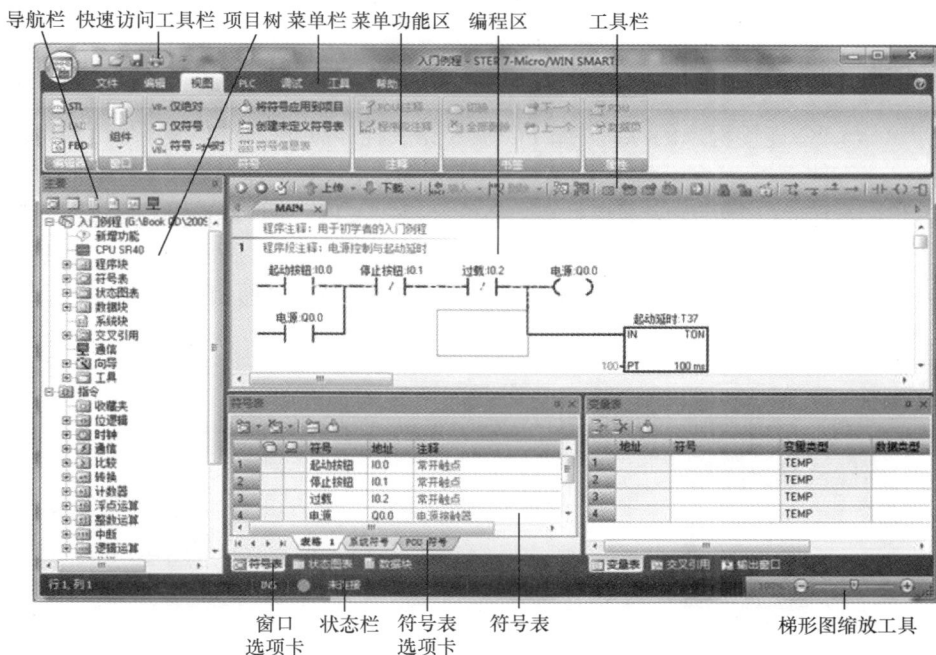

附图 C-1　STEP 7-Micro/WIN SMART 的工作界面

3. 工具栏

工具栏提供简便的鼠标操作，将软件常用的操作以按钮形式设置到其中。

4. 导航栏

导航栏显示在项目树上方，包括符号表、状态图表、数据块、系统块、交叉引用和通信共 6 个按钮，可快速访问项目树上的对象。单击一个导航栏按钮相当于展开项目树并单击同一选择内容。

5. 项目树

项目树用于组织项目，包括项目和指令两个部分。

项目部分包含一个项目所需的所有内容，包括程序块、符号表、状态图表、数据块、系统块、交叉引用、通信、向导和工具 9 个组件。其中，程序块组件由可执行的代码和注释组成，可执行的代码由主程序（MAIN）、可选的子程序（SBR_n）和中断程序(INT_n)组成，程序代码经编译后可下载到 PLC 中，而程序注释会被忽略。工具组件包含运动控制面板与 PID 整定控制面板等。

指令部分包含创建控制程序需要的指令，可以将单个指令从项目树中拖放到程序中，也可以双击指令，将其插入到编程区的当前光标位置。

6. 编程区

编程区是编辑程序、注释、参数等的区域。

7. 状态栏

状态栏位于主窗口的底部，用于显示软件中执行的操作的编辑模式或在线状态等相关信息。在编辑模式，状态栏显示编程器的信息，例如当前是插入（INS）模式还是覆盖（OVR）模式，可以用计算机的"Insert"键切换这两种模式。此外，状态栏还会显示在线状态信息，包括 CPU 的状态、通信连接的状态、CPU 的 IP 地址和可能的错误等。状态栏右侧的梯形图缩放工具可以放大和缩小梯形图程序。

四、硬件连接与通信

在 PLC 与 PC 连接构成的系统中，PC 主要完成程序编辑、程序调试、工作状态监控、图像显示、打印报表等任务，PLC 则直接面向现场/设备进行实时控制。S7-200 SMART 系列 PLC 的主机上有一个以太网通信接口（新的经济型 CPU 不具备）和一个 RS-485 通信接口，可以使用以太网电缆与 PC 建立以太网通信连接，如附图 C-2 所示；也可以使用 USB/PPI 电缆与 PC 建立串口通信连接，如附图 C-3 所示。如果是串口通信，则使用 PPI 协议；如果是以太网通信，则使用 TCP/IP。

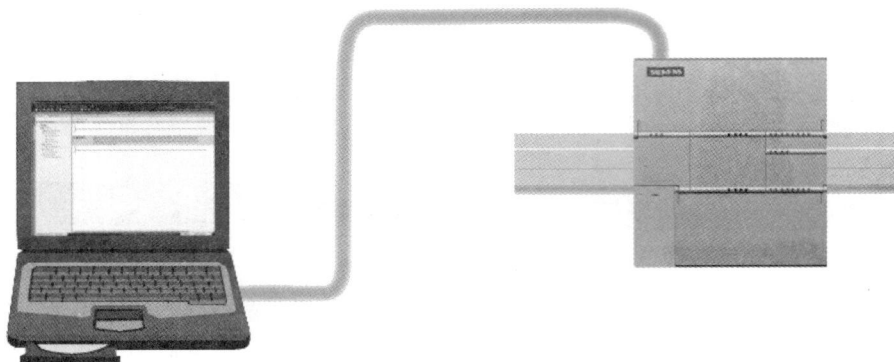

附图 C-2　建立以太网通信连接

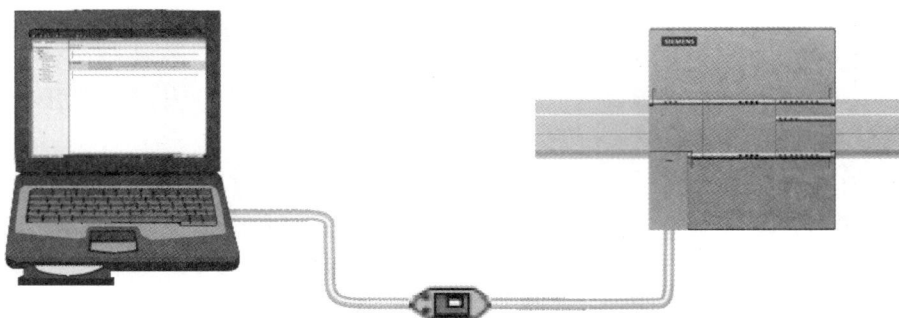

附图 C-3　建立串口通信连接

设备连接好之后，需要在计算机编程软件中建立 STEP 7-Micro/WIN SMART 与 CPU 的连接。双击项目树中的"通信"节点 通信或单击导航栏中的"通信"按钮，打开"通信"对话框，如附图 C-4 所示。

在"通信接口"中选择与 CPU 连接的接口，串口通信时选择 PC/PPI cable.PPI.1，以太网通信时选择 TCP/IP 以太网接口卡（网卡）。选择通信接口后，系统会自动搜索该接口连接的 CPU，若没有自动搜索，可单击"查找 CPU"按钮。搜索到 CPU 后，在对话框左侧的"找到 CPU"中会显示与计算机连接的 CPU 的地址等信息。串口通信时，对话框右侧显示 CPU 的站地址和传输率，如附图 C-5 所示；以太网通信时，对话框右侧显示 CPU 的

MAC 地址（物理地址）、IP 地址、子网掩码和默认网关等，如附图 C-6 所示。也可以单击"添加 CPU"按钮，手动输入要访问的 CPU 的信息，通过此方法手动添加 CPU，CPU 的 IP 地址将在"添加 CPU"中列出并保留。选中需要与计算机通信的 CPU，单击对话框右下方的"确定"按钮即可完成通信设置。

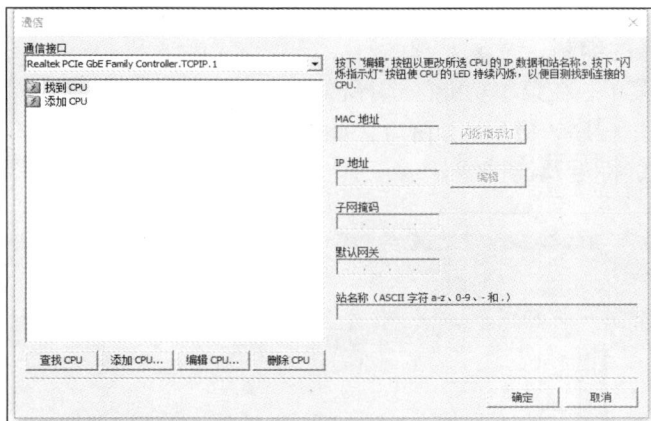

附图 C-4　"通信"对话框

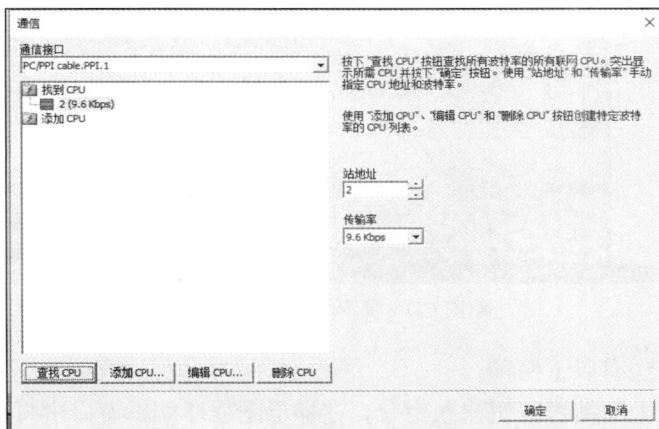

附图 C-5　运用串口通信找到 CPU 的站地址和传输率

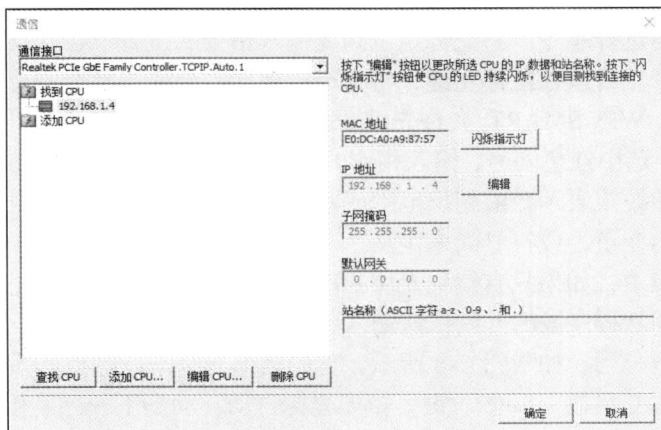

附图 C-6　运用以太网通信找到 CPU 的 IP 地址等信息

五、编辑程序

采用 STEP 7-Micro/WIN SMART 编程软件可用梯形图（LAD）、语句表（STL）或功能块图（FBD）编程器等多种方法编写用户程序，在联机状态下还可以从 PLC 上传用户程序进行读程序或修改程序。现以梯形图编程器为例介绍一些基本的编辑操作。

1. 梯形图程序的编制

单击"视图"菜单，在菜单功能区选择梯形图编程器 LAD，显示梯形图程序编辑窗口，默认在最前端显示主程序（MAIN）窗口，如附图 C-7 所示。梯形图的编程元件主要有线圈、触点、指令盒、标号及连接线。

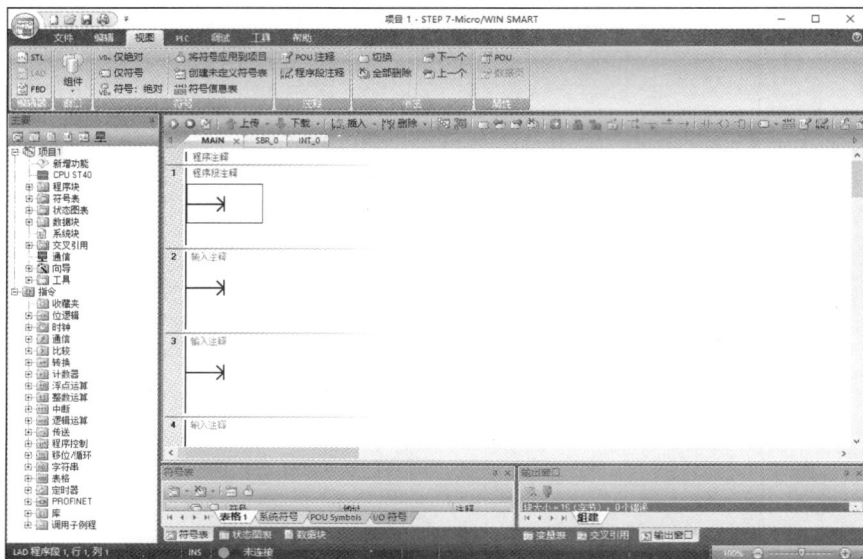

附图 C-7　梯形图程序编辑窗口

输入指令的方法有以下两种。

（1）用工具栏上的编程按钮输入指令。在梯形图程序编辑窗口中将光标定位到要输入指令的位置，单击工具栏上的触点、线圈或指令盒，从弹出的下拉菜单中选择要输入的指令，梯形图编程区的光标处就会显示对应编程元件。

（2）从项目树选择指令。将光标定位到要输入指令的位置，在"指令"列表中找到对应指令，双击指令，或按住鼠标左键，将指令拖放到需要插入指令的位置即可。

STEP 7-Micro/WIN SMART 允许先编写程序，后定义变量和符号。红色问号表示没有给编程元件赋值。选中红色问号，输入相应的值即可。编程区中，红色文本表示非法参数，数值下面的红色浪纹线表示数值超出范围或对于该指令数值不正确，数值下面的绿色浪纹线表示正在使用的变量，或符号尚未定义。

在一个程序段中，如果只有编程元件的串联连接，输入和输出都无分叉，则视作顺序输入。输入时只需从程序段的开始依次输入各编程元件即可，每输入一个编程元件，矩形光标自动移动到下一列。如附图 C-8 所示，首先插入一个常开触点，系统自动选中问号，输入触点地址值 I0.0 后按"Enter"键，矩形光标自动移动到下一列。接下来依次插入 I0.1 常闭触点和 Q0.0 线圈。

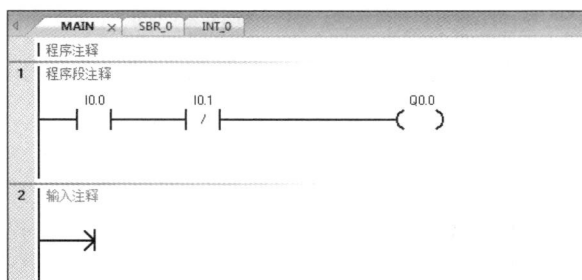

附图 C-8   顺序输入梯形图指令

将光标放到 I0.0 常开触点的下面，生成 Q0.0 常开触点，如附图 C-9（a）所示。要将 Q0.0 常开触点与 I0.0 常开触点并联，则需要用到工具栏上的导线操作按钮。可以将光标放在 Q0.0 常开触点处，单击"插入向上垂直线"按钮，或者将光标放在 I0.0 常开触点处，单击"插入向下垂直线"按钮，Q0.0 常开触点与上面的 I0.0 常开触点就并联在一起，如附图 C-9（b）所示。"插入分支"按钮表示在光标所在位置向右下方插入一个分支，如附图 C-9（c）所示。"插入水平线"按钮表示在光标左侧插入一段水平线，如附图 C-9（d）所示。

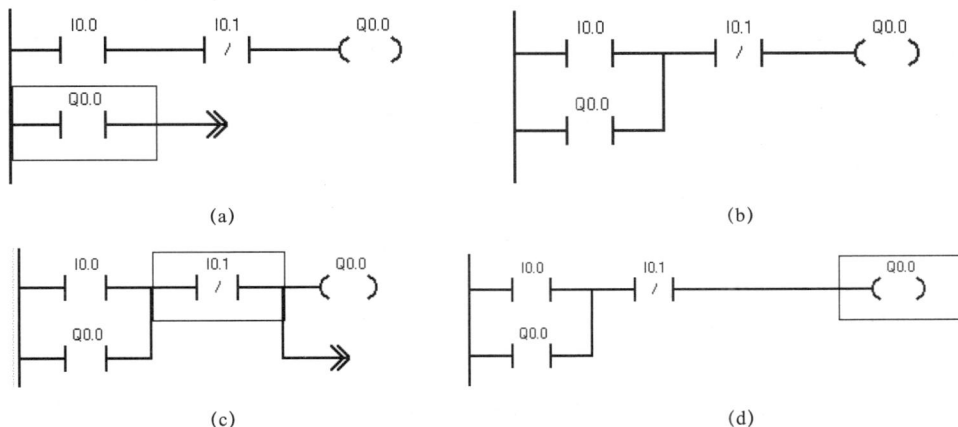

附图 C-9   梯形图程序编辑

用矩形光标选中梯形图程序中某个编程元件后，可以用"Delete"键删除它，或者通过剪贴板进行复制、剪切和粘贴。

2. 对程序段的操作

梯形图程序被划分为若干个程序段，编程器在程序段的左边自动给出程序段的编号。每个程序段只能有一个不能分开的独立电路，某些程序段可能只有一条指令（例如 SCRE）。如果一个程序段中有两个独立电路，在编译时将会出现错误，显示"程序段无效，或者程序段过于复杂，无法编译"。

单击编程区左边的灰色序号区（见附图 C-8），对应的程序段被选中，整个程序段的背景色变为深蓝色。单击程序段左边的灰色序号区后，按住鼠标左键，在序号区内往上或往下拖动，可以选中相邻的若干个程序段。可以用"Delete"键删除选中的程序段，或者通过剪贴板复制、剪切、粘贴选中的程序段中的程序。

3. 注释

主程序、子程序和中断程序总称为程序组织单元（POU）。可以单击编程区中的"程序注释"或"程序段注释"（见附图 C-8），输入相应的内容，为 POU 和程序段添加注释说明，使程序清晰、易读。单击工具栏上的"POU 注释"按钮🖹或"程序段注释"按钮🖹，可以打开或隐藏对应的注释。

4. 编译程序

单击工具栏上的"编译"按钮🖹，可对程序进行编译。如果程序有语法错误，编程器下面出现的输出窗口将会显示错误的个数、各错误出现的原因和错误在程序中的位置。双击某一错误，将会打开出错的程序块，用光标指示出错的位置。必须改正程序中所有的错误才能下载。编译成功后，显示生成的程序和数据块的大小。

如果没有编译程序，在下载之前编程软件将会自动对程序进行编译，并在输出窗口显示编译的结果。

5. 语言转换

STEP 7-Micro/WIN SMART 可实现梯形图（LAD）、语句表（STL）或功能块图（FBD）3 种编程语言（编程器）之间的任意转换。单击"视图"菜单，然后单击"STL""LAD""FBD"便可进入对应的编程环境。当采用 LAD 编程器编程，经编译没有错误后，可查看相应的 STL 程序和 FBD 程序。当编译有错误时，则无法改变程序模式。

LAD 程序一定能转换为 STL 程序和 FBD 程序。反之则有一定的限制。例如 STL 编程器允许将若干个独立电路对应的指令放在一个程序段中，但是 LAD 程序中一个程序段只允许有一个独立电路，因此只有将 STL 程序正确地划分为程序段，才能将 STL 程序转换为 LAD 程序，不能转换的程序段将显示"无效程序段"。

6. 下载程序

在计算机与 PLC 建立起通信连接，且用户程序编译成功后，可以将程序下载到 PLC 中。

首先，在系统块中设置 CPU 型号。双击项目树中的"系统块"🖹 系统块或单击导航栏中的"系统块"按钮🖹，打开"系统块"对话框，如附图 C-10 所示。单击"CPU"，在下拉列表中选择与硬件对应的 CPU 型号，单击"确定"按钮即可。

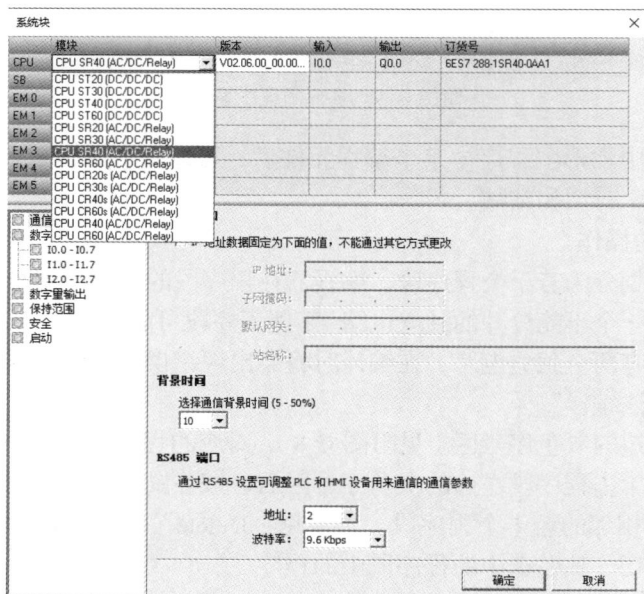

附图 C-10 "系统块"对话框

下载之前，PLC 应处于 STOP 模式。单击工具栏中的"停止"按钮 ◯，或选择"PLC"菜单中的"停止"按钮 ◯，可以进入 STOP 模式。如果下载时为 RUN 模式，系统会自动切换到 STOP 模式，下载结束后自动切换到 RUN 模式。

单击工具栏中的"下载"按钮 ↓下载，或选择"文件"菜单，在菜单功能区中单击"下载"按钮 ，将会出现"下载"对话框，如附图 C-11 所示。用户可以分别选择是否下载程序块、数据块、系统块。单击"下载"按钮，开始下载。下载成功后，确认框显示"下载成功"。如果已选中"成功后关闭对话框"复选框，下载成功后对话框会自动关闭。

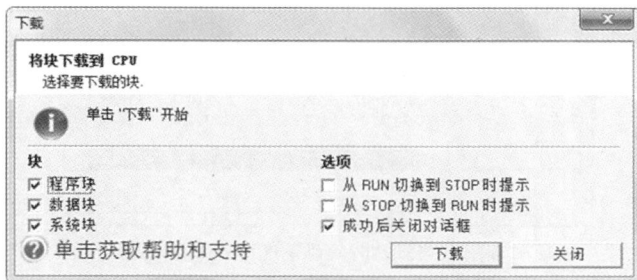

附图 C-11　"下载"对话框

六、监控与调试

STEP 7-Micro/WIN SMART 提供了一系列工具，可使用户直接在软件环境下调试并监视用户程序的执行。当用户成功地在运行 STEP 7-Micro/WIN SMART 的计算机与 PLC 之间建立通信连接，并将程序下载至 PLC 后，就可以利用"调试"菜单（见附图 C-12）的状态监控功能进行程序状态监控。

附图 C-12　"调试"菜单

1. 梯形图程序状态监控

在编程区中打开要监控的 POU，单击"调试"菜单中的"程序状态"按钮 或者工具栏上的"程序状态"按钮 ，启用程序状态监控。

如果 CPU 中的程序和打开的项目中的程序不同，或者在切换使用的编程语言后启用程序状态监控，可能会出现"时间戳不匹配"对话框，如附图 C-13 所示。单击"比较"按钮，如果经检查确认 PLC 中的程序和打开的项目中的程序相同，对话框中将显示"已通过"。单击"继续"按钮，开始监控。如果比较后发现程序不完全相同，对话框中将显示检查出问题，应重新下载程序后再启用程序状态监控。

如果 PLC 处于 STOP 模式，将出现对话框询问是否切换到 RUN 模式。PLC 必须处于 RUN 模式才能查看连续的状态更新信息。未执行的编程区（例如未调用的子程序、中断程序或被 JMP 指令跳过的区域）的程序状态不能显示。在 RUN 模式下启用程序状态监控后，将用不同颜色显示出梯形图程序中各元件的状态，如附图 C-14 所示。左边的垂直"电源线"和与它相连的水平"导线"变为蓝色。如果触点和线圈处于接通状态，它们中间将出现深蓝色的方块，有能流过的"导线"也变为深蓝色。如果有能流流入方框指令的 EN（使能）输入端，且该指令被成功执行，方框指令的方框也变为深蓝色。定时器和计数器的方框为绿色时表示它们包含有效数据。红色方框表示执行指令时出现了错误。灰色表示无能流、指令被跳过、未调用或 PLC 处于 STOP 模式。

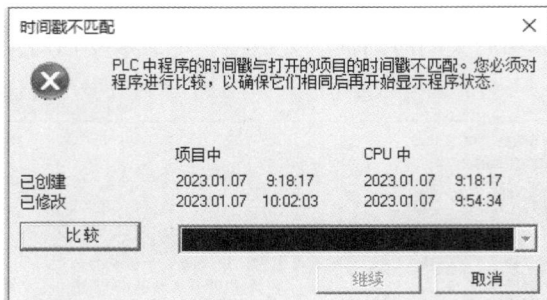

附图 C-13 "时间戳不匹配"对话框

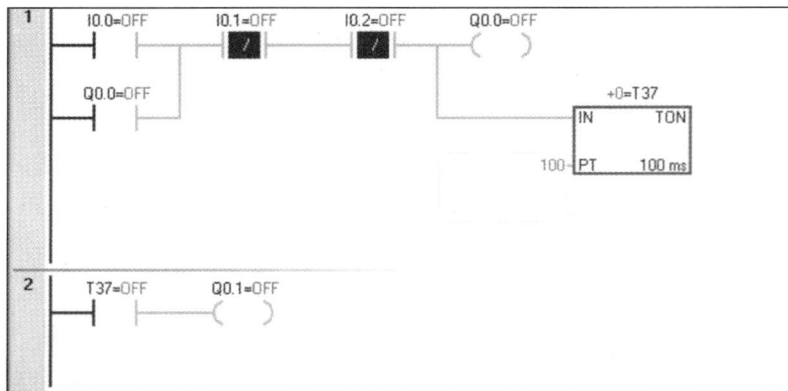

彩附图 C-14

附图 C-14 梯形图程序状态监控

在 RUN 模式下启用程序状态监控，将以连续方式采集状态，"连续"并不意味着实时，而是指编程设备不断地从 PLC 查询状态信息，并在屏幕上显示，按照通信允许的最快速度更新显示。可能捕获不到某些快速变化的值（例如流过边沿检测触点的能流），或这些值变化太快，无法读取，从而无法在屏幕上显示。

监控程序时，可以通过接在 PLC 端子上的按钮或开关改变输入信号，观察梯形图程序中各元件的状态变化，进行程序的监控和调试。除了用开关来控制触点的状态，还可以利用"强制"功能来更改元件的当前值。例如右击程序状态中的触点 I0.1，在弹出的快捷菜单中选择"强制"命令，可以在弹出的对话框中完成相应的操作，如附图 C-15 所示。启用程序状态监控，可以形象、直观地了解触点、线圈、定时器和计数器等的当前值的变化情况。

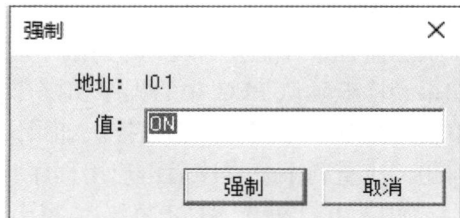

附图 C-15 利用"强制"功能更改触点的当前值

单击"调试"菜单中的"暂停状态"按钮，可以暂停程序状态监控，再单击一次可取消暂停状态。当再次单击工具栏上的"程序状态"按钮时，便可以关闭程序状态监控。

2. 语句表程序状态监控

语句表程序的状态监控与梯形图程序的状态监控类似，只不过程序是以语句表的形式呈现的。单击"视图"菜单中的"STL"按钮，将梯形图编程器切换为语句表编程器。单击"程序状态"按钮，启用语句表程序状态监控功能，如附图 C-16 所示。

附图 C-16　语句表程序状态监控

附图 C-16 所示为附图 C-14 中程序段 1、2 对应的语句表程序状态。编程区分为左边的代码部分和用蓝色字符显示数据的状态部分，"0123"一列是逻辑堆栈中的值，最右边的列是方框指令的使能输出位（ENO）的状态。

与梯形图程序状态监控一样，监控语句表程序时，可以通过接在 PLC 端子上的按钮或开关改变输入信号，观察各操作数的状态变化，进行程序的监控和调试。

单击"工具"菜单中的"选项"按钮，打开"选项"对话框，选中左侧"STL"下的"状态"项，如附图 C-17 所示，可以在其中设置语句表程序状态监控的内容，每条指令最多可以监控 17 个操作数、逻辑堆栈中的 4 个当前值和 11 个指令状态位。

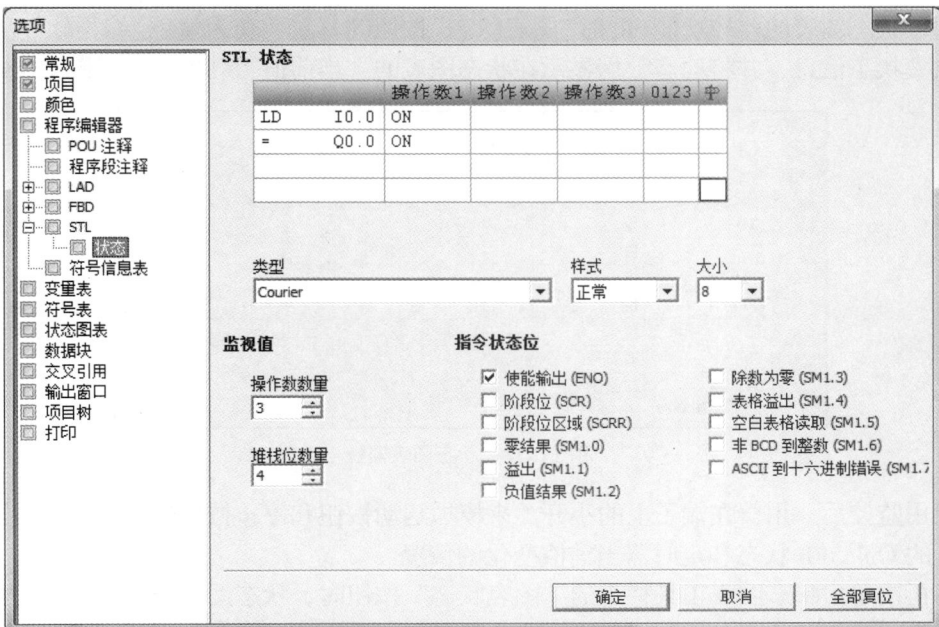

附图 C-17　语句表程序状态监控的设置

3. 用状态图表监控程序

如果需要同时监控的变量不能在编程区中同时显示，可以使用状态图表监控功能。

（1）打开和编辑状态图表

在程序运行时，可以用状态图表来读、写、强制和监控 PLC 中的变量。双击项目树的“状态图表”文件夹中的 “图表 1” 图表 1，或者单击导航栏上的“状态图表”按钮，均可以打开状态图表，并对它进行编辑。如果项目中有多个状态图表，可以用状态图表编程器底部的标签进行切换。

（2）编辑监控地址

使用状态图表监控功能时，在状态图表的“地址”列输入需要进行监控的变量的绝对地址或符号地址，可以采用默认的显示格式，或用“格式”列的隐藏列表改变显示的格式。定时器和计数器可以分别按位或按字监控，如果按位监控，则显示它们输出位的 ON/OFF 状态；如果按字监控，则显示它们的当前值。当用二进制格式监控字节、字或双字时，可以在一行中同时监控 8 个、16 个和 32 个位变量。

选中符号表中的符号单元或地址单元，并将其复制到状态图表的“地址”列中，可以快速创建要监控的变量。单击状态图表某个“地址”列的单元格（例如 VW10）后按“Enter”键，可以在下一行插入或添加一个具有顺序地址和相同格式的地址。按住“Ctrl”键，可以将编程区中的操作数拖放到状态图表中，此外，还可以从 Excel 表格复制和粘贴数据到状态图表中。

（3）创建新的状态图表

当有多个任务需要监控时，可以创建多个状态图表进行监控。右击项目树中的“状态图表”，选择“插入”→“图表”命令，或单击状态图表工具栏上的“插入图表”按钮，均可以创建新的状态图表。

（4）启动和关闭状态图表的监控功能

与 PLC 成功建立通信后，打开状态图表，单击“调试”菜单中的“图表状态”按钮，便启用了状态图表的监控功能，此时“图表状态”按钮的背景色变为黄色。编程软件从 PLC 连续收集状态信息，并将动态数据显示在状态图表的“当前值”列中，如附图 C-18 所示。

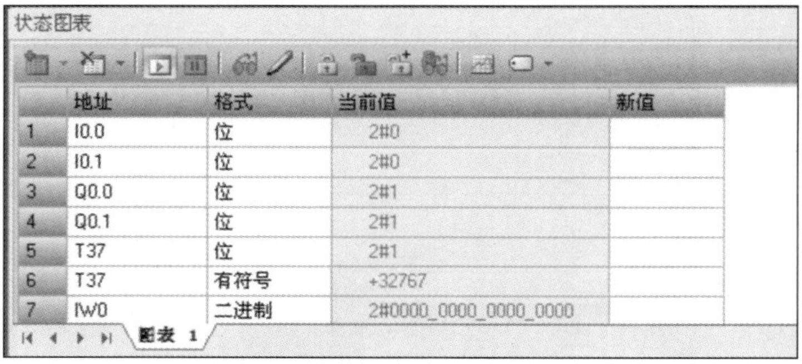

	地址	格式	当前值	新值
1	I0.0	位	2#0	
2	I0.1	位	2#0	
3	Q0.0	位	2#1	
4	Q0.1	位	2#1	
5	T37	位	2#1	
6	T37	有符号	+32767	
7	IW0	二进制	2#0000_0000_0000_0000	

附图 C-18　状态图表监控

启用监控后，用接在端子上的小开关来模拟启动按钮和停止按钮信号，可以看到各个位地址的 ON/OFF 状态和定时器当前值变化的情况。

当再次单击状态图表工具栏上的“图表状态”按钮时，状态图表监控关闭，“当前值”数据消失。

（5）单次读取状态信息

将状态图表的监控功能关闭，或将 PLC 切换到 STOP 模式，单击状态图表工具栏上的"读取"按钮，可以获得打开的图表中数值的单次"快照"（更新一次状态图表中所有的值），并在状态图表的"当前值"列中显示出来。

（6）RUN 模式与 STOP 模式监控的区别

在 RUN 模式下可以使用状态图表和程序状态监控功能，连续采集变化的 PLC 数据值。在 STOP 模式下则不能执行上述操作。

只有在 RUN 模式下，编程区才会用彩色显示状态值和元素，STOP 模式下则用灰色显示；只有处于 RUN 模式并且已启用程序状态，编程区才会显示强制值锁定行号，才能使用写入、强制和取消强制功能。在 RUN 模式下暂停程序状态后，也可以启用写入、强制和取消强制功能。

（7）趋势视图

趋势视图用随时间变化的曲线跟踪 PLC 的状态数据。在启用状态图表监控后，单击状态图表工具栏上的"趋势视图"按钮，可以在表格视图与趋势视图之间切换。也可以右击状态图表内部，在弹出的快捷菜单中执行"趋势形式的视图"命令进行趋势视图监控。

附图 C-19 所示为第 8 行 T38 和第 9 行 M10.0 的趋势视图，趋势行号与状态图表的行号对应。

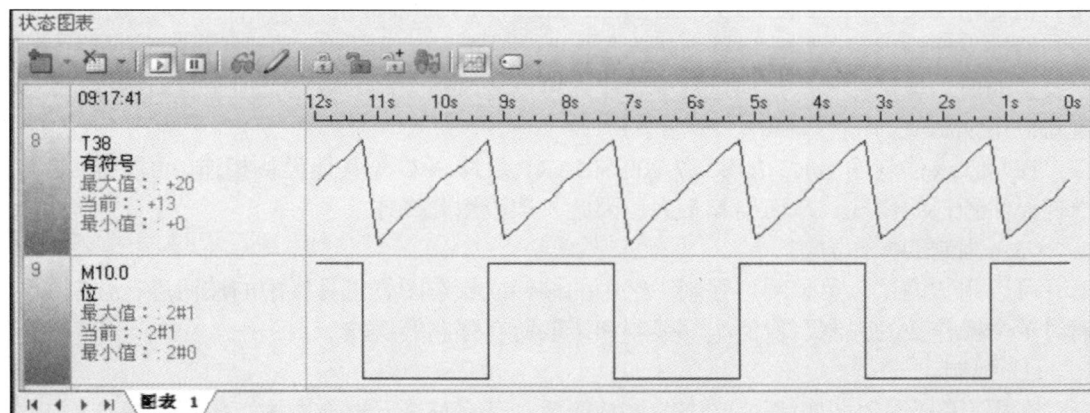

附图 C-19　趋势视图

右击趋势视图，执行弹出的快捷菜单中的命令，可以在趋势视图运行时删除被单击的变量行、插入新的行和修改趋势视图的时间基准（时间轴刻度）。如果更改了时间基准，整个图的数据都会被清除，并用新的时间基准重新显示。执行弹出的对话框中的"属性"命令，在弹出的对话框中可以修改被单击的行变量的地址和显示格式，以及显示的上限和下限。

启动趋势视图后，单击工具栏上的"暂停图表"按钮，可以"冻结"趋势视图。再次单击该按钮，将继续监控。

实时趋势功能不支持历史趋势，即不会保留超出趋势视图窗口的时间范围和趋势数据。

4. 在 RUN 模式下编辑程序

在 RUN 模式下，可对用户程序做少量的修改，修改后的程序在下载时将立即影响系统的控制运行，所以使用时应特别注意。具体操作时可选择"调试"菜单中的"运行中编辑"。编辑前应关闭程序状态监视，修改程序后，需将改动的程序下载到 PLC。但下载之前需认真考虑可能产生的后果。在 RUN 模式下，只能下载项目文件中的程序块，PLC 需要一定的时间对修改的程序进行编译。

在 RUN 模式下，编辑程序并下载后应退出此模式，可再次单击"调试"菜单中的"运行中编辑"，然后单击"是"。

5．写入与强制功能

（1）写入功能

写入功能用于将数据值写入 PLC 变量。将变量新的值输入状态图表的"新值"列后，单击状态图表工具栏上的"写入"按钮 ⁄，将"新值"列所有的值传送到 PLC。在 RUN 模式下，因为用户程序的执行，修改的数值可能很快被程序改写成新的数值。不能用写入功能改写物理输入点（I 或 AI 地址）的状态。

（2）强制功能

强制功能通过强制 V 和 M 来模拟逻辑条件，通过强制 I/O 点来模拟物理条件。例如，可以通过对输入点的强制代替输入端外接的小开关来调试程序。可以强制所有的 I/O 点，还可以同时强制最多 16 个 V、M、AI 或 AQ 地址。强制功能可用于 I、Q、V、M 的字节、字和双字，只能从偶数字节开始以字为单位强制 AI 和 AQ，不能强制 I 和 Q 之外的位地址。强制的数据用 CPU 的 EEPROM 永久性存储。

在读取输入阶段，强制值被当作输入读入；在程序执行阶段，强制值用于立即读和立即写指令指定的 I/O 点；在通信处理阶段，强制值用于通信的读/写请求；在修改输出阶段，强制值被当作输出写入输出电路。进入 STOP 模式时，输出将变为强制值，而不是系统块中设置的值。虽然在一次扫描过程中，程序可以修改被强制的数据，但是重新扫描时，会重新应用强制值。

在写入或强制输出时，如果 S7-200 SMART 系列 PLC 与其他设备相连，可能导致系统出现无法预料的情况，从而引起损失，因此，请慎用此操作。

（3）强制的操作方法

可以用"调试"菜单的"强制"区中的按钮或状态图表工具栏中的按钮进行强制、取消对单个操作数的强制、取消全部强制和读取所有强制等操作。

① 强制。

在梯形图程序中启用程序状态监控功能后，可在某个元件上右击，执行快捷菜单中的"强制"命令，进行强制操作。强制操作后该元件的右上角会出现强制图标，如附图 C-20 所示。注意，I 寄存器强制后不能用外接的开关来改变它的状态。

启用状态图表监控功能后，将要强制的新值输入状态图表的"新值"列，单击"强制"按钮 🔒，当前值就会被强制为新值。

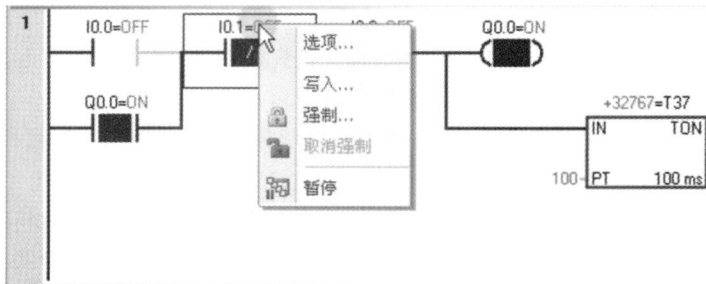

附图 C-20　梯形图程序状态监控的强制图标

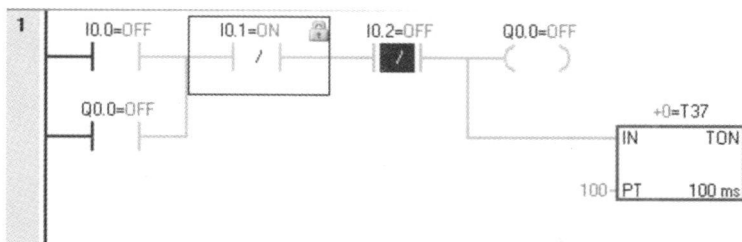

附图 C-20　梯形图程序状态监控的强制图标（续）

如附图 C-21 所示，将 VW0 强制为十六进制数 1234，"当前值"列与 VW0 相关的数据前会出现强制图标。黄色的强制图标（一把合上的锁）表示该地址被显式强制，对它取消强制之前，用其他方法不能改变此地址的值。由于 VB0 和 V1.3 是 VW0 的一部分，是间接被强制的，称为隐式强制，用灰色的强制图标表示。由于 VW1 的第一个字节 VB1 是 VW0 的第二个字节，因此 VW1 的一部分被强制，称为部分隐式强制，用半块灰色的锁表示。

附图 C-21　状态图表监控的 3 种强制图标

一旦使用了强制功能，每次扫描都会将强制的数值用于该操作数，直到取消对它的强制。即使关闭 STEP 7-Micro/WIN SMART 或者断开 PLC 的电源，也不能取消强制。

② 取消对单个操作数的强制。

选择一个被强制的操作数，然后单击状态图表工具栏上的"取消强制"按钮，被选择的地址的强制图标将会消失。也可以右击程序状态或状态图表中被强制的地址，用快捷菜单中的命令取消对它的强制。

③ 取消全部强制。

单击状态图表工具栏上的"全部取消强制"按钮，便可以取消所有的强制。

④ 读取全部强制。

关闭状态图表监控，单击状态图表工具栏上的"读取全部强制"按钮，状态图表中的"当前值"列将会显示已被显式强制、隐式强制和部分隐式强制的所有地址。

（4）STOP 模式下强制

在 STOP 模式下，可以用状态图表查看操作数的当前值、写入值、强制值或解除强制。如果在写入或强制输出点 Q 时 S7-200 SMART 系列 PLC 已连接到设备，则这些更改将会传送到该设备。这可能导致设备出现异常，从而造成损失。作为一项安全防范措施，必须首先启用"STOP 模式下强制"功能。单击"调试"菜单中的"STOP 下强制"按钮，再单击出现的对话框中的"是"按钮才可以启动该功能。

参考文献

[1] 黄中玉. PLC 应用技术：附微课视频[M]. 2 版. 北京：人民邮电出版社，2018.
[2] 廖常初. S7-200 SMART PLC 编程及应用[M]. 3 版. 北京：机械工业出版社，2018.

实训工单

黄中玉　　王君君　　王伟奇　　主　编

于宁波　　副主编

人民邮电出版社

北　京

目 录

学习任务工单 1　三相异步电动机的两地启停控制·······················1

学习任务工单 2　机床工作台的自动往返运动控制·····················4

学习任务工单 3　两台电动机的顺序启停控制·························7

学习任务工单 4　间歇润滑装置的自动控制··························10

学习任务工单 5　酒店自动门的开关控制····························13

学习任务工单 6　竞赛抢答器控制系统设计··························16

学习任务工单 7　多个传送带的自动控制····························19

学习任务工单 8　剪板机的自动控制································22

学习任务工单 9　十字路口交通信号灯的控制·······················26

学习任务工单 10　广告字牌的灯光闪烁控制·························30

学习任务工单 11　送料小车多地点随机卸料的 PLC 控制·················33

学习任务工单 12　酒店自动门的开关控制···························36

学习任务工单 13　自动售货机的 PLC 控制··························39

学习任务工单 14　单台供水泵的 PLC 控制··························43

学习任务工单 1　　　　　三相异步电动机的两地启停控制

班级		姓名		学号	
小组名称			接受任务时间		
成员			完成任务时间		

<table>
<tr><td colspan="6" align="center">任务描述</td></tr>
</table>

任务要求：设计三相异步电动机的两地启停控制程序。

按下 A 地的启动按钮或 B 地的启动按钮，电动机均可启动运行；按下 A 地的停止按钮或 B 地的停止按钮，电动机均能停止运行

一、任务目标

1. 巩固和加深对 PLC 编程软元件的理解。

2. 掌握输入继电器和输出继电器的特点、地址编号及使用方法。

3. 掌握 PLC 项目设计的一般步骤。

4. 掌握 I/O 接线图的绘制和实施电路连接。

5. 进一步学习 PLC 编程软件的使用和程序调试方法，提高动手能力。

二、任务内容

1. 根据任务要求，正确选择 I/O 设备，完成任务的 I/O 地址分配。

2. 绘制 PLC 的 I/O 接线图。

3. 做好电路的调试准备，包括技术准备和方法准备。

4. 设计梯形图程序。

5. 完成程序调试。

6. 对本任务的结果进行检查与评价。

I/O 地址分配			
编程元件	I/O 地址	元件名称	描述
输入元件			
输出元件			

I/O 接线图

梯形图程序

程序调试记录

故障现象	故障分析	故障处理

程序分析

1. 在程序中如何实现 A、B 两地的停止按钮均可以停止电动机?

2. 本任务的 I/O 接线图中，若停止按钮采用常闭触点接入，如何修改程序实现在 A、B 两地都能停止电动机？

	评价				
	I/O 地址分配	I/O 接线图	程序设计	签字	日期
自我评价	□A □B □C	□A □B □C	□A □B □C		
小组评价	□A □B □C	□A □B □C	□A □B □C		
教师评价	□A □B □C	□A □B □C	□A □B □C		
总评					

总结

1. 在整个任务完成过程中做得好的是什么？还有什么不足？有何打算？

2. 在整个任务完成过程中还有什么问题不能解决？

学习任务工单 2　　　　　　　　　机床工作台的自动往返运动控制

班级		姓名		学号	
小组名称		接受任务时间			
成员		完成任务时间			

任务描述

　　任务要求：设计机床工作台自动往返循环的控制程序。

　　图 1 所示为工作台往返运动示意图。其中 SQ1、SQ2 分别为工作台正、反向进给运动的换向开关，SQ3、SQ4 分别为正、反向极限位置的保护开关（SQ1、SQ2、SQ3、SQ4 可统称为行程开关）

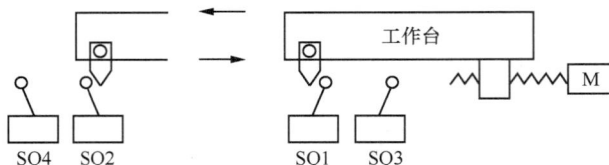

图 1　工作台往返运动示意图

一、任务目标

1. 巩固和加深对优先电路及 S/R 指令的理解。
2. 学会正确选择 I/O 设备、合理分配 I/O 地址。
3. 掌握 PLC 项目设计的一般步骤。
4. 掌握 I/O 接线图的绘制和实施电路连接。
5. 进一步学习 PLC 编程软件的使用和程序调试方法，提高动手能力。

二、任务内容

1. 根据任务要求，正确选择 I/O 设备，完成任务的 I/O 地址分配。
2. 绘制 PLC 的 I/O 接线图。
3. 设计梯形图程序。
4. 完成程序调试。
5. 对本任务的结果进行检查与评价

I/O 地址分配

编程元件	I/O 地址	元件名称	描述
输入元件			
输出元件			

I/O 接线图

梯形图程序

程序调试记录		
故障现象	故障分析	故障处理

程序分析
1.　请分析 4 个行程开关是输入设备还是输出设备。SQ1、SQ2 与 SQ3、SQ4 各起什么作用？可否去掉 SQ3 和 SQ4?

2. 在程序中如何实现电动机正、反转互锁？

3. 若程序中已经实现了电动机正、反转互锁，I/O 接线图中可否不再考虑接触器触点互锁？

评价					
	I/O 地址分配	I/O 接线图	程序设计	签字	日期
自我评价	□A □B □C	□A □B □C	□A □B □C		
小组评价	□A □B □C	□A □B □C	□A □B □C		
教师评价	□A □B □C	□A □B □C	□A □B □C		
总评					

总结

1. 在整个任务完成过程中做得好的是什么？还有什么不足？有何打算？

2. 在整个任务完成过程中还有什么问题不能解决？

学习任务工单 3　　　　　　　　　两台电动机的顺序启停控制

班级		姓名		学号	
小组名称			接受任务时间		
成员			完成任务时间		

任务描述

任务要求：设计两台电动机的顺序启停控制程序。

（1）两台电动机 M1 和 M2，要求 M1 启动 10min 后，M2 自行启动。

（2）M2 停止 2min 后，M1 自行停止。

（3）M2 运行时，M1 不可以单独停止。

（4）设置必要的保护环节

一、任务目标

1. 巩固和加深对定时器元件及相关指令的理解，学习正确使用定时器。

2. 学会正确选择 I/O 设备、合理分配 I/O 地址。

3. 熟练掌握 PLC 项目设计的一般步骤。

4. 掌握 I/O 接线图的绘制和实施电路连接。

5. 进一步学习 PLC 编程软件的使用和程序调试方法，提高程序调试能力。

二、任务内容

1. 根据任务要求，正确选择 I/O 设备，完成任务的 I/O 地址分配。

2. 绘制 PLC 的 I/O 接线图。

3. 设计梯形图程序。

4. 完成程序调试。

5. 对本任务的结果进行检查与评价

I/O 地址分配			
编程元件	I/O 地址	元件名称	描述
输入元件			
输出元件			

I/O 接线图

梯形图程序

程序调试记录		
故障现象	故障分析	故障处理

程序分析

1. 在程序中如何实现两台电动机的顺序启停?

2. 在程序中如何实现两台电动机的过热保护?

3. 定时器 T 是否需要通过输入端子接线？为什么？

	I/O 地址分配	I/O 接线图	程序设计	签字	日期
		评价			
自我评价	□A □B □C	□A □B □C	□A □B □C		
小组评价	□A □B □C	□A □B □C	□A □B □C		
教师评价	□A □B □C	□A □B □C	□A □B □C		
总评					

总结

1. 在整个任务完成过程中做得好的是什么？还有什么不足？有何打算？

2. 在整个任务完成过程中还有什么问题不能解决？

学习任务工单 4   间歇润滑装置的自动控制

班级		姓名		学号	
小组名称			接受任务时间		
成员			完成任务时间		

任务描述

    任务要求：设计某间歇润滑装置的自动控制程序。

    按下"启动"按钮，润滑泵电动机工作 5min，间歇 10min，如此循环 10 个周期后自动停止。若出现异常情况，按下"停止"按钮就能停止润滑泵电动机

一、任务目标

1. 巩固和加深对计数器基本运用的理解和掌握。

2. 学习计数器、定时器的综合应用。

3. 学会正确选择 I/O 设备、合理分配 I/O 地址。

4. 掌握 I/O 接线图的绘制和实施电路连接。

二、任务内容

1. 根据任务要求，正确选择 I/O 设备，完成任务的 I/O 地址分配。

2. 绘制 PLC 的 I/O 接线图。

3. 设计梯形图程序。

4. 完成程序调试。

5. 对本任务的结果进行检查与评价

I/O 地址分配			
编程元件	I/O 地址	元件名称	描述
输入元件			
输出元件			

I/O 接线图

梯形图程序

程序调试记录

故障现象	故障分析	故障处理

程序分析
1. 在程序中如何实现润滑泵电动机的间歇工作？

2. 在程序中如何实现 10 个周期后电动机自行停止工作和按下"停止"按钮后电动机自动停止?

3. 计数器 C 是否需要通过输入端子接线? 为什么?

评价					
	I/O 地址分配	I/O 接线图	程序设计	签字	日期
自我评价	□A □B □C	□A □B □C	□A □B □C		
小组评价	□A □B □C	□A □B □C	□A □B □C		
教师评价	□A □B □C	□A □B □C	□A □B □C		
总评					

总结

1. 在整个任务完成过程中做得好的是什么? 还有什么不足? 有何打算?

2. 在整个任务完成过程中还有什么问题不能解决?

学习任务工单 5   酒店自动门的开关控制

班级		姓名		学号	
小组名称			接受任务时间		
成员			完成任务时间		

任务描述

任务要求：设计某酒店前厅自动门的开关控制系统。

（1）有手动开/关门和光电开关自动开/关门两种控制方式。

（2）当有人由内至外或由外至内通过光电开关 K1 或 K2 时，开门执行机构 KM1 动作，电动机正转，到达开门到位行程开关 SQ1 位置时，电动机停止运行。

（3）自动门在开门位置停留 8s 后自动关门，关门执行机构 KM2 被启动，电动机反转，当自动门移动到关门到位行程开关 SQ2 位置时，电动机停止运行。

（4）在自动门打开后的 8s 等待时间内，若有人由外至内或由内至外通过光电开关 K2 或 K1，必须重新等待 8s 后再自动关门，以保证人员安全通过。

（5）在自动关门中检测到又有人来时，应立即停止关门，并重新进入自动开门、等待和关门程序

一、任务目标

1. 学习如何分析和分解复杂控制任务，掌握手动/自动两种控制方式的 PLC 程序设计方法。
2. 学会正确选择 I/O 设备，理解光电开关的动作特点和接线图绘制方法。
3. 掌握光电开关的模拟动作要点，提高程序调试能力。

二、任务内容

1. 根据任务要求，正确选择 I/O 设备，完成任务的 I/O 地址分配。
2. 绘制 PLC 的 I/O 接线图。
3. 设计梯形图程序。
4. 完成程序调试。
5. 对本任务的结果进行检查与评价

I/O 地址分配

编程元件	I/O 地址	元件名称	描述
输入元件			
输出元件			

I/O 接线图

梯形图程序

程序调试记录

故障现象	故障分析	故障处理

程序分析

1. 光电开关是输入设备还是输出设备？本任务中两个光电开关的作用是什么？

2. 在程序中如何实现手动控制方式和自动控制方式的互锁?

3. 在程序中如何保证"等待 8s 的时间内，若有人通过光电开关 K2 或 K1，重新等待 8s"？

4. 在程序中如何保证"自动关门中检测到又有人来时，立即停止关门，并重新进入自动开门、等待和关门程序"？

评价					
	I/O 地址分配	I/O 接线图	程序设计	签字	日期
自我评价	□A □B □C	□A □B □C	□A □B □C		
小组评价	□A □B □C	□A □B □C	□A □B □C		
教师评价	□A □B □C	□A □B □C	□A □B □C		
总评					

总结

1. 在整个任务完成过程中做得好的是什么？还有什么不足？有何打算？

2. 在整个任务完成过程中还有什么问题不能解决？

学习任务工单 6   竞赛抢答器控制系统设计

班级		姓名		学号	
小组名称		接受任务时间			
成员		完成任务时间			

任务描述

任务要求：设计竞赛抢答器控制系统。

在 3 人抢答比赛中，只有最先获得抢答权的才能点亮对应的信号灯。主持人按下"开始"按钮后方可进行抢答，若提前抢答按违规处理（点亮相应信号灯且蜂鸣器警示发声）；若正常抢答，蜂鸣器持续发声 1s。主持人按下"答题"按钮，选手开始答题并限时 30s，最后 3s 进入倒计时显示。超时答题和抢答违规都使蜂鸣器警示发声（以 1s 的时间周期间歇发声）。主持台设有"复位"按钮，复位后方可进入下一轮抢答

一、任务目标

1. 熟练掌握 PLC 基本逻辑指令的综合应用。

2. 掌握 PLC 编程的基本方法和技巧。

3. 熟练掌握编程软件的基本操作。

4. 熟练掌握 PLC 的 I/O 接线图绘制、外部接线操作。

5. 提高 PLC 中等复杂程序的编制、调试及故障排除能力。

二、任务器材

1. PLC 1 台。

2. 按钮 8 个。

3. 熔断器 2 个。

4. 信号灯 3 个。

5. 蜂鸣器 1 个。

6. 实训控制台 1 个。

7. 七段数码管 1 个（共阴极，且已串联了限流电阻）。

8. 计算机 1 台（装有编程软件且配有通信线缆）。

9. 电工常用工具 1 套。

10. 连接导线若干。

三、任务内容

1. 根据任务要求，正确选择 I/O 设备，完成任务的 I/O 地址分配。

2. 绘制 PLC 的 I/O 接线图。

3. 设计梯形图程序。

4. 根据 I/O 接线图进行接线并完成程序调试。

5. 对本任务的结果进行检查与评价

I/O 地址分配			
编程元件	I/O 地址	元件名称	描述
输入元件			

输出元件			

I/O 接线图

梯形图程序

程序调试记录

故障现象	故障分析	故障处理

程序分析

1. 在程序中如何保证"只有最先获得抢答权的才能点亮对应的信号灯"?

2. 在程序中如何区分正常抢答和违规提前抢答?

3. 在程序中如何保证获得正常抢答者才能进入答题环节?

评价

	I/O 地址分配	I/O 接线图	程序设计	签字	日期
自我评价	□A □B □C	□A □B □C	□A □B □C		
小组评价	□A □B □C	□A □B □C	□A □B □C		
教师评价	□A □B □C	□A □B □C	□A □B □C		
总评					

总结

1. 在整个任务完成过程中做得好的是什么? 还有什么不足? 有何打算?

2. 在整个任务完成过程中还有什么问题不能解决?

学习任务工单 7 　　　　　　　　　　多个传送带的自动控制

班级		姓名		学号	
小组名称			接受任务时间		
成员			完成任务时间		

任务描述

任务要求： 设计多个传送带的自动控制程序。

多个传送带的控制示意图如图 2 所示。各个电动机初始状态都为停止状态，按下启动按钮后，电动机 M1 通电，使货物往右运行。行程开关 SQ1 有效时，电动机 M2 通电，使货物继续往右运行。行程开关 SQ2 有效时，M1 断电停止。其他传送带的动作依此类推，整个系统循环工作。按下停止按钮，系统把目前的工作继续完成后停止在初始状态。

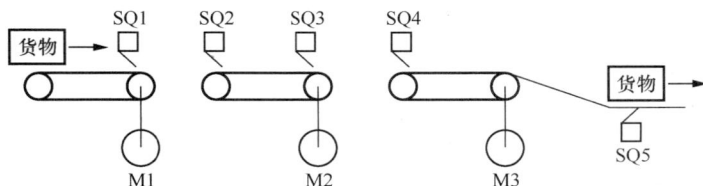

图 2　多个传送带的控制示意图

本任务有 M1、M2 和 M3 共 3 台电动机带动 3 个传送带运行，使货物从初始位置右行至终点 SQ5 处。从电气控制的角度看，本任务由按钮和行程开关发出各种信号，由 PLC 程序控制 3 台电动机的启动和停止。整个控制过程顺序进行，符合步进顺控特点

一、任务目标

1. 巩固和加深对单一流程步进顺控结构的分析和理解。

2. 掌握单一流程步进顺控的顺序功能图的绘制，掌握 PLC 步进顺控项目设计的一般步骤。

3. 熟练掌握步进驱动指令的应用和步进梯形图的编制要点。

4. 掌握 I/O 接线图的绘制和实施电路连接。

5. 掌握步进顺控程序的调试方法，提高程序调试能力。

二、任务内容

1. 根据任务要求，正确选择 I/O 设备，完成任务的 I/O 地址分配。

2. 绘制 PLC 的 I/O 接线图。

3. 绘制顺序功能图。

4. 设计步进梯形图程序。

5. 完成程序调试。

6. 对本任务的结果进行检查与评价

I/O 地址分配			
编程元件	I/O 地址	元件名称	描述
输入元件			

输出元件			

I/O 接线图

顺序功能图

步进梯形图程序

程序调试记录

故障现象	故障分析	故障处理

程序分析

1. 从节省 PLC 的输入点数角度考虑，3 台电动机的热继电器触点应该怎样处理？

2. 在程序中如何满足"各个电动机初始状态都为停止状态"？

3. 在程序中如何实现"按下停止按钮，系统把目前的工作继续完成后停止在初始状态"？

评价						
	I/O 地址分配	I/O 接线图	顺序功能图	程序设计	签字	日期
自我评价	□A □B □C	□A □B □C	□A □B □C	□A □B □C		
小组评价	□A □B □C	□A □B □C	□A □B □C	□A □B □C		
教师评价	□A □B □C	□A □B □C	□A □B □C	□A □B □C		
总评						

总结

1. 在整个任务完成过程中做得好的是什么？还有什么不足？有何打算？

2. 在整个任务完成过程中还有什么问题不能解决？

学习任务工单 8   剪板机的自动控制

班级		姓名		学号	
小组名称			接受任务时间		
成员			完成任务时间		

任务描述

任务要求：设计剪板机的自动控制程序。

图 3 所示为剪板机的工作过程示意图。开始时压钳和剪刀在上限位置，限位开关 I0.0 和 I0.1 有效。按下启动按钮 I1.0，工作过程为：首先板料右行（Q0.0 接通）至限位开关 I0.3 动作；然后电磁铁 Q0.1 通电，使压钳下行，压紧板料后，压力继电器 I0.4 为 1 状态，压钳保持压紧；电磁铁 Q0.2 通电使剪刀开始下行，至 I0.2 接通时板料被剪断；然后电磁铁 Q0.3 和 Q0.4 接通、Q0.1 和 Q0.2 断开，使电磁阀换向，压钳和剪刀同时上行，它们分别碰到限位开关 I0.0 和 I0.1 后，各自停止上行；压钳和剪刀都停止后，又开始下一周期的工作，剪完 30 块板料后发出装箱信号 Q0.5（图中未标出），并停止在初始状态。

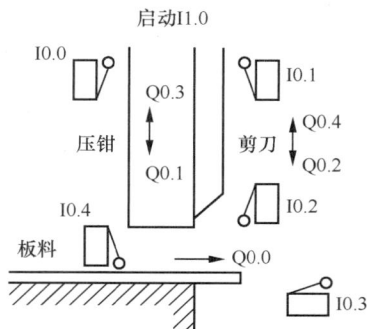

图 3   剪板机的工作过程示意图

本任务属于比较有代表性的顺序控制。它包含板料、压钳和剪刀的顺序动作（下行）控制，压钳和剪刀的并行（上行）控制，以及是否将 30 块板料剪断完毕的选择控制。本任务的关键是要懂得换向电磁阀的换向工作原理以及机、电、液相互配合的动作过程。本任务有 1 个单电控二位五通电磁阀（推动板料的电磁阀）和 2 个双电控二位五通电磁阀（控制压钳上、下行的电磁阀及剪刀上、下行的电磁阀），共计 5 个电磁铁，如图 4 所示。电磁阀的结构和工作原理读者可查阅相关图书。这里需强调，单电控的电磁阀断电后在弹簧的作用下会立即复位，双电控的电磁阀断电后会停留在断电前的位置。

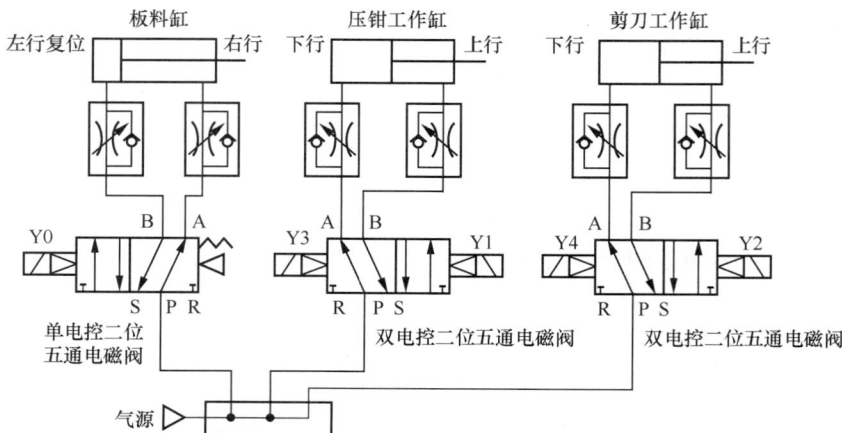

图 4   剪板机的液压控制回路

一、任务目标

1. 巩固和加深对并行、选择跳转等复杂流程步进顺控结构的分析和理解。

2. 掌握复杂流程步进顺控的顺序功能图的绘制，熟练掌握 PLC 步进顺控项目设计的一般步骤。

3. 初步感受和学习机、电、液一体化配合控制。

4. 熟练掌握步进梯形图的编制要点和方法。

5. 熟练掌握步进顺控程序的调试方法，提高程序调试能力。

二、任务内容

1. 根据任务要求，正确选择 I/O 设备，完成任务的 I/O 地址分配，绘制 PLC 的 I/O 接线图。

2. 绘制顺序功能图。

3. 设计步进梯形图程序。

4. 完成程序调试。

5. 对本任务的结果进行检查与评价

I/O 地址分配			
编程元件	I/O 地址	元件名称	描　述
输入元件			
输出元件			

I/O 接线图

顺序功能图

步进梯形图程序

程序调试记录		
故障现象	故障分析	故障处理

程序分析
1. 简述剪板机的工作过程。

2. 在程序中如何保证压钳下行到位、压紧板料后，剪刀在下行以及剪断板料的过程中压钳一直都保持压紧状态？

3. 如何实现压钳和剪刀同时上行？又如何实现"两者都停止上行后，再开始下一周期的工作"？

				评价			
	I/O 地址分配	I/O 接线图	顺序功能图	程序设计	签字	日期
自我评价	□A □B □C	□A □B □C	□A □B □C	□A □B □C		
小组评价	□A □B □C	□A □B □C	□A □B □C	□A □B □C		
教师评价	□A □B □C	□A □B □C	□A □B □C	□A □B □C		
总评						

总结

1. 在整个任务完成过程中做得好的是什么？还有什么不足？有何打算？

2. 在整个任务完成过程中还有什么问题不能解决？

学习任务工单 9　　　　　　　　十字路口交通信号灯的控制

班级		姓名		学号	
小组名称			接受任务时间		
成员			完成任务时间		

任务描述

任务要求：设计十字路口交通信号灯自动控制系统。

信号灯分为东西和南北两组，分别有"红""黄""绿"3 种颜色，其工作方式分白天和黑夜两种。交通信号灯白天和黑夜工作波形图分别如图 5（a）、图 5（b）所示。按下启动按钮，十字路口交通信号灯自动控制系统开始工作，按下停止按钮，十字路口交通信号灯自动控制系统停止工作。白天或黑夜开关闭合时为黑夜工作方式，断开时为白天工作方式

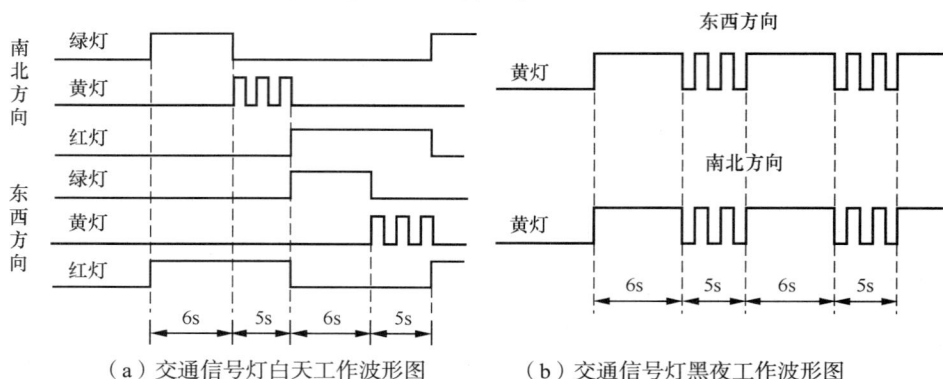

（a）交通信号灯白天工作波形图　　　　（b）交通信号灯黑夜工作波形图

图 5　交通信号灯工作波形图

一、任务目标

1. 巩固和加深对步进顺控设计方法的理解和应用。

2. 学会正确选择 I/O 设备、合理分配 I/O 地址。

3. 掌握较为复杂项目的顺序功能图、步进梯形图程序的设计。

4. 掌握 I/O 接线图的绘制和实施电路连接。

5. 进一步学习 PLC 编程软件的使用和程序调试方法，提高动手能力。

二、任务器材

1. PLC 1 台。

2. 按钮 2 个，开关 3 个，熔断器 2 个。

3. 实训控制台 1 个。

4. 十字路口交通信号灯演示板 1 个。

5. 计算机 1 台（装有编程软件且配有通信线缆）。

6. 电工常用工具 1 套。

7. 连接导线若干。

三、任务内容

1. 根据任务要求，正确选择 I/O 设备，完成任务的 I/O 地址分配。

2. 绘制 PLC 的 I/O 接线图。

3. 设计顺序功能图和步进梯形图程序。

4. 完成程序调试。

5. 对本任务的结果进行检查与评价

I/O 地址分配			
编程元件	I/O 地址	元件名称	描述
输入元件			
输出元件			

I/O 接线图

顺序功能图

步进梯形图程序		

程序调试记录		
故障现象	故障分析	故障处理

程序分析

1. 请分析并说明整个程序结构和设计思路。

2. 在程序中如何解决"黄灯"在"白天和晚上"的双线圈问题？

3. 如何选择"白天和黑夜两种工作方式"的输入设备？

评价						
	I/O 地址分配	I/O 接线图	顺序功能图	程序设计	签字	日期
自我评价	□A □B □C	□A □B □C	□A □B □C	□A □B □C		
小组评价	□A □B □C	□A □B □C	□A □B □C	□A □B □C		
教师评价	□A □B □C	□A □B □C	□A □B □C	□A □B □C		
总评						

总结

1. 在整个任务完成过程中做得好的是什么？还有什么不足？有何打算？

2. 在整个任务完成过程中还有什么问题不能解决？

学习任务工单 10　　　　　　广告字牌的灯光闪烁控制

班级		姓名		学号	
小组名称		接受任务时间			
成员		完成任务时间			

任务描述

　　任务要求：用功能指令设计广告字牌的灯光闪烁控制系统。

　　用 L0～L6 共 7 只灯分别照亮"祝大家节日快乐"7 个字。L0 点亮时，照亮"祝"字，L1 点亮时，照亮"大"字……L6 点亮时，照亮"乐"字。然后全部点亮 7 只灯，再全部熄灭 7 只灯，闪烁 3 次，循环往复。广告字牌循环照亮的速度控制要求设置为两挡。

　　本任务实际上就是用两挡速度先轮流将 7 只灯点亮，再全亮、全灭闪烁 3 次后进入循环。用移位指令即可实现控制。高、低两挡速度用一个开关进行控制，开关合上时为高速，开关断开时为低速

一、任务目标

1. 巩固和加深对功能指令的理解和应用。

2. 进一步学习程序调试方法，提高排除故障能力。

二、任务内容

1. 根据任务要求，正确选择 I/O 设备，完成任务的 I/O 地址分配。

2. 绘制 PLC 的 I/O 接线图。

3. 设计梯形图程序。

4. 完成程序调试。

5. 对本任务的结果进行检查与评价

I/O 地址分配

编程元件	I/O 地址	元件名称	描述
输入元件			
输出元件			

I/O 接线图

梯形图程序

程序调试记录

故障现象	故障分析	故障处理

程序分析

1. 简述程序设计思路。

2. 广告字牌的照亮速度由什么决定？如何实现两挡速度调节？

3. 可以用什么指令实现广告字牌一个接一个地点亮？

评价					
	I/O 地址分配	I/O 接线图	程序设计	签字	日期
自我评价	□A □B □C	□A □B □C	□A □B □C		
小组评价	□A □B □C	□A □B □C	□A □B □C		
教师评价	□A □B □C	□A □B □C	□A □B □C		
总评					
总结					

1. 在整个任务完成过程中做得好的是什么？还有什么不足？有何打算？

2. 在整个任务完成过程中还有什么问题不能解决？

学习任务工单 11　　　送料小车多地点随机卸料的 PLC 控制

班级		姓名		学号	
小组名称			接受任务时间		
成员			完成任务时间		

任务描述

任务要求：设计送料小车多地点随机卸料的 PLC 控制系统。

某车间有 5 个工作台，送料小车往返于各个工作台之间，根据请求在某个工作台卸料。送料小车随机卸料工作过程如图 6 所示。每个工作台有 1 个位置开关（分别为 SQ1～SQ5，小车压上时状态为 ON）和 1 个呼叫按钮（分别为 SB1～SB5）。送料小车有 3 种运行状态，左行（电动机正转）、右行（电动机反转）和停车。其具体控制要求如下。

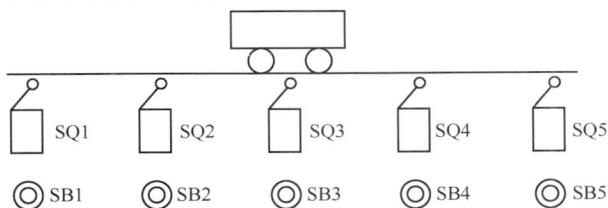

图 6　送料小车随机卸料工作过程

（1）假设送料小车的初始位置是 m（$m = 1\sim5$）号工作台，此时 SQm 状态为 ON。

（2）假设 n（$n = 1\sim5$）号工作台呼叫，当 $m > n$ 时，送料小车左行到呼叫工作台停车；当 $m < n$ 时，小车右行到呼叫工作台停车；当 $m = n$ 时，送料小车不动。

（3）呼叫按钮的地址和送料小车的停止位置应有数码管显示

一、任务目标

1. 灵活应用传送指令、比较指令、编码指令、译码指令等设计较为复杂的控制项目。

2. 熟练掌握 I/O 接线图的绘制和实施电路连接。

3. 进一步学习 PLC 编程软件的使用和程序调试方法，提高动手能力。

二、任务内容

1. 根据任务要求，正确选择 I/O 设备，完成任务的 I/O 地址分配。

2. 绘制 PLC 的 I/O 接线图。

3. 设计梯形图程序。

4. 完成程序调试。

5. 对本任务的结果进行检查与评价

I/O 地址分配

编程元件	I/O 地址	元件名称	描述
输入元件			

输出元件			

I/O 接线图

梯形图程序

程序调试记录		
故障现象	故障分析	故障处理

程序分析
1. 呼叫按钮给出的是短信号，当送料小车在运动过程中还未到达某个停车位置时，呼叫信号已消失，如何解决？

2. 每个工作台有 1 个位置开关（分别为 SQ1～SQ5），此位置开关有什么特点？

3. 简述程序设计思路。

			评价		
	I/O 地址分配	I/O 接线图	程序设计	签字	日期
自我评价	□A □B □C	□A □B □C	□A □B □C		
小组评价	□A □B □C	□A □B □C	□A □B □C		
教师评价	□A □B □C	□A □B □C	□A □B □C		
总评					
			总结		

1. 在整个任务完成过程中做得好的是什么？还有什么不足？有何打算？

2. 在整个任务完成过程中还有什么问题不能解决？

学习任务工单 12　　　　　　　　酒店自动门的开关控制

班级		姓名		学号	
小组名称			接受任务时间		
成员			完成任务时间		

任务描述

　　任务要求：设计某酒店前厅自动门的控制系统。

　　本任务曾在学习任务工单 5 中做过。在本任务里要求用子程序思路编制程序。

（1）有手动开/关门和光电开关自动开/关门两种控制方式。

（2）当有人由内至外或由外至内通过光电开关 K1 或 K2 时，开门执行机构 KM1 动作，电动机正转，到达开门到位行程开关 SQ1 位置时，电动机停止运行。

（3）自动门在开门位置停留 8s 后自动关门，关门执行机构 KM2 被启动，电动机反转，当自动门移动到关门到位行程开关 SQ2 位置时，电动机停止运行。

（4）在自动门打开后的 8s 等待时间内，若有人由外至内或由内至外通过光电开关 K2 或 K1，必须重新等待 8s 后再自动关门，以保证人员安全通过。

（5）在自动关门中检测到又有人来时，应立即停止关门，并重新进入自动开门、等待和关门程序

一、任务目标

1. 巩固和加深对子程序的理解。

2. 学会用子程序思路设计程序。

3. 掌握 I/O 接线图的绘制和实施电路连接。

4. 进一步学习 PLC 编程软件的使用和程序调试方法，提高动手能力。

二、任务内容

1. 根据任务要求，正确选择 I/O 设备，完成任务的 I/O 地址分配。

2. 绘制 PLC 的 I/O 接线图。

3. 设计梯形图程序。

4. 完成程序调试。

5. 对本任务的结果进行检查与评价

I/O 地址分配			
编程元件	I/O 地址	元件名称	描　　述
输入元件			
输出元件			

I/O 接线图

梯形图程序

程序调试记录

故障现象	故障分析	故障处理

程序分析

1. 简述程序设计思路。

2. 在程序中如何实现手动程序和自动程序的互锁?

评价					
	I/O 地址分配	I/O 接线图	程序设计	签字	日期
自我评价	□A □B □C	□A □B □C	□A □B □C		
小组评价	□A □B □C	□A □B □C	□A □B □C		
教师评价	□A □B □C	□A □B □C	□A □B □C		
总评					

总结

1. 在整个任务完成过程中做得好的是什么? 还有什么不足? 有何打算?

2. 在整个任务完成过程中还有什么问题不能解决?

学习任务工单 13		自动售货机的 PLC 控制			
班级		姓名		学号	
小组名称		接受任务时间			
成员		完成任务时间			

任务描述

　　任务要求：设计自动售货机的 PLC 控制系统。

　　现有一台销售可乐和咖啡的自动售货机，具有硬币识别、币值显示、币值累加、自动售货、自动找钱等功能。此售货机可接收 1 元的硬币以及 5 元和 10 元的纸币。一瓶咖啡的售价为 12 元，一瓶可乐的售价为 15 元。自动售货机如图 7 所示。

　　（1）如果投入的钱币总值等于或超过 12 元，则咖啡指示灯亮；如果投入的钱币总值等于或超过 15 元，则咖啡指示灯和可乐指示灯都亮。数码管同时显示所投入的钱币总值。

　　（2）咖啡指示灯亮时，若选择咖啡按钮，则咖啡从售货口自动售出。可乐指示灯亮时，若选择可乐按钮，则可乐从售货口自动售出。此时数码管显示的数值为减掉出库物品价格后剩余的金额。

　　（3）当按下可乐按钮或咖啡按钮后，如果投入的钱币总值超过所需金额，找零指示灯亮，售货机以 1 元硬币的形式自动退出多余的钱，数码管显示清零。

　　（4）如果投钱后又不想买了，或者投多了，可以按下退币按钮，找零指示灯亮，售货机以 1 元硬币的形式从找零口如数退出顾客已投入的钱币的总值，数码管显示清零。

　　（5）具有销售数量和销售金额的累加功能

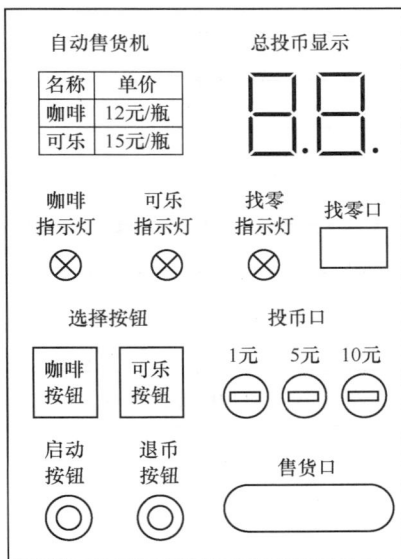

图 7　自动售货机

一、任务目标

1. 巩固和加深对功能指令的理解。

2. 掌握 I/O 接线图的绘制和实施电路连接。

3. 提高综合应用功能指令设计 PLC 项目的能力

4. 进一步学习 PLC 编程软件的使用和程序调试方法，提高动手能力。

二、任务器材

1. PLC 1 台。

2. 熔断器 2 个。

3. 自动售货机演示板 1 个。

4. 实训控制台 1 个。

5. 计算机 1 台（装有编程软件且配有通信线缆）。

6. 电工常用工具 1 套。

7. 连接导线若干。

三、任务内容

1. 根据任务要求，正确选择 I/O 设备，完成任务的 I/O 地址分配。

2. 绘制 PLC 的 I/O 接线图。

3. 设计梯形图程序。

4. 完成程序调试。

5. 对本任务的结果进行检查与评价

I/O 地址分配			
编程元件	I/O 地址	元件名称	描述
输入元件			
输出元件			

I/O 接线图

梯形图程序

程序调试记录

故障现象	故障分析	故障处理

程序分析

1. 在程序中如何实现投币计数？

2. 用什么指令实现"如果投入的钱币总值等于或超过 15 元，则咖啡指示灯和可乐指示灯都亮"？

3. 如何实现"售货机以 1 元硬币的形式自动退出多余的钱，数码管显示清零"？

评价					
	I/O 地址分配	I/O 接线图	程序设计	签字	日期
自我评价	□A □B □C	□A □B □C	□A □B □C		
小组评价	□A □B □C	□A □B □C	□A □B □C		
教师评价	□A □B □C	□A □B □C	□A □B □C		
总评					

总结

1. 在整个任务完成过程中做得好的是什么？还有什么不足？有何打算？

2. 在整个任务完成过程中还有什么问题不能解决？

学习任务工单 14　　　　　　　　　单台供水泵的 PLC 控制

班级		姓名		学号	
小组名称			接受任务时间		
成员			完成任务时间		

任务描述

任务要求：设计单台供水泵的 PLC 控制系统。

（1）系统具有 3 种工作模式，即手动控制模式、自动控制模式和停止模式，可使用万能转换开关进行选择。

（2）手动控制模式下：按下 SB1 按钮启动水泵开始供水；按下 SB2 按钮水泵停止运行。

（3）自动控制模式下：水位达到低水位时，水泵自行启动开始供水；水位达到高水位时，水泵自行停止。

（4）手动控制模式时应具备"手启自停"功能：手动启动水泵后，当水位到达高水位时如果运行人员未能及时通过 SB2 按钮手动停止水泵运行，水泵应能够自行停止，以免造成高位水池（水塔）中水溢出事故。

（5）自动控制模式时应具备"自启手停"功能：水泵自动启动后，如果遇到紧急情况应能够随时手动停止水泵运行（正常情况下应该是水位达到高水位时自行停止）。

（6）如果高水位检测回路故障（如高水位电极回路断线）造成水泵未能在高水位停止运行，则当水位到达超高水位时，系统应发出报警信号（黄灯以 1s 周期闪烁）并强迫停泵。

（7）设置相应的运转状态指示灯：水泵运行为绿灯，水泵停止为红灯。

（8）系统具有短路、过载、欠压等保护环节

一、任务目标

1. 掌握多种工作模式的 PLC 编程方法及技巧。
2. 掌握 PLC 的外部接线及操作。
3. 掌握多种工作模式的程序调试方法，提高程序调试能力。

二、任务内容

1. 绘制水泵电动机控制主回路。
2. 根据任务要求，正确选择 I/O 设备，完成任务的 I/O 地址分配。
3. 绘制 PLC 的 I/O 接线图和控制箱面板布置图。
4. 设计梯形图程序。
5. 完成程序调试。
6. 对本任务的结果进行检查与评价

水泵电动机控制主回路

I/O 地址分配			
编程元件	I/O 地址	元件名称	描述
输入元件			
输出元件			

I/O 接线图和控制箱面板布置图

梯形图程序

程序分析

1. 简述程序整体设计思路。

2. 在程序中如何实现"手启自停"功能?

3. 在程序中如何实现"自启手停"功能?

评价

	I/O 地址分配	I/O 接线图和控制箱面板布置图	程序设计	签字	日期
自我评价	□A □B □C	□A □B □C	□A □B □C		
小组评价	□A □B □C	□A □B □C	□A □B □C		
教师评价	□A □B □C	□A □B □C	□A □B □C		
总评					

总结

1. 在整个任务完成过程中做得好的是什么? 还有什么不足? 有何打算?

2. 在整个任务完成过程中还有什么问题不能解决?